高等学校电子信息类专业系列教材

Visual C++基础教程

郭文平　　王跃存　　杨晓光　编著

胡建伟　主　审

西安电子科技大学出版社

内 容 简 介

本书全面、系统地介绍了 Visual C++ 面向对象程序设计的基础知识和 MFC Windows 程序设计的主要基础内容。

全书共 13 章，分为两个部分。前 6 章为 C++ 语言基础部分，内容包括：C++ 概述，C++ 面向过程的程序设计，类和对象，继承和派生类，多态性和虚函数以及模板。这部分对 C++ 兼容 C 语言的内容只作了简单的总结，而着重于对面向对象程序设计的介绍。后 7 章为 MFC Windows 程序设计部分，内容包括：Windows 编程基础，创建应用程序框架，对话框和控件，图形输出，菜单、工具栏和状态栏，文档/视图和单文档界面以及文件的读/写。

本书可作为高等院校各相关专业"面向对象程序设计"课程的教材，也可作为 Visual C++ 初、中级读者的自学教材或培训教材。本书适合具有一定 C 语言基础的读者使用。

★本书配有电子教案，需要者可登录出版社网站，免费下载。

图书在版编目（CIP）数据

Visual C++基础教程 / 郭文平等编著. —西安：西安电子科技大学出版社，2006.9(2024.1 重印)

ISBN 978–7–5606–1738–1

Ⅰ. V… Ⅱ. 郭… Ⅲ. C 语言—程序设计—高等学校—教材 Ⅳ. TP312

中国版本图书馆 CIP 数据核字（2006）第 106173 号

策　　划	毛红兵
责任编辑	阎　彬　毛红兵
出版发行	西安电子科技大学出版社(西安市太白南路 2 号)
电　　话	(029)88202421　88201467　　邮　编　710071
网　　址	www.xduph.com　　　　电子邮箱　xdupfxb001@163.com
经　　销	新华书店
印刷单位	西安日报社印务中心
版　　次	2024 年 1 月第 1 版第 9 次印刷
开　　本	787 毫米×1092 毫米　1/16　印张 23.75
字　　数	560 千字
定　　价	64.00 元

ISBN 978–7–5606–1738–1/TP

XDUP 2030001–9

如有印装问题可调换

前　言

C++ 语言继承了 C 语言的全部优点和功能，同时它还支持面向对象程序设计。通过 C++ 语言的学习，可以深刻理解和领会面向对象程序设计的精髓和程序设计思路。因此，目前许多高等院校都将 C++ 语言作为"面向对象程序设计"课程的首选语言。

学习一门程序设计语言，除了需要掌握语言本身的语法规则和使用特点外，更重要的是要掌握程序设计的方法和思路并利用它们解决实际的问题。目前，C++ 面向对象程序设计方面的教材大多注重 C++ 基础，主要介绍 C++ 语言的基本概念和知识以及面向对象程序设计的方法，缺少 C++ 语言的具体应用。因而出现了这样一种现象：学生学习完 C++ 后感觉 C++ 比 C 语言并没有什么大的优势。而本书最大的特点是注重实用性。

本书在 C++ 基础和 MFC Windows 程序设计间取得了较好的平衡。本书首先全面、详细地介绍了 C++ 语言的主要内容，对实际应用中很少使用的内容进行了删除，着重于 C++ 语言的基础，为实际应用做准备。然后在 MFC Windows 程序设计部分介绍了 Windows 程序设计的原理，并对 MFC Windows 程序设计的主要基础内容作了详细介绍，着重于 MFC 的应用。对于初学 Windows 程序设计的读者来说，程序设计和实现的步骤非常重要，因此，在介绍 MFC Windows 程序设计时，本书不仅给出了实现程序功能的代码，而且详细说明了程序的实现过程和思路。

为了突出重点，作者对书中用到的实例进行了一些简化。

本书共 13 章，分为两个部分。前 6 章为 C++ 语言基础部分，系统讲述了面向对象程序设计的概念和特点、C++ 语言的基础知识和基本规则以及编程方法。后 7 章为 MFC Windows 程序设计部分，内容包括 Windows 编程基础，创建应用程序框架，对话框和控件，图形输出，菜单、工具栏和状态栏，文档/视图和单文档界面以及文件的读/写。

本书第 1、7~13 章以及附录由郭文平编写，第 2、3 章由王跃存编写，第 4、5、6 章由杨晓光编写。全书由郭文平主编并统稿。

本书可作为高等院校各相关专业"面向对象程序设计"课程的教材，也可作为 Visual C++ 初、中级读者的自学教材或培训教材。本书适合具有一定 C 语言基础的读者使用。

在本书编写过程中得到了天津工业大学信息与通信工程学院领导和教师的大力支持，祖晓媛在书稿的校对中做了大量的工作，在此向他们表示衷心的感谢。亦向本书所列参考文献的作者表示感谢。

由于作者水平有限，加之时间仓促，书中错误在所难免，恳请读者批评指正。

作　者

于天津工业大学信息与通信工程学院

2006.6

目　　录

第一篇　C++语言基础

第1章　C++概述 ... 3
1.1　C++简史和特点 ... 3
1.1.1　C++简史 ... 3
1.1.2　C++的特点 ... 3
1.2　C++程序的基本结构 ... 4
1.2.1　C++程序实例 ... 4
1.2.2　C++程序的基本结构 ... 5
1.3　C++基本语法成分 ... 5
1.3.1　字符集 ... 5
1.3.2　关键字 ... 6
1.3.3　标识符 ... 6
1.3.4　运算符和表达式 ... 7
1.3.5　注释 ... 8
1.4　数据的输入和输出 ... 8
1.4.1　屏幕显示输出 ... 9
1.4.2　键盘输入 ... 10
1.4.3　输入/输出格式控制 ... 11
1.5　Visual C++中 C++程序的实现 ... 13
1.5.1　Visual C++的集成开发环境 ... 14
1.5.2　C++程序的实现 ... 14
1.5.3　程序调试 ... 16
习题 ... 18

第2章　C++面向过程的程序设计 ... 21
2.1　数据类型 ... 21
2.1.1　基本数据类型的取值范围 ... 22
2.1.2　C++的扩展 ... 22
2.2　常量和变量 ... 24
2.2.1　常量 ... 24
2.2.2　变量 ... 26
2.3　基本控制结构 ... 28
2.3.1　顺序结构 ... 28
2.3.2　选择结构 ... 29

  2.3.3 循环结构 ... 33
  2.3.4 流程的转移控制 ... 35
 2.4 数组和指针 ... 36
  2.4.1 数组 ... 36
  2.4.2 指针 ... 38
  2.4.3 指针与数组的关系 ... 40
  2.4.4 动态内存分配 ... 41
 2.5 函数 ... 43
  2.5.1 函数的定义和调用 ... 43
  2.5.2 函数原型 ... 44
  2.5.3 内联函数 ... 45
  2.5.4 函数参数的默认值 ... 46
  2.5.5 函数重载 ... 47
  2.5.6 引用 ... 49
习题 ... 53

第3章 类和对象 ... 57

 3.1 面向对象程序设计概述 ... 57
  3.1.1 面向对象程序设计的产生 ... 57
  3.1.2 面向对象程序设计的基本概念和特征 ... 57
 3.2 类与对象 ... 59
  3.2.1 类的定义 ... 59
  3.2.2 成员函数的定义 ... 61
  3.2.3 对象的定义与使用 ... 62
  3.2.4 内联成员函数 ... 65
  3.2.5 成员函数的重载和参数的默认值 ... 66
 3.3 构造函数和析构函数 ... 68
  3.3.1 构造函数 ... 68
  3.3.2 缺省构造函数 ... 72
  3.3.3 拷贝构造函数 ... 73
  3.3.4 析构函数 ... 75
  3.3.5 构造函数的类型转换和类型转换函数 ... 78
 3.4 对象数组和对象指针 ... 82
  3.4.1 对象数组 ... 82
  3.4.2 对象指针 ... 85
  3.4.3 this 指针 ... 86
 3.5 静态成员 ... 88
  3.5.1 静态数据成员 ... 88
  3.5.2 静态成员函数 ... 89
 3.6 友元 ... 91

		3.6.1　友元函数 91
		3.6.2　友元类 94
	3.7　对象成员 96
	习题 98
第4章　继承和派生类 104
	4.1　基类和派生类 104
		4.1.1　继承 104
		4.1.2　派生类的定义 105
		4.1.3　派生类对基类的扩充 107
	4.2　继承方式 107
		4.2.1　基类成员在派生类中的访问属性 108
		4.2.2　派生类对象对基类成员的访问 108
	4.3　派生类的构造函数和析构函数 114
		4.3.1　构造函数 114
		4.3.2　析构函数 117
	4.4　多重继承 117
		4.4.1　多重继承的定义 117
		4.4.2　多重继承派生类的构造函数 120
		4.4.3　二义性 122
	4.5　虚基类 126
		4.5.1　虚基类的概念 126
		4.5.2　虚基类的初始化 128
	4.6　赋值兼容规则 130
	习题 132
第5章　多态性和虚函数 135
	5.1　函数重载 135
	5.2　运算符重载 137
		5.2.1　运算符重载的规则 137
		5.2.2　类以外运算符重载 138
		5.2.3　运算符重载为成员函数 140
		5.2.4　运算符重载为友元函数 145
	5.3　虚函数 147
		5.3.1　虚函数的定义 148
		5.3.2　虚析构函数 151
	5.4　纯虚函数和抽象类 153
		5.4.1　纯虚函数 153
		5.4.2　抽象类 153
	习题 155

第6章 模板 ... 160
6.1 函数模板 ... 160
6.2 类模板 ... 166
习题 ... 170

第二篇 MFC Windows 程序设计

第7章 Windows 编程基础 ... 173
7.1 Windows 编程基础知识 ... 173
7.1.1 Windows 编程模型 ... 173
7.1.2 Windows 编程基础知识 ... 175
7.2 Windows 应用程序的基本结构 ... 178
7.2.1 实例 ... 178
7.2.2 Windows 应用程序的基本结构 ... 181
7.3 MFC 程序设计基础 ... 185
7.3.1 MFC 概述 ... 186
7.3.2 MFC Windows 程序的基本结构 ... 188
习题 ... 194

第8章 创建应用程序框架 ... 195
8.1 应用程序向导 AppWizard ... 195
8.1.1 MFC AppWizard[exe]的使用 ... 195
8.1.2 基于框架构造应用程序 ... 202
8.2 AppWizard 生成的类和源文件 ... 202
8.2.1 应用程序类 ... 202
8.2.2 框架窗口类 ... 203
8.2.3 文档类 ... 203
8.2.4 视图类 ... 203
8.2.5 对话框类 ... 204
8.2.6 其它文件 ... 204
8.3 项目和项目工作区 ... 205
8.3.1 项目 ... 205
8.3.2 项目工作区 ... 205
8.3.3 项目工作区窗口的使用 ... 206
8.4 ClassWizard ... 208
8.4.1 添加消息处理函数 ... 209
8.4.2 编辑消息处理函数 ... 210
8.4.3 删除消息处理函数 ... 211
8.4.4 重载虚函数 ... 212
8.4.5 为项目添加新类 ... 212
习题 ... 213

第9章 对话框和控件 ... 214
9.1 对话框类 CDialog ... 214
9.2 基于对话框的应用程序 ... 217
9.2.1 简单应用程序实例 ... 217
9.2.2 理解应用程序框架 ... 223
9.2.3 对话框数据交换和验证 ... 225
9.3 模态对话框与非模态对话框 ... 226
9.3.1 模态对话框 ... 227
9.3.2 非模态对话框 ... 232
9.4 标准控件 ... 237
9.4.1 控件通用属性 ... 237
9.4.2 静态文本框 ... 239
9.4.3 编辑框 ... 239
9.4.4 命令按钮 ... 240
9.4.5 单选按钮 ... 241
9.4.6 复选框 ... 241
9.4.7 分组框 ... 242
9.4.8 列表框 ... 245
9.4.9 组合框 ... 249
9.4.10 滚动条 ... 252
9.5 公用对话框 ... 255
习题 ... 258

第10章 图形输出 ... 260
10.1 图形设备接口 ... 260
10.1.1 设备环境 ... 260
10.1.2 设备环境的属性 ... 263
10.1.3 绘图模式 ... 265
10.1.4 映射模式与坐标转换 ... 266
10.1.5 颜色设置 ... 271
10.2 画笔和画刷 ... 273
10.2.1 画笔 ... 273
10.2.2 画刷 ... 276
10.3 绘图 ... 279
10.3.1 绘制点、直线和曲线 ... 279
10.3.2 画封闭图形 ... 280
10.4 文本和字体 ... 282
10.4.1 文本输出 ... 282
10.4.2 设置文本的设备环境属性 ... 283
10.4.3 获取字体信息 ... 284

10.4.4 字体 ... 287
习题 ... 292

第11章 菜单、工具栏和状态栏 ... 294

11.1 菜单 ... 294
11.1.1 菜单基础 ... 294
11.1.2 创建菜单 ... 295
11.1.3 添加菜单命令处理函数 ... 297
11.1.4 更新菜单项 ... 300
11.1.5 键盘快捷键 ... 301
11.1.6 快捷菜单 ... 302
11.1.7 动态修改菜单 ... 303
11.1.8 用代码创建菜单 ... 303
11.1.9 使用菜单资源 ... 307

11.2 工具栏 ... 309
11.2.1 工具栏编辑器 ... 309
11.2.2 创建工具栏 ... 311
11.2.3 停靠和浮动工具栏 ... 312
11.2.4 显示和隐藏工具栏 ... 315
11.2.5 给按钮添加文字 ... 316
11.2.6 在工具栏中添加非按钮控件 ... 316

11.3 状态栏 ... 321
11.3.1 创建和初始化状态栏 ... 321
11.3.2 创建自定义状态栏窗格 ... 322

习题 ... 325

第12章 文档/视图和单文档界面 ... 327

12.1 文档/视图体系结构基础 ... 327
12.1.1 对象之间的关系 ... 327
12.1.2 对象的创建 ... 328

12.2 文档对象和视图对象 ... 330
12.2.1 文档对象 ... 330
12.2.2 视图对象 ... 331

12.3 文档的序列化 ... 338
12.3.1 序列化 ... 338
12.3.2 编写 Serialize 函数 ... 339
12.3.3 编写可序列化类 ... 340

12.4 文档模板资源 ... 348

12.5 滚动视图 ... 349
12.5.1 建立滚动视图 ... 349
12.5.2 普通视图转换为滚动视图 ... 353

习题 355

第13章 文件的读/写 356

13.1 CFile 类 356

13.1.1 打开和关闭文件 356

13.1.2 文件读/写 359

13.1.3 CFile 类的其它操作 360

13.2 CFile 的派生类 362

习题 366

附录 367

参考文献 368

第一篇 C++语言基础

第一篇 C++语言基础

第1章 C++概述

1.1 C++简史和特点

1.1.1 C++简史

C++是在C语言的基础上发展演变而来的。

为了编写UNIX操作系统，1972年，美国贝尔实验室的D.M.Ritchie在B语言的基础上设计并实现了C语言。此后经过多次修改和完善，C语言得到了广泛的应用并出现了各种不同的版本。1983年，美国国家标准化协会(ANSI)制定了C语言的标准，称为ANSI C。目前的各种C语言版本基本上都是以ANSI C为基础的。

C语言有许多突出的特点，如：语言简洁，使用方便灵活；提供了丰富的运算符和数据类型；具有结构化的控制语句；生成的目标代码质量高，程序执行效率高；能直接访问物理地址，可以进行位操作，实现汇编语言的大部分功能；与汇编语言比较，具有较高的可移植性。

虽然具有许多优点，但C语言本身也存在一些局限性：C语言的类型检查机制相对较弱，这使得程序中的一些错误不能在编译阶段被检查出来；C语言本身没有支持代码重用的机制，当程序达到一定的规模后，程序员很难控制程序的复杂度，对程序的维护比较困难，因此，C语言不适合开发大型应用程序。

为了解决上述问题和适应程序设计的需要，1979年，美国贝尔实验室的Bjarne Stroustrup博士对C语言进行了改进和扩充，并从Simula 67中引入了面向对象程序设计的内容。改进后的C语言最初被称为"带类的C"，1983年更名为C++。之后经过了三次主要的修订，每一次修订都对C++进行了一些修改并增加了部分新的内容。第一次修订在1985年，第二次修订在1990年，第三次修订发生在C++的标准化过程中。C++语言的标准化工作从1989年开始，于1994年制定了第一个C++标准草案，1998年正式发布了ANSI/ISO C++标准，即目前常称的标准C++。所有主流的C++编译器都支持该版本的C++，例如Borland公司的C++ Builder和Microsoft公司的Visual C++，同时它们对标准C++都有不同程度的扩展。与此同时，各公司还为C++编写了各种不同的类库，其中Borland公司的OWL(Object Window Library)和Microsoft公司的MFC(Microsoft Foundation Class)就是比较优秀的代表，尤其是Microsoft公司的MFC，在国际上得到了较为广泛的应用。

1.1.2 C++的特点

C++语言具有以下特点：

(1) C++是C语言的超集。它既保持了C语言的简洁、高效和接近汇编语言等特点，又克服了C语言的缺点，其编译系统能检查更多的语法错误，因此，C++比C语言更安全。

(2) C++保持了与C语言的兼容。绝大多数C语言程序可以不经修改直接在C++环境中运行，用C语言编写的众多库函数可以用于C++程序中。

(3) 支持面向对象程序设计的特征。C++既支持面向过程的程序设计，又支持面向对象的程序设计。

(4) C++程序在可重用性、可扩充性、可维护性和可靠性等方面都较C语言得到了提高，使其更适合开发大中型的系统软件和应用程序。

1.2　C++程序的基本结构

1.2.1　C++程序实例

下面通过两个程序实例来说明C++程序的基本结构。

【例1.1】　在屏幕上输出"Hello, C++ World!"。

```
//This is my first C++ program
#include <iostream.h>              //文件包含命令
void main()                        //主函数
{
    cout<<"Hello,C++ World!"<<endl;  //在屏幕上输出"Hello, C++ World!"
}
```

在Brian Kernighan和Dennis Ritchie合著的经典著作《The C Programming Language》中，他们用在屏幕上输出"HELLO, WORLD"的程序作为介绍C语言的第一个程序。例1.1是这个程序的C++版本。

程序经过编译、链接后，运行结果如下：

Hello,C++ World!

程序中以"//"开始的内容为C++的注释，用于对程序或语句进行说明，以提高程序的可读性。在编译时，注释将被忽略。

程序的第2行"#include <iostream.h>"为编译预处理命令，其作用是指示C++编译器将头文件iostream.h的内容插入到#include命令所在的源程序中，其中包含了输入流对象cin和输出流对象cout的定义。第3行为主函数头部。第5行是输出语句，其功能是在屏幕上输出"Hello, C++ World!"，endl为控制符，表示换行，即输出上述信息后回车换行。

【例1.2】　从键盘上输入两个整数，求它们的和并在屏幕上输出。

```
#include<iostream.h>                      //文件包含命令
int add(int a,int b);                     //函数原型说明语句
void main()                               //主函数
{
    int x,y;                              //定义两个用于存放整数的变量
    cout<<"Enter two integer numbers:"<<endl;  //显示提示信息，提示输入两个整数
    cin>>x>>y;                            //输入两个整数存于变量x和y中
    int sum;                              //定义用于存放结果的变量
```

```
        sum=add(x,y);                          //调用函数 add 求和并赋值给 sum
        cout<<"The sum is:"<<sum<<endl;        //输出两个数的和
    }
    int add(int a,int b)                       //定义函数 add
    {
        return a+b;                            //计算两个数的和并返回结果
    }
```

程序运行结果如下：

    Enter two integer numbers:

    <u>5 9</u>↙

    The sum is:14

其中，第二行是从键盘输入的两个数，两个数间可以使用空格键、Tab 键或回车键分隔。

说明：运行结果中带下划线的是用户从键盘输入的数据，"↙"表示输入后按回车键。

1.2.2　C++程序的基本结构

通过分析上面两个实例，可以总结出 C++程序的基本结构。

C++程序是由函数构成的。通常，一个 C++程序包含一个或多个函数，其中必须有且只有一个 main()函数。main()函数可以有参数也可以没有参数，可以有返回值也可以没有返回值。如果没有返回值，则函数类型应指明为 void 类型。函数 main()是程序执行的入口点，无论此函数在程序中的什么位置，每个程序都从 main()开始执行，main()函数返回时程序结束。

一个 C++函数由函数说明部分和函数体构成。函数说明部分包括了函数的返回值类型、函数的名称、圆括号、形参及形参的类型说明。函数体由包含在一对花括号（"{"和"}"）内的语句组成，函数体中的语句完成函数的功能。

C++中的每条语句都以分号（";"）结束，分号是语句的必要组成部分。

为了增加对程序的理解和可读性，可在程序的适当位置添加注释，用来描述程序或语句的功能、变量的作用等。

C++程序的书写格式自由，一行内可以写多条语句，一条语句也可以分写在多行上。但为了提高程序的可读性和检查程序错误的效率，一般一行写一条语句，采用层次缩格书写的方式，同一层次的语句对齐。

一个 C++程序可以只有一个源程序文件，也可以由多个文件组成。C++源程序文件的扩展名为 .cpp 或 .cxx。

最后需要说明的是：本书前 6 章中的程序都是基于 DOS 或控制台的，而非 Windows 程序，即这些程序都在 DOS 或 Windows 命令提示符下运行。

1.3　C++基本语法成分

1.3.1　字符集

构成 C++程序的基本元素是各种字符。C++字符集规定了在程序中可以使用哪些字符。

在 C++中，除字符型数据外，其它所有成分都只能由字符集中的字符构成。

C++字符集包括以下三类字符：

(1) 大小写英文字母：a~z 和 A~Z。

(2) 数字字符：0~9。

(3) 特殊字符：

空格　!　#　%　^　&　*　_(下划线)　+　=　-　~

<　>　/　\　|　.　,　:　;　?　'　"　()　[]　{}

说明：在程序中使用这些特殊字符时应使用其英文半角形式，不能使用中文全角形式。

1.3.2 关键字

关键字是系统中已经预先定义的单词，在程序中有特殊的含义和用法。C++中常用的关键字如下：

auto	bool	break	case	char	class
const	continue	default	delete	do	double
else	enum	explicit	extern	false	float
for	friend	goto	if	inline	int
long	mutable	namespace	new	operator	private
protected	public	register	return	short	signed
sizeof	static	static_cast	struct	switch	template
this	throw	try	typedef	union	unsigned
virtual	void	while			

1.3.3 标识符

标识符是程序中用来定义变量名、函数名、对象名、常量名、类型名和语句标号等的单词。

C++中标识符分为系统预定义标识符和用户自定义标识符两类。系统预定义标识符是系统中已经预先定义好的函数名、常量名、对象名等，可以被用户直接使用，如对象 cin 和 cout 等。与关键字不同的是，系统预定义标识符允许用户赋予新的含义，即成为用户自定义标识符，但为了避免误解，一般自定义标识符不应与系统预定义标识符同名。

用户自定义标识符是用户根据需要自己定义的标识符，通常用作变量名、函数名、对象名、常量名、类型名和语句标号等。

C++标识符的构成规则如下：

(1) 标识符以字母或下划线开始，由字母、数字字符和下划线组成。

(2) 标识符中的大小写字母有区别，如 Sum 和 sum 是两个不同的标识符。

(3) 不能与 C++关键字相同。

关于标识符的长度，不同的编译系统有不同的规定，如有的系统只识别前 32 个字符，Visual C++编译系统允许的最大标识符长度为 247 个字符。在定义标识符时最好能做到"见名知义"，以提高程序的可读性，如：min 表示最小值，sum 表示和，average 表示平均值等。

1.3.4 运算符和表达式

运算符是用来表示对数据进行某种运算的符号,参加运算的数据称为操作数。C++中的运算符实质上是系统预定义的函数名,因此可以对运算符进行重载(重载的概念将在本书2.5.5 小节介绍)。

C++中的运算符非常丰富,除了包含 C 语言的所有运算符外,还增加了一些新的运算符。表 1-1 按优先级顺序列出了 C++的运算符,1 为最高优先级。

表 1-1 C++的运算符

优先级	运算符	功能说明	结合性
1	( )	函数调用	左结合
	[ ]	数组下标	
	. ->	成员选择	
	::	作用域运算符	
2	!	逻辑非	右结合
	~	按位取反	
	++ --	自增 1 和自减 1	
	-	算术负号	
	*	指针运算	
	&	取地址	
	sizeof	计算占用内存字节数	
	new delete	动态内存分配和释放	
3	.* ->*	指向成员的指针	左结合
4	* / %	乘、除、求余	左结合
5	+ -	加、减	左结合
6	<< >>	左移、右移	左结合
7	< <= > >=	小于、小于等于、大于、大于等于	左结合
8	== !=	等于、不等于	左结合
9	&	按位与	左结合
10	^	按位异或	左结合
11	|	按位或	左结合
12	&&	逻辑与	左结合
13	||	逻辑或	左结合
14	?:	条件运算	右结合
15	= += -= *= /= %= >>= <<= &= ^= |=	赋值和复合赋值运算	右结合
16	,	逗号运算符	左结合

表达式由常量、变量、函数、运算符和圆括号等按一定规则组成。一个变量、常量或一次函数调用都是表达式。每个表达式都将产生一个值,并且具有某种数据类型(称为该表

达式的类型)。当表达式中的操作数都是常量时,则该表达式称为常量表达式。

表达式的书写格式应按 C++的规则书写,与数学上表达式的书写格式有所区别:乘法运算符不能省略;表达式中的括号均为圆括号且必须配对;所有操作数和运算符在同一基准上书写,没有高低之分。

表达式的运算顺序根据表达式中运算符的优先级、结合性来决定。优先级高的先运算,优先级低的后运算。运算符优先级相同时,根据运算符的结合性决定运算顺序。左结合为从左向右运算,右结合为从右向左运算。

1.3.5 注释

注释用来对程序功能、语句的作用和变量的含义等进行说明。在程序中添加必要的注释有助于阅读和理解程序,提高程序的可读性。编译系统在编译程序时将忽略注释。

C++中的注释有两种形式:

(1) C++保留了 C 语言的注释方式,使用 "/*" 和 "*/" 进行注释。在 "/*" 和 "*/" 之间的所有字符都被当作注释。这种注释方法适用于多行注释的情况。

例如,当程序员在编写函数时,一般会在函数前面添加注释,对此函数的功能、参数和返回值等进行说明。例如,可以采用如下格式:

```
/***********************************************************************
*Function:
*        int abs(number) - find absolute value of number
*Purpose:
*        Returns the absolute value of number (if number >= 0, returns number,
*        else returns -number).
*Entry:
*        int number - number to find absolute value of
*Exit:
*        returns the aboslute value of number
***********************************************************************/
```

(2) 使用 "//"。从 "//" 后面的字符开始直到本行结束的所有字符都被当作注释。这种方式适用于单行注释,如果有多行注释,则在每一行的前面都要添加 "//"。"//" 不能放在语句前边和中间。在 C++程序中更多的是使用 "//" 进行注释。

1.4 数据的输入和输出

C++本身没有提供数据输入和输出的命令,数据的输入和输出是通过函数或流对象来实现的。

在 C++程序中仍然可以使用 C 语言中的函数 scanf()和 printf()来完成数据的输入和输出。但在 C++中,stdio 已经不是标准 I/O 库了,如果要在程序中使用函数 scanf()和 printf(),必须包含 stdio.h 头文件。

C++对数据的输入与输出进行了扩充,将数据的输入与输出处理为数据从一个对象到另一个对象的流动,即数据的输入与输出是通过 I/O 流来实现的。cin 和 cout 是系统预定义的流对象。cin 用来处理标准输入,一般指键盘输入。cout 用来处理标准输出,一般指屏幕输出。

在使用 cin 和 cout 进行数据输入和输出时,对于基本数据类型的数据,用户不用考虑数据的类型;对于构造数据类型的数据,可以对插入和提取运算符进行重载。

要使用 cin 和 cout,需要在程序前面包含头文件 iostream.h:

#include <iostream.h>   或   #include "iostream.h"

1.4.1 屏幕显示输出

cout 称为标准输出流对象,一般指显示器。其使用格式为:

cout<<表达式;

其中:"<<"称为插入运算符;"表达式"为任意类型的表达式。

系统首先计算表达式的值,然后将表达式的值插入到当前流中,并在显示器上输出。

如果表达式为基本数据类型,则系统调用预定义的插入运算符输出;如果表达式的类型为构造类型,则在程序中必须重载插入运算符,否则会发生错误。关于运算符的重载将在本书第 5 章详细介绍。

插入运算符<<允许连续输出多个表达式的值,使用格式如下:

cout<<表达式 1<<表达式 2<<…<<表达式 n;

系统依次计算各表达式的值,并按顺序插入到输出流中,并在显示器上输出。

【例 1.3】 cout 和插入运算符<<应用示例。

```
#include <iostream.h>
void main()
{
    int a=2;
    double d=5.42;
    char c='A';
    char *name="Guo";
    cout<<"a="<<a<<",d="<<d<<endl;
    cout<<"c="<<c<<endl;
    cout<<"name is:"<<name<<'\n';
    int i=8,j=5;
    cout<<i*i+4*j<<endl;
}
```

程序运行结果如下:

a=2,d=5.42
c=A
name is:Guo
84

在使用插入运算符输出多个表达式时,为了使各个值之间有明显的分隔,应在各表达

式间插入空格、逗号或字符串等分隔符。例如，下面的程序段

  int a=2,b=3,c=-4;

  char *name="Guo";

  cout<<a<<b<<c<<name<<endl;

在屏幕上的输出为：

  23-4Guo

各个值的输出之间没有分隔，容易造成误解。应使用如下语句输出：

  cout<<a<<' '<<b<<' '<<c<<' '<<name<<endl;

或

  cout<<a<<','<<b<<','<<c<<','<<name<<endl;

需要注意的是，使用插入运算符不能输出空字符(不是空格字符)。例如，如下语句

  cout<<a<<""<<b<<endl;

编译时会产生错误。

1.4.2 键盘输入

  cin 称为标准输入流对象，一般指键盘。其使用格式为：

  cin>>变量;

其中：">>"称为提取运算符。

  系统从标准输入流(即键盘)读取数据，自动转换为变量的类型并保存到变量中。例如如下语句

  cin>>x;

执行后，用户从键盘输入的数据会自动转换为变量 x 的类型，并存入变量 x 中。

  变量的类型必须是基本数据类型，如果变量的类型为构造类型，则在程序中要重载提取运算符">>"。

  提取运算符">>"允许用户连续输入数据。使用格式为：

  cin>>变量 1>>变量 2>>…>>变量 n;

用户从键盘按顺序输入各数据，系统依次提取各数据并保存到各个变量中。输入数据时，各个数据之间用空格、Tab 键或 Enter 键(回车键)分隔。

  【例 1.4】 cin 和提取运算符>>示例。

```
#include <iostream.h>
void main()
{
    int a,b;
    double m,n;
    char c,name[20];
    cout<<"Enter two integer numbers:";
    cin>>a>>b;
    cout<<"Enter two double numbers:";
    cin>>m>>n;
```

```
            cout<<"Enter a char and a character string:";
            cin>>c>>name;
            cout<<a<<','<<b<<endl;
            cout<<m<<','<<n<<endl;
            cout<<c<<','<<name<<endl;
        }
```
程序运行结果如下：
    Enter two integer numbers:8 3↙
    Enter two double numbers:4.5   3.2↙
    Enter a char and a character string:a↙
    Guo↙
    8,3
    4.5,3.2
    a,Guo

本例中，输入两个整数时，中间用空格键分隔。输入两个双精度浮点数时，中间用 Tab 键分隔。输入字符和字符串时，中间用 Enter(回车)键分隔。

由于在使用提取运算符时，系统将空格键作为输入数据之间的分隔符，因此，在使用提取运算符输入字符串时，字符串中不能输入空格。

1.4.3 输入/输出格式控制

当使用 cin 和 cout 进行数据输入和输出时，无论处理的是什么类型的数据，系统都能够自动按照缺省的格式进行正确处理。但有时我们需要对输入/输出的格式进行控制。C++ 在输入/输出流类库中提供了一些进行格式控制的操纵符，如前面已经使用过的 endl 的作用就是输出换行符。C++流类库中提供的常用操纵符见表 1-2。

表 1-2 C++ I/O 流类库操纵符

操纵符	描述	输入/输出
dec	数值数据以十进制表示(缺省)	输入/输出
hex	数值数据以十六进制表示	输入/输出
oct	数值数据以八进制表示	输入/输出
ws	提取空白符	输入
endl	插入换行符，并刷新流	输出
ends	插入空字符'\0'	输出
flush	刷新输出流	输出
resetiosflags(long f)	清除参数所指定的标志位	输入/输出
setiosflags(long f)	设置参数所指定的标志位	输入/输出
setfill(int c)	设置填充字符(缺省为空格字符)	输出
setprecision(int n)	设置浮点数输出的有效数字个数(缺省为 6 位)	输出
setw(int n)	设置输出数据项的域宽，缺省为 0	输出

在输入/输出语句中可以直接插入这些操纵符来实现对输入/输出格式的控制。在使用表中带参数的操纵符时，应在源程序中包含头文件 iomanip.h，即在程序的开始加入语句：

#include <iomanip.h>　　或　　#include "iomanip.h"

【例 1.5】　C++中操纵符的使用示例。

```
#include<iostream.h>
#include<iomanip.h>
void main()
{
    cout<<"12345678901234567890"<<endl;
    int i=12345,j=5678;
    //分别以十进制、十六进制和八进制输出 12345，中间空一格
    cout<<i<<ends<<hex<<i<<ends<<oct<<i<<endl;
    //设置输出域宽为 10，以十进制输出 12345 和 5678，缺省右对齐
    cout<<setw(10)<<dec<<i<<ends<<j<<endl;
    //清除右对齐标志，设置输出为左对齐，设置填充字符为"#"，设置域宽为 10
    cout<<resetiosflags(ios::right)<<setiosflags(ios::left)<<setfill('#')<<setw(10)<<i<<endl;
    double d=123.456789;
    //设置填充标志为"*"，浮点数有效位数为 6，域宽为 10
    cout<<setfill('*')<<setprecision(6)<<setw(10)<<d<<endl;
    //设置以科学计数法表示浮点数
    cout<<setiosflags(ios::scientific);
    cout<<d<<endl;
    cout<<setiosflags(ios::uppercase)<<setiosflags(ios::showbase);
    cout<<hex<<i<<ends<<oct<<i<<ends<<dec<<i<<endl;
    double x=2;
    cout<<setiosflags(ios::showpoint)<<x<<endl;
}
```

程序运行结果如图 1-1 所示。

图 1-1　例 1.5 的运行结果

从上述程序中可以看出,使用 setw 设置的数据项域宽只对当前输出有效,当紧随其后的数据项输出后,数据项域宽又恢复为 0。例如,程序中语句:

    cout<<setw(10)<<dec<<i<<ends<<j<<endl;

setw(10)只对输出 i 有效,当 i 输出结束后,数据项 j 的输出域宽变为 0,因此得到程序运行结果中的第 3 行。

除了 setw 外,其它操纵符对后面所有的输出数据项都有影响,直到使用操纵符设置为新的格式时为止。

setprecision(int n)将浮点数输出的精度设置为 n。如果输出格式是科学记数法或定点格式,则该精度指出了小数点后的小数位数;如果输出格式是自动的(不是科学计数法也不是定点格式),则该精度指出了浮点数总的有效位数。例如,程序中语句:

    cout<<setfill('*')<<setprecision(6)<<setw(10)<<d<<endl;

在输出 d 的值时是以自动格式输出的,因此输出结果为 123.457。语句:

    cout<<setiosflags(ios::scientific);
    cout<<d<<endl;

将输出格式设置为科学计数法格式,因此输出为 1.234568e+002。

说明:操纵符 setiosflags()和 resetiosflags()中使用的格式标志如表 1-3 所示。

表 1-3 格 式 标 志

格式标志	含 义
ios::left	输出数据左对齐,用填充字符填充右边
ios::right	输出数据右对齐,用填充字符填充左边
ios::scientific	使用科学计数法表示浮点数
ios::fixed	使用定点形式表示浮点数
ios::dec	转换基数为十进制形式
ios::hex	转换基数为十六进制形式
ios::oct	转换基数为八进制形式
ios::uppercase	用十六进制形式和科学计数法输出时,表示数值的字符为大写
ios::showbase	输出一个表示制式的前缀(如"0X"表示十六进制,"0"表示八进制)
ios::showpos	在正数前输出一个"+"号
ios::showpoint	对浮点数输出小数点和后面的 0

1.5 Visual C++中 C++程序的实现

  C++是一种编译语言,C++源程序需要经过编译、链接并生成可执行文件后才能运行。
  Visual C++是微软公司的可视化的 C++集成开发环境。它集代码编辑、编译、链接和调试等众多功能于一体,使用方便。使用 Visual C++不仅可以创建控制台 C/C++程序,而且可以运用可视化的方法快速便捷地创建 Windows 应用程序。

1.5.1 Visual C++的集成开发环境

启动 Visual C++，会出现如图 1-2 所示的集成开发环境。它是一个标准的 Windows 多文档应用程序，除了包含 Windows 应用程序都有的标题栏、菜单栏和工具栏以外，还有用来管理项目的项目工作区窗口、代码编辑窗口和输出调试窗口等。

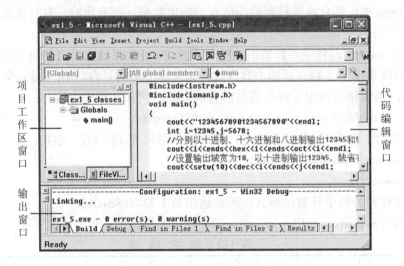

图 1-2　Visual C++的集成开发环境

1.5.2　C++程序的实现

一个简单的 C++程序只包含一个源程序，复杂的 C++程序可以包含若干个源程序和头文件。在 Visual C++中创建 C++程序，除了必不可少的源程序外，它还自动生成许多文件。为了对这些文件进行有效的管理，Visual C++以项目的形式对创建的 C++程序进行管理。因此，在 Visual C++中实现一个 C++程序，一般需要创建项目，然后向项目中添加源程序，最后进行编译、链接，生成可执行文件，生成的可执行文件的文件名为项目名。

1. 创建项目

对于控制台应用程序，按如下步骤创建项目：

(1) 执行"File"→"New"菜单命令，打开"New"对话框，如图 1-3 所示。

(2) 选定"Projects"标签，在左侧的项目类型列表框中选择项目类型"Win32 Console Application"。

(3) 在"Project name"文本框中输入项目名，如 ex1_5。在"Location"文本框中输入保存项目的路径和文件夹名，或单击右侧的"浏览"按钮在打开的对话框中选择保存项目的文件夹。

(4) 单击"OK"按钮，打开项目的向导对话框，在其中选中"An empty project"，单击"Finish"按钮，显示新建项目的有关信息。单击"OK"按钮完成项目的创建。

项目创建完成后，其中没有源程序文件，需要建立新的源程序或将已有的源程序添加到项目中。

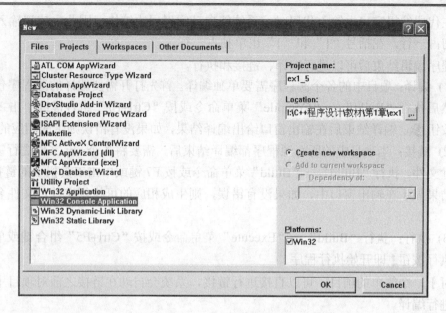

图 1-3 "New" 对话框

2. 建立 C++源程序

如果还没有建立 C++源程序，则按如下步骤建立源程序并添加到项目中。

(1) 执行"File"→"New"菜单命令，打开"New"对话框。

(2) 选定"Files"标签，在文件类型列表框中选择"C++ Source File"。在"File"编辑框中输入源程序文件名。在输入文件名时可以输入源程序扩展名 .cpp，也可以省略扩展名，系统会自动添加 .cpp。但如果需要建立的是 C 语言源程序，则必须输入源程序扩展名 .c。在"Location"文本框中输入或单击"浏览"按钮选择保存文件的路径和文件夹名，一般保存在项目所在的文件夹下。最后，需要选中"Add to project"选项。

(3) 单击"OK"按钮，这时 Visual C++在集成开发环境中会打开一个代码编辑窗口，在其中可以输入、编辑源程序。

3. 向项目中添加文件

如果 C++程序的源程序或头文件已经存在，则可以直接添加到项目中，步骤如下：

(1) 执行"Project"→"Add To Project"→"Files"菜单命令，打开"Insert Files into Project"对话框。

(2) 在对话框中查找并选中要添加到项目中的源程序文件或头文件，单击"OK"按钮即可。

如果有多个文件需要添加到项目中，可以在"Insert Files into Project"对话框中同时选中要添加的多个文件，或者重复上述步骤进行添加。

4. 编辑、编译、链接和运行

对于新建的文件，需要在代码编辑窗口中输入、编辑代码。在代码编辑窗口中可以进行复制、粘贴或剪切操作，使用方法与 Windows 中记事本的使用方法相同。

在代码编辑窗口中输入代码时，系统能自动实现层次缩格，因此，建议输入代码时每条语句占一行，花括号"{"和"}"也单独占一行。

程序编辑结束后可以进行编译、链接和执行。

(1) 编译：项目中的各个源程序需要单独编译。首先打开需要编译的源程序代码编辑窗口，然后执行"Build"→"Compile"菜单命令或按"Ctrl+F7"组合键或单击工具栏上的编译按钮 。编译结束后在输出窗口给出编译结果，如果没有错误则生成相应的 obj 文件。

(2) 链接：当项目中的所有源程序都编译结束后，需要将各个 obj 文件进行链接，生成可执行文件。执行"Build"→"Build"菜单命令或按 F7 键或单击工具栏上的链接按钮 。链接结果显示在输出窗口中，如果没有错误，则生成相应的可执行文件，文件名与项目名相同。

(3) 执行：执行"Build"→"Execute"菜单命令或按"Ctrl+F5"组合键或单击工具栏上的执行按钮 即开始执行程序。

对于一个简单的项目，可以直接进行链接，系统会自动在链接之前对项目中所有的源程序进行编译。

提示：如果一个程序只由一个源程序组成，在实现此程序时则可以先不建立项目，直接建立源程序文件。当源程序输入编辑结束后直接进行编译、链接或执行，系统会提示先建立一个项目工作区，单击"是"按钮让系统自动建立一个缺省的项目，此时，项目名为源程序文件的文件名。

1.5.3　程序调试

在开发程序的过程中，难免会产生错误，这时就需要对程序进行调试，修改程序中的错误，以便程序能正确执行并得到正确的结果。

程序中的错误大致可以分为两大类。一类是语法错误，指程序中出现了违反C++语法规则的代码语句，如语句后遗漏分号"；"，语句的格式错误等。这一类错误在程序的编译、链接阶段会被系统检查出来并给出相应的提示信息。另一类是逻辑错误，这类错误是由于程序算法不正确或程序输入有误等造成的，如将加法运算写成了减法运算等。这类错误不影响程序的执行，但程序执行的结果不正确。

1. 语法错误

在程序的编译链接阶段，如果程序有语法错误，系统会在输出窗口中给出错误提示信息，其中包含错误产生语句所在的行、错误编号和错误产生的原因。例如：

　　　　i:\test\ex1_2.cpp(10) : error C2146: syntax error : missing ';' before identifier 'cout'

表示在 ex1_2.cpp 文件的第 10 行产生了一个 C2146 错误，错误原因是在 cout 之前缺少一个分号"；"，说明上一条语句后遗漏了分号。

为了定位产生错误的语句的位置，只需要用鼠标在输出窗口中错误提示信息所在的行上双击，系统便可以自动切换到代码编辑窗口，并将光标定位在错误的语句行上。

系统给出的产生错误的语句行不一定准确，例如上面的提示信息所给出的第 10 行语句没有错误，真正的错误是其上一行产生的。因此，根据提示信息定位后，如果当前行没有语法错误，请在上面几行查找错误。

另外，程序中的一个错误有可能产生若干条错误信息，此时，第一条错误信息最能反映错误的位置和原因。因此，在调试程序时，应该先修改第一条错误，然后立即重新编译，如果还有错误，也是只修改第一条错误后立即编译直到没有错误提示为止。

在程序编译链接过程中还有可能产生警告(warning)，虽然警告并不影响程序的编译、链接，但有可能影响程序最终执行的结果。例如，在将一个浮点数赋值给整型变量时，系统可以自动进行类型转换，但会舍弃小数部分，损失精度，最终结果可能差异较大。因此，在程序调试阶段对警告信息也要给予足够的重视。

2. 逻辑错误

由于编译器对于逻辑错误不能产生错误提示信息，程序员只能根据程序运行状态或结果判断错误的存在，因此这种错误查找起来比较困难。对于这类错误的查找，可以借助Visual C++提供的调试工具。

1) 启动调试器

当 Visual C++集成开发环境中有一个活动的项目工作区且项目或应用程序处于打开状态时，调试器才可以使用。

如果程序编译、链接没有错误，则可以通过执行"Build"→"Start Debug"菜单中的三个命令来启动调试器。如图1-4所示为执行"Run to Cursor"命令且从键盘输入整数34和56后的窗口。

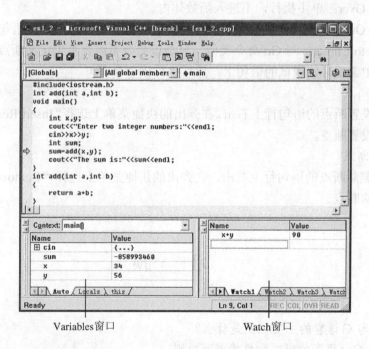

图1-4 启动调试器后的集成开发环境

"Build"→"Start Debug"菜单中的三个命令的含义如下：

(1) Go：启动调试器并全速运行应用程序，直到遇到一个断点或程序结束，或直到应用程序暂停等待用户输入。

(2) Step Into：启动调试器并逐行单步执行源程序文件。当所跟踪的语句包含一个函数调用时，Step Into 进入所调用的函数中。

(3) Run to Cursor：启动调试器并执行到包含插入点光标的行。

当启动调试器后，Visual C++集成开发环境的"Build"菜单变为"Debug"菜单，同时在下方自动出现"Variables"窗口和"Watch"窗口。

在"Variables"窗口中列出了程序运行到当前位置时各变量的值。例如，当程序运行到光标所在行时，输入到变量 x 和 y 中的值分别为 34 和 56，变量 sum 还没有赋值，其当前值是一个随机值。

在"Watch"窗口中可以输入表达式并显示该表达式的值。例如，当程序运行到光标所在行时，在"Watch"窗口中输入表达式 x+y，则后面会显示该表达式的值。

2) 调试命令

当启动调试器后，在"Debug"菜单下给出了用于调试的一些命令：

(1) Go：全速运行程序直到遇到下一个断点或到程序结束。

(2) Restart：重新从程序开始处调试，而不是从当前所跟踪的位置开始调试。

(3) Stop Debugging：结束调试，返回到 Build 菜单。

(4) Step Into：单步执行，如果正在跟踪的语句是一个函数调用，则该命令会进入所调用的函数内部执行。

(5) Step Over：单步执行，不进入函数体内。

(6) Step Out：全速执行到被调用函数结束并停留在调用该函数的语句后。

(7) Run to Cursor：与 Go 命令类似，只是该命令不需要事先定义断点，只需将光标移动到源程序中需要开始调试的语句上，然后执行该命令即可。

3) 设置断点

在需要设置断点的语句行上右击，在弹出的快捷菜单上选择"Insert/Remove Breakpoint"命令，即可设置断点。

4) 删除断点

在需要删除断点的语句行上右击，在弹出的快捷菜单上选择"Remove Breakpoint"命令，即可删除断点。

习　题

1. C++与 C 语言的主要区别是什么？
2. 简述 C++程序的组成和格式书写规则。
3. 编写一个简单的 C++程序，输入圆的半径，求圆的面积。
4. 在计算机上输入、编辑、调试和运行例 1.2，熟悉 Visual C++的集成开发环境。
5. 仿照例 1.2，编写一个计算矩形面积的程序。
6. 设变量 x=65，d=123.4567，参照例 1.5 编写程序并按如图 1-5 所示的格式输出。

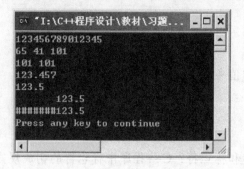

图 1-5 习题 6 的输出格式

7. 如下程序由两个源程序组成，一个文件名是 file1.cpp，另一个文件名是 file2.cpp。在 Visual C++中创建项目，实现并运行这个程序。

文件 1：file1.cpp

```
#include <iostream.h>
int add(int,int);
void main()
{
    int a,b;
    a=20;
    b=35;
    int sum=add(a,b);
    cout<<"a+b="<<sum<<endl;
}
```

文件 2：file2.cpp

```
int add(int x,int y)
{
    return x+y;
}
```

8. 以下程序用来从键盘输入两个数，计算这两个数的乘积并输出。程序中有语法错误和逻辑错误，请在 Visual C++下调试该程序，使其能运行并输出正确结果。

```
void main()
{
    int x,y;
    cout<<Please input two integer number;
    cin>>x>>y;
    m=x+y;
    cout<<x<<'*'<<y<<'='<<m
}
```

9. 将如下数学表达式写成 C++语言的表达式：

$$\frac{\sqrt{a^2+b^2}}{2ab}$$

10. 下列表达式的值各是多少？
① 201/4；
② 201%4；
③ 201/4.0。
11. 什么是关键字和标识符？C++程序中标识符的构成规则是什么？
12. 比较C语言和C++的运算符，说明C++在C语言基础上增加了哪些运算符。
13. C++语言一般采用什么方法进行数据的输入和输出？请举例说明。
14. C++的注释有哪几种格式？如何使用？

第2章 C++面向过程的程序设计

C++保持与C语言的兼容，它既支持面向过程的程序设计，又支持面向对象的程序设计。虽然与C语言兼容的部分不是C++的主要特性，但像数据类型、程序的控制、函数等，不仅是面向过程程序设计的基本成分，也是面向对象程序设计的基础。因此，本章主要介绍C++中面向过程程序设计的基本内容，包括数据类型、程序控制语句和函数等。对于与C语言一致的内容，本章只作简单的概述，重点介绍C++对C语言面向过程程序设计的扩展和新增特性。

2.1 数据类型

数据是程序处理的对象。C++中将数据分为不同的数据类型，任何数据都属于某一种特定的数据类型。数据类型的作用有两个：一是指明为数据分配多大的存储空间并规定了数据的存储结构，进而规定了数据的取值范围；二是规定了数据所能进行的操作。

C++的数据类型分为基本数据类型和构造类型。基本数据类型是系统定义的，用户可以直接使用。构造类型由用户自行定义。C++的数据类型如图2-1所示。

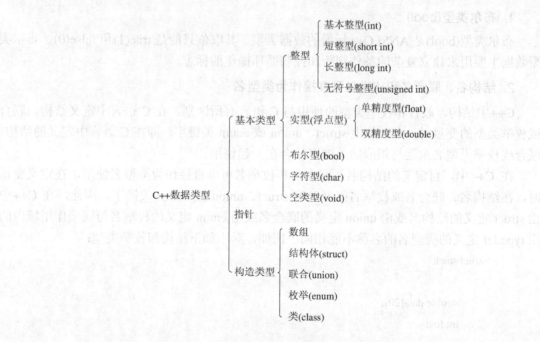

图2-1 C++的数据类型

2.1.1 基本数据类型的取值范围

在程序中使用数据时,要注意不同类型数据的取值范围,如果在给变量赋值时超出了其取值范围,则程序运行结果往往不正确,即程序产生了逻辑错误。表 2-1 列出了 Visual C++ 中基本数据类型占用的字节数和取值范围。

表 2-1 基本数据类型占用的字节数和取值范围

数据类型	长度(字节数)	取 值 范 围
bool	1	false,true
char	1	$-128 \sim 127$
unsigned char	1	$0 \sim 255$
short (int)	2	$-32\,768 \sim 32\,767$
int	4	$-2^{31} \sim (2^{31}-1)$
unsigned (int)	4	$0 \sim (2^{32}-1)$
long (int)	4	$-2^{31} \sim (2^{31}-1)$
float	4	$\pm(3.4 \times 10^{-38} \sim 3.4 \times 10^{38})$
double	8	$\pm(1.7 \times 10^{-308} \sim 1.7 \times 10^{308})$

注:C++中,char 数据类型数据为带符号数,因此其取值范围为$-128 \sim 127$。

2.1.2 C++的扩展

C++在保留 C 语言中所有数据类型的基础上增加了一些类型,并且在数据类型的使用上与 C 语言有所区别。

1. 布尔类型(bool)

布尔类型(bool)是 ANSI C++新增的数据类型,其取值只能是 true(1)和 false(0)。布尔类型数据主要用来建立复杂的条件判断和控制循环操作的标志。

2. 结构名、联合名和枚举名可直接作为类型名

C++中结构、联合和枚举类型的使用与 C 语言有所区别。在 C 语言中定义结构、联合或枚举类型的变量时,必须加上 struct、union 或 enum 关键字,即在 C 语言中定义的结构、联合或枚举类型名永远与相应的关键字结合在一起使用。

在 C++中,自定义的结构名、联合名和枚举名可以直接作为类型名使用,在定义变量时,在结构名、联合名或枚举名前可省略 struct、union 或 enum 关键字。因此,在 C++中由 struct 定义的结构名或由 union 定义的联合名或由 enum 定义的枚举名与同一作用域内的由 typedef 定义的类型名的名称不能相同。例如,对于如下结构和枚举类型:

```
struct stack
{
    double data[20];
    int tos;
};
enum color{RED,GREEN,BLUE};
```

在 C++中定义变量时，可以按如下格式定义：
>   stack st1,st2;
>   color c;

但在 C 语言中，定义变量时必须加上相应的关键字，如下：
>   struct stack st1,st2;
>   enum color c;

3. 无名联合

联合(union)可以使不同数据类型的数据共享相同的存储空间。在 C++中定义联合时，可以在 union 关键字后省略联合名，这样定义的联合称为无名联合。例如：
>   union
>   {
>   double d;
>   int i;
>   };

在此无名联合中，d 和 i 共享相同的存储空间。无名联合中定义的数据项可以直接作为变量使用，例如：
>   d=8.3;
>   i=5;

4. 数据类型转换

在编写程序时一般要求一个运算符的各操作数类型相同，但当表达式中出现多种类型数据的混合运算时，往往需要进行类型转换。表达式中的类型转换分为自动类型转换和强制类型转换。

自动类型转换是指在不同类型数据进行混合运算时，系统会自动转换数据的类型。对于自动类型转换，C++与 C 语言相同。在进行赋值运算时，右边表达式的类型自动转换为左边变量的类型；在进行算术混合运算时，将低类型(数据范围小的数据类型)转换为高类型(数据范围大的数据类型)；在进行逻辑运算时，将其它数据类型转换为 bool 类型，任何非 0 值转换为 true，0 值转换为 false。

如果系统不能进行数据类型的自动转换，则运算会出错，此时可以使用 C++的强制类型转换。C++的强制类型转换有两种格式。

格式 1：
>   (数据类型)表达式

在使用这种格式时，如果表达式为包含多个操作数的表达式，则表达式应加括号。例如：
>   float a=3.2,b=8.5;

则
>   int c=(int)a*b;   //c 的值为 25
>   int d=(int)(a*b);   //d 的值为 27

格式 2：
>   数据类型(表达式)

这是 C++扩展的一种强制类型转换方式。在使用这种格式时，将数据类型名作为函数名，将表达式作为参数，采用函数调用的形式。例如：

  int c=int(a*b);   //c 的值为 27

2.2 常量和变量

程序中的数据根据在程序运行过程中是否允许改变其值而分为常量和变量。

2.2.1 常量

常量是指在程序整个运行过程中其值不变的量。常量既可以直接用其值表示(字面常量)，也可以用标识符表示(符号常量)。

1. 整型常量

整型常量有十进制、八进制和十六进制三种表示方式。十进制以 1～9 数字开头，如 123；八进制以 0 开头，如 0127；十六进制以 0x(或 0X)开头，如 0x5B。整型常量可以用后缀字母 L(或 l)表示长整型，用后缀字母 U(或 u)表示无符号整型。

2. 实型常量

实型常量只有十进制表示方式，可以使用一般小数形式和指数形式来表示。在使用指数形式时，E(或 e)前面的尾数部分不能省略，指数部分必须是整数。例如：-34.4e-4、.235E6、1e-5 等都是正确的形式。

3. 字符常量

字符常量是用单引号括起来的单个字符，如'A'、'?'、'$'等。

对于一些具有特殊功能的字符，无法通过键盘直接输入，C++提供了称为转义序列的表示方法。它用由一个反斜杠和一个字符组成的转义字符表示这些特殊字符。表 2-2 列出了 C++中常用的转义字符。

表 2-2 C++中常用的转义字符

转义字符	含 义
\a	响铃
\b	退格
\n	换行
\r	回车(不换行，光标移到本行最前)
\t	水平制表符
\0	空字符，通常用作字符串结束标志
\\	反斜杠"\"
\'	单引号
\"	双引号
\ddd	1～3 位八进制 ASCII 码值所代表的字符
\xhh	1～2 位十六进制 ASCII 码值所代表的字符

4. 字符串常量

字符串常量是用一对双引号括起来的字符序列。例如，"China"、"This is a string" 等都是字符串常量。

字符串常量与字符常量不同，它在内存中按字符串中字符的排列顺序存放，每个字符占一个字节，并在末尾添加 '\0' 作为结束标志。因此，字符串所占用的内存字节数比字符串中字符的个数多1。图 2-2 是字符串 "China"、"a" 和字符 'a' 的存储形式。从图中可以看出，字符串 "a" 和字符 'a' 是不同的。

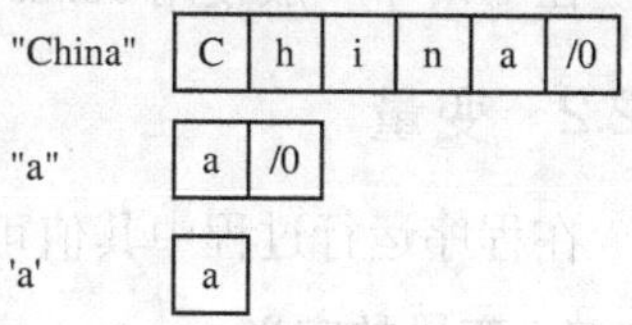

"China"	C	h	i	n	a	\0
"a"	a	\0				
'a'	a					

图 2-2　字符串和字符的存储形式

5. 布尔常量

布尔常量只有两个：false 和 true。

6. 符号常量

除了直接用值表示常量外，还可以用标识符来表示常量，称为符号常量。

C++中可以使用 const 修饰符和 #define 宏定义命令定义符号常量。使用 const 声明常量的格式为：

  const　数据类型　常量名=常量值;

例如，可以定义一个符号常量 PI 来表示 π：

  const double PI=3.1415926;

在使用 const 定义符号常量时必须进行初始化，在程序运行过程中不能改变其值。例如，下列语句是错误的：

  const double PI;
  PI=3.1415926;　　//错误，不允许改变常量的值

定义符号常量时，可以像 C 语言中那样用 #define 宏定义命令定义。对于宏定义命令 #define，编译器只做简单文本替换，只是对源程序编写上的一种简化，它不进行类型检查，在某些情况下易出错。由 const 定义的符号常量具有类型，在使用时系统需要进行类型检查。

【例2.1】　符号常量的定义和使用示例。

```
#include<iostream.h>
#define P 1
void main()
{
    float f=1.0;
    cout<<"Result of 1.0+1/2 is "<<f+P/2<<endl;
}
```

程序运行结果为：

  Result of 1.0+1/2 is 1

从程序运行结果看，程序中将 P 替换为 1，其实是一个字面常量。如果将程序中的宏命令#define P 1 修改为 const float P=1;，则程序运行结果为：

  Result of 1.0+1/2 is 1.5

程序中 P 的数据类型是 float。

在 C++中，用 const 定义的符号常量可以用来定义数组。例如：

  const int n=8;

  int array[n];

而在 C 语言中，语句 int array[n];是错误的。

const 还可以修饰指针和函数的参数和返回值。

在 C++中一般使用 const 定义符号常量，不推荐使用#define 定义符号常量。

2.2.2 变量

在程序运行过程中其值可以改变的量称为变量。C++中的变量必须先定义后使用。

1. 变量的定义

变量定义语句的形式如下：

  [存储类型] 数据类型 变量名1,变量名2,…,变量名n;

变量定义决定了为变量分配存储空间的大小和位置。例如：

  int a,b;

定义了两个整型变量，系统在动态存储区(称为堆)为两个变量各分配 4 字节存储空间。

  static float f;

定义了一个单精度实型变量，系统在静态存储区为其分配 4 字节存储空间。

在定义变量时，可以对其进行初始化，格式如下：

  [存储类型] 数据类型 变量名=表达式;

或

  [存储类型] 数据类型 变量名(表达式);

例如：

  int a=5;

  float f(8.2+a);

在 C 语言中只能使用常量对变量进行初始化，而在 C++中可以使用任何有效的表达式进行初始化。

2. 存储类型

存储类型用来决定为变量分配存储空间的区域。变量的存储类型有以下 4 种：

auto：缺省的存储类型。在动态存储区中为变量分配存储空间。

register：变量存储在寄存器中。

extern：用于声明外部变量，变量存储在静态存储区中。

static：用于声明内部变量或外部变量，变量存储在静态存储区中。

存储在静态存储区中的变量直到程序运行结束才释放其占有的内存空间。

3. 变量定义语句的位置

在 C 语言中，全局变量的定义必须在所有函数定义之前，局部变量的定义必须在复合语句的可执行语句之前。C++中变量定义语句的位置非常灵活，可以与可执行语句在程序中交替出现。例如以下程序段：

```
void func()
{
    int i(5),j;
    j=2*i+10;
    float f;        //变量定义在可执行语句之后
    ⋮
}
```
在 C 语言中是错误的，因为语句 float f;在可执行语句之后，但在 C++中这是正确的。

在 C++中甚至可以在 for 循环语句中定义变量，例如：

```
for (int i=0;i<10;i++)
```

变量的作用域从定义位置开始到其所在的复合语句结束。

4. 作用域运算符 "::"

C/C++中，在相同的作用域内，多个变量不能同名，但在不同的作用域内允许定义同名的变量。如果一个内层作用域中定义了与外层作用域中同名的变量，那么在该作用域模块中对这个变量的访问只是对该内层作用域局部变量的访问。

【例 2.2】 不同作用域同名变量的访问。

```
#include<iostream.h>
int i=0;
void func();
void main()
{
    func();
}
void func()
{
    int i=10;
    {
        int i=100;
        {
            int i=1000;
            cout<<"i is "<<i<<endl;      //输出:i is 1000
        }
        cout<<"i is "<<i<<endl;          //输出:i is 100;
    }
    cout<<"i is "<<i<<endl;              //输出:i is 10
}
```

C++语言中可以使用作用域运算符 "::" 在局部变量的作用域内访问同名的全局变量。

【例 2.3】 作用域运算符的使用示例。

```
#include<iostream.h>
```

```
int var=100;
void main()
{
    int var=200;
    cout<<::var<<',';              //输出全局变量值
    cout<<var<<',';                //输出局部变量值
    ::var=500;                     //访问全局变量
    cout<<var<<',';
    cout<<::var<<endl;
}
```

程序运行结果为：

100,200,200,500

注意，作用域运算符"::"只能用来访问全局变量，而不能用来访问同名的非全局变量。

【例 2.4】 作用域运算符的错误用法示例。

```
#include<iostream.h>
void main()
{
    int i;
    for(i=0;i<10;i++)
    {
        for (int i=0;i<10;i++)      //重新定义局部变量 i
        {
            int k=10;
            cout<<"outside i is "<<::i<<endl<<"inner i,k is "<<i<<" "<<k<<endl;
            //::i 的使用错误，没有全局变量 i
        }
    }
    cout<<"i is "<<i<<endl;
}
```

2.3 基本控制结构

一个结构化程序由若干个基本控制结构组成。C++的基本控制结构有三种：顺序结构、选择结构和循环结构。顺序结构是程序的基本组成部分，它按照语句在程序中出现的先后次序执行；选择结构是根据某个条件来选择执行哪一部分代码；循环结构是根据某个条件来决定是否重复执行一段代码。

C++的流程控制语句与 C 语言的完全相同。

2.3.1 顺序结构

顺序结构是程序中最常用的结构，实现起来比较简单，只需按照处理问题的过程顺序

写出相应的语句即可。

【例2.5】 从键盘任意输入一个三位整数,要求正确分离它的个位、十位和百位数,并分别在屏幕上输出。

```
#include <iostream.h>
void main()
{
    int x,b0,b1,b2;
    cout<<"Please enter an three-figure integer:";
    cin>>x;
    b2=x/100;
    b1=(x-b2*100)/10;
    b0=x%10;
    cout<<"bit2="<<b2<<','<<"bit1="<<b1<<','<<"bit0="<<b0<<endl;
}
```

程序运行结果为:

Please enter an three-figure integer:258↙
bit2=2,bit1=5,bit0=8

2.3.2 选择结构

选择结构根据给定的条件来选择需要执行的代码。C++提供了两种语句来实现选择结构:if 语句和 switch 语句。

1. if 语句

if 语句有多种形式,其基本形式为:

if(表达式)
　　语句

执行顺序是:首先计算表达式的值,若表达式的值为 true,则执行其中的语句,否则跳过该语句,执行 if 语句后的下一条语句,如图 2-3(a)所示。

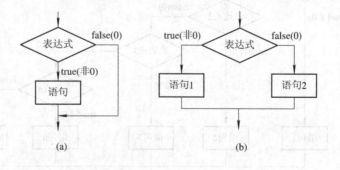

图 2-3　if 语句流程图

(a) 单分支 if 语句; (b) 双分支 if 语句

if 语句中,表达式可以为任意表达式,如果为非逻辑表达式,则其值为非 0 都作为 true,为 0 作为 false。其中的语句如果多于 1 条,则应用花括号"{}"括起来。

if 语句的另外两种形式为:

形式一:

  if (表达式)

    语句 1

  else

    语句 2

当表达式的值为 true 时,执行语句 1,否则执行语句 2,如图 2-3(b)所示。

形式二:

  if (表达式 1)

    语句 1

  else if (表达式 2)

    语句 2

  else if (表达式 3)

    语句 3

    ⋮

  else if (表达式 n)

    语句 n

  else

    语句 n+1

当表达式 1 的值为 true 时,执行语句 1;否则判定表达式 2,当为 true 时执行语句 2;依次类推,若表达式 1~n 的值都为 false,则执行语句 n+1。其执行过程如图 2-4 所示。这种格式不管有多少个分支,程序都只执行一个分支。

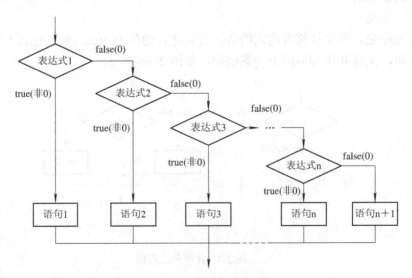

图 2-4 多分支 if 语句流程图

【例2.6】 输入某个学生的成绩，根据成绩判定为优、良、中、及格或不及格。

```cpp
#include <iostream.h>
void main()
{
    float score;
    cout<<"Please input the score:";
    cin>>score;
    cout<<"The grade is:";
    if (score>=90)
        cout<<"优";
    else if (score>=80)
        cout<<"良";
    else if (score>=70)
        cout<<"中";
    else if (score>=60)
        cout<<"及格";
    else
        cout<<"不及格";
    cout<<endl;
}
```

if 语句可以嵌套使用，即在 if 或 else 后面的语句中还可以包含 if 语句。对于嵌套的 if 语句，C++规定 else 始终与同一层中上面最接近它的 if 配对。else 分句不能单独使用。

2. switch 语句

当程序分支较多时，使用多分支 if 语句结构复杂。为了方便地实现多分支结构，C++提供了 switch 语句。其基本格式为：

```
switch (表达式)
{
    case 常量表达式1:
        语句1
        [break;]
    case 常量表达式2:
        语句2
        [break;]
    ⋮
    case 常量表达式n:
        语句n
        [break;]
    [default:
```

语句 n+1]
}

其中，各 case 后面的 break 和 default 是可选语句。其执行过程为：首先计算表达式的值，然后自上而下将结果与 case 后面的常量表达式的值依次进行比较，如果相等，则按顺序执行此 case 后的所有语句，包括后续 case 中的语句，而不再进行判断，直到遇到 break 语句或 switch 语句结束。如果需要在执行完本 case 分支后跳出 switch 语句，则应在 case 分支最后加上一条 break 语句。如果表达式的值与所有 case 后常量表达式的值都不相同，则执行 default 后的语句，如果省略 default 则不执行任何语句。其流程如图 2-5 所示。

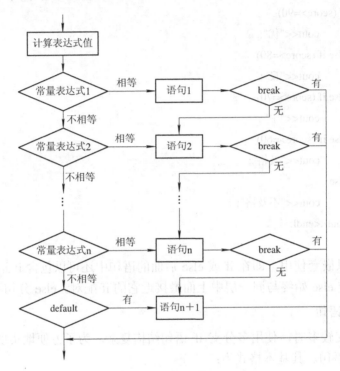

图 2-5　switch 语句的执行流程

在 switch 语句中，表达式与各常量表达式的类型必须一致，且只能是字符型、整型或枚举型。case 后面的语句如果包含多条语句，也不需使用花括号"{}"括起来。

【例 2.7】　使用 switch 语句完成例 2.6。

```
#include <iostream.h>
void main()
{
    int score,grade;
    cout<<"Please input the score:";
    cin>>score;
    grade=score/10;
    cout<<"The grade is:";
    switch (grade)
```

```
        {
    case 10:
    case 9:
            cout<<score<<"--优";
            break;
    case 8:
            cout<<score<<"--良";
            break;
    case 7:
            cout<<score<<"--中";
            break;
    case 6:
            cout<<score<<"--及格";
            break;
    default:
            cout<<score<<"--不及格";
        }
        cout<<endl;
    }
```

说明：程序中使用表达式"score/10"将分数范围转换为一个整数。

2.3.3 循环结构

循环结构是在给定条件成立的情况下，重复执行某个程序段。重复执行的程序段称为循环体。利用循环结构可以使复杂的问题简单化。C++提供了三种循环结构控制语句：while语句、do-while语句和for语句。

1. while语句

while语句的格式为：

    while (表达式)

        语句

while语句首先计算表达式的值，如果表达式的值为true(非0)，则执行循环体语句，否则退出循环，执行该循环语句后面的语句。每执行完一次循环体语句后，再计算表达式的值，如果为true(非0)，则再次执行循环体，直至表达式的值为false(0)时退出循环。其执行流程如图2-6所示。

在使用while语句时，如果循环体包含多条语句，则应使用花括号"{}"括起来。

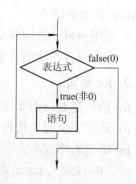

图2-6 while语句的执行流程

【例 2.8】 利用公式 $e = 1 + \dfrac{1}{1!} + \dfrac{1}{2!} + \cdots + \dfrac{1}{n!} + \cdots$ 计算 e 的值,直到 $\dfrac{1}{n!} < 10^{-7}$。

```
#include <iostream.h>
void main()
{
    double e=1.0;
    double item=1.0;
    int n=1;
    while (item>=1e-7)
    {
        item=item/n;
        e=e+item;
        n++;
    }
    cout<<"e="<<e<<"(n="<<n<<")"<<endl;
}
```

程序运行结果为:

  e=2.71828(n=12)

2. do-while 语句

do-while 语句的格式为:

  do

    语句

  while (表达式);

do-while 语句与 while 语句功能相似,所不同的是先执行循环体然后计算表达式的值并判断,若表达式的值为 true(非 0),则继续执行循环体语句,直到表达式的值为 false(0)时结束循环。其执行流程如图 2-7 所示。

注意,do-while 语句最后有一个分号,表示 do-while 语句的结束。

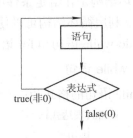

图 2-7 do-while 语句的执行流程

在使用 while 语句和 do-while 语句实现循环结构时,为了避免出现死循环,在循环体语句中应该包含改变循环条件表达式值的语句。

3. for 语句

for 语句是 C++中实现循环结构使用最频繁、功能最强的语句,并且其使用方式非常灵活。for 语句完全可以代替其它两种循环结构语句。

for 语句的格式为:

  for (表达式 1;表达式 2;表达式 3)

    语句

for 语句的执行过程是：首先计算表达式 1 的值，再计算表达式 2 的值并判断，如果表达式 2 的值为 true(非 0)，则执行一次循环体，否则退出循环。每执行一次循环体后计算表达式 3，然后再计算表达式 2 的值并判断是否执行循环。其执行流程如图 2-8 所示。

for 语句中的三个表达式用分号分隔，可以省略其中的任何一个或多个表达式，但分号不能省略。

表达式 1 一般用于给循环控制条件赋初值，但也可以是其它与循环控制条件无关的表达式。若表达式 1 省略或它是与循环控制条件无关的表达式，则应在 for 语句前给循环控制条件赋初值。

表达式 2 一般作为控制循环的条件，如果省略，则应在循环体内使用相应的 if 语句控制循环退出，否则进入死循环。

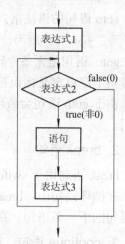

图 2-8 for 语句的执行流程

表达式 3 一般用于改变循环控制条件的值。若表达式 3 省略或它是与循环控制条件无关的表达式，则应在循环体中增加改变循环控制条件值的语句，以免进入死循环。

【例 2.9】利用公式 $\frac{\pi}{4}=1-\frac{1}{3}+\frac{1}{5}-\frac{1}{7}+\cdots$ 计算 π 的值，直到最后一项的绝对值小于 10^{-8} 为止。

```
#include <iostream.h>
#include <math.h>
void main()
{
    double pi,sum(0),item=1.0,sign=1.0;
    for(int i=2;fabs(item)>=1e-8;i++)
    {
        sum=sum+item;
        sign=-sign;
        item=sign/(2*i-1);
    }
    pi=4*sum;
    cout<<"PI is "<<pi<<endl;
}
```

程序运行结果为：
PI is 3.14159

2.3.4 流程的转移控制

C++提供了三种转移控制语句：goto 语句、break 语句和 continue 语句。

1. goto 语句

goto 语句的语法格式为：

  goto 语句标号;

goto 语句是无条件转移语句，使程序直接跳转到语句标号所标识的语句去执行。语句标号是用户自定义标识符，表示 goto 语句的转向入口。

由于 goto 语句会破环程序的结构化特性，影响程序的可读性，故在 C++中建议少用或不用。

2. break 语句

break 语句用于 switch 语句和循环语句中。在 switch 语句中，break 用于跳出 switch 语句。在循环语句中，break 用于跳出循环，即程序遇到 break 语句时提前结束循环，执行循环语句的下一条语句。在多重循环中，break 语句只退出本层循环。

3. continue 语句

continue 语句只用在循环语句中，用于结束本次循环，即跳过循环体中 continue 语句后面的语句，直接进入下一次循环的判断。

2.4 数组和指针

2.4.1 数组

数组是一种构造类型。它是一组具有相同数据类型的数据的有序集合，其中每个数据称为数组的元素。

1. 数组的定义

数组与其它变量一样，必须先定义后使用。数组的定义包括确定数组的名称、确定数组元素的类型和数组的结构(维数和每一维的大小)。

数组的定义格式如下：

  数据类型 数组名[常量表达式 1][常量表达式 2]…;

其中，"数据类型"确定了数组元素的类型，可以是 C++中任意合法的数据类型，包括构造类型；"数组名"是一个标识符，用于标识该数组；常量表达式的个数确定数组的维数，常量表达式的个数为 1 时，称为一维数组，为 2 时，称为二维数组。例如：

  int score[100];

  float matrix[2][3];

C 语言中，定义数组时，下标必须是常量，不允许使用表达式。C++中允许使用常量表达式来定义数组。例如：

  const int N=80;

  char ch[N+1];

定义数组时，系统自动为数组分配一块连续的存储空间，数组名代表这块存储空间的起始地址。数组元素按顺序在内存中按行存放。

2. 数组的初始化

在定义数组的同时,可以对数组元素赋初值。元素初值由在等号(=)后面用花括号括起来的初始化列表给出。例如:

  int score[5]={89,52,78,67,93};

  float matrix[2][3]={2.1,2.2,2.3,4.3,4.4,4.5};

在进行初始化时,初始化列表中数据的类型应与数组元素的类型相同,所给数据的个数不能大于数组元素的个数。

对于一维数组,如果初始化列表中数据的个数与数组元素的个数相同,则在定义时可以省略数组的大小。例如:

  int score[]={89,52,78,67,93};

对于二维数组,如果初始化列表中数据的个数与数组元素的个数相同,则在定义时可以省略数组第一维的大小,但第二维的大小不能省略,系统自动根据初始化列表中数据的个数确定第一维的大小。例如:

  float matrix[][3]={2.1,2.2,2.3,4.3,4.4,4.5,6.5,6.6,6.7};

二维数组初始化时,按照数组元素的存储顺序对各元素赋初值,但为了更直观,常采用分行赋初值的方法。例如:

  float matrix[][3]={{2.1,2.2,2.3},{4.3,4.4,4.5}};

  int a[3][4]={{1,2},{3,4},{5,6}};

3. 数组元素的引用

在 C++中,当数组作为函数的参数或作为字符串操作时,可以进行整体引用。其它情况不允许对数组进行整体引用,只能分别对数组的元素进行操作。数组元素相当于一个变量。一维数组元素的引用方式为:

  数组名[下标表达式]

二维数组元素的引用方式为:

  数组名[下标表达式 1][下标表达式 2]

下标表达式的结果必须是整数,数组元素的下标从 0 开始,最大值为相应维的大小减 1。在 C++中,系统并不对下标越界进行检查。因此,在对数组元素进行操作时应避免数组下标越界,以免破坏其它内存空间的数据,造成不可预见的后果。

在使用数组时,应注意定义数组和引用数组元素的区别。例如:

  int a[3][4];   //定义数组及其大小

  a[2][3]=5;   //对数组元素的引用

【例 2.10】 利用冒泡排序法对整型数组进行排序。

```
#include <iostream.h>
void main()
{
    const int COUNT=10;
    int array[COUNT];
    cout<<"Please input 10 integer numbers:"<<endl;
```

```
            for (int i=0;i<COUNT;i++)
                cin>>array[i];
            for (i=0;i<COUNT;i++)
                for (int j=COUNT-1;j>i;j--)
                    if (array[j-1]>array[j])
                    {
                        int temp=array[j-1];
                        array[j-1]=array[j];
                        array[j]=temp;
                    }
            cout<<"The result is:"<<endl;
            for (i=0;i<COUNT;i++)
                cout<<array[i]<<' ';
            cout<<endl;
        }
```

冒泡排序的思想是：将相邻的两个数比较大小，若为逆序，则交换两个数的位置。

2.4.2 指针

程序运行时，任何变量都被分配有一定大小的内存空间。变量的数据类型不同，所占用的内存空间大小也不同，如 int 类型的变量占用 4 个字节，double 类型的变量占用 8 个字节。将变量所占用内存空间的首地址称为变量的地址。用于存放内存地址的变量称为指针变量，简称指针。

1. 指针的定义

指针作为变量，也必须先定义后使用，其定义形式为：

    数据类型 *指针名;

其中，"数据类型"是指针所指向的变量的类型。例如：

    int *ptr;

定义了一个名为 ptr 的指针，该指针用于存放整型变量的地址，即该指针指向一个整型变量。

需要特别注意的是，指针定义后其指向是不确定的，在让其指向具体的变量前就向指针所指向的内存空间写数据，可能造成不可预料的后果。因此，在使用一个指针变量前，必须要初始化指针变量，让其指向具体的变量。请运行以下程序，看有什么结果。

```
        #include <iostream.h>
        void main()
        {
            int *ptr;
            *ptr=50;
            cout<<*ptr<<endl;
        }
```

2. 指针的运算

C++中有两个与指针有关的运算符，它们是指针运算符"*"和取地址运算符"&"。另外，指针还可以进行赋值运算、加减运算、比较运算等。

取地址运算符"&"用于取一个变量的地址，指针运算符"*"与指针名结合表示该指针所指向的变量。

指针的赋值运算一般用于将一个变量的地址赋值给指针，即让指针指向这个变量。例如：

```
int *ptr,i;      //定义了一个指向整型变量的指针 ptr 和一个整型变量 i
ptr=&i;          //将变量 i 的地址赋值给指针 ptr，即让 ptr 指向变量 i
```

指针的赋值运算还可以用于同类型指针之间的赋值，结果是使两个指针指向同一个变量。

指针可以与一个整数进行加减运算。指针 ptr 加上一个整数 n(即 ptr+n)，表示指向当前指针所指向的变量后面的第 n 个变量；指针 ptr 减去一个整数 n(即 ptr-n)，表示指向当前指针所指向的变量前面的第 n 个变量。

指针可以进行++和--运算。对指针进行++运算表示让指针指向下一个变量，对指针进行--运算表示让指针指向前一个变量。对指针进行++或--运算并不是地址加1或减1。

两个同类型的指针可以相减，表示两个指针之间存放变量的个数，并不表示地址的差值。

对指针进行比较运算，主要用于确定两个指针是否指向同一个变量。

【例 2.11】 指针运算示例。

```
#include <iostream.h>
void main()
{
    int a,b,*p1=&a,*p2=&b;     //定义指针 p1 和 p2，并初始化，使之分别指向变量 a 和 b
    cout<<"Please input two integer numbers:";
    cin>>a>>b;
    cout<<*p1<<' '<<*p2<<endl;  //输出 p1 和 p2 所指向的变量的值
    cout<<a<<' '<<b<<endl;
    cout<<&a<<' '<<&b<<endl;    //输出变量 a 和 b 的地址
    cout<<p1<<' '<<p2<<endl;    //输出指针的值(分别为变量 a 和 b 的地址)
    cout<<p1-p2<<endl;
    cout<<p2+1<<endl;
}
```

程序运行结果为：

```
Please input two integer numbers:3 8↙
3 8
3 8
0x0012FF7C 0x0012FF78
0x0012FF7C 0x0012FF78
```

        1
        0x0012FF7C

请注意运行结果中几个地址之间的关系。需要说明的是，在不同的系统中输出的地址值有差异。

2.4.3 指针与数组的关系

C++中，指针与数组的关系十分密切。实际上，数组名本身就是一个常量指针，它始终保存数组在内存中的首地址。因此，对数组元素的引用可以用不同的表示方式。

对于一维数组，假设有如下语句：

        int a[5];
        int *p=a;

则 a[i]、*(a+i)、p[i]和*(p+i)都表示数组中第 i(i=0,1,…,4)个元素。

【例 2.12】 利用指针引用数组元素的方法求数组元素的和。

```
#include <iostream.h>
void main()
{
    int a[]={1,3,5,7,9};
    int sum=0,*pa=a;
    for (int i=0;i<5;i++)
    {
        sum=sum+*pa;
        pa++;
    }
    cout<<"sum="<<sum<<endl;
}
```

C++中，二维数组可以看成是由若干一维数组构成的。例如，有下面的定义语句：

        int b[3][4];

则可以将数组 b 看成是由 b[0]、b[1]和 b[2]三个元素构成的一维数组，其中每个元素又是由 4 个整型元素组成的一维数组。则根据一维数组与指针的关系可知，表达式 b+0 表示元素 b[0]，表达式 b+1 表示元素 b[1]，表达式 b+2 表示元素 b[2]。由于 b[0]、b[1]和 b[2]又是一维数组，则表示数组 b[1]中下标为 1 的元素可以是 b[1][1]、*(b[1]+1)。因此，表示元素 b[i][j]的形式有 b[i][j]、*(b[i]+j)、*(*(b+i)+j)和(*(b+i))[j]等。

由于二维数组可以看成是元素为一维数组的一维数组，因此 b 是指向一维数组的常量指针。若有以下定义语句：

        int b[3][4],*pb;

则语句 pb=b;是错误的，因为 pb 是指向整型变量的指针，b 是指向一维数组的指针，二者类型不同。

C++中提供了指向数组的指针，其定义格式如下：

        数据类型 (*指针名)[常量表达式];

其中，常量表达式规定了指针所指向一维数组的长度。例如：
　　　　int (*p)[4];
定义了指向长度为 4 的一维数组的指针 p，则 p=b; 合法。

2.4.4 动态内存分配

　　C 语言中使用库函数 malloc()和 free()来实现动态内存的分配和释放，C++仍然支持这种方式。另外，C++提供了运算符 new 和 delete 来进行动态内存的分配和释放。

　　使用 new 和 delete 来代替库函数 malloc()和 free()有以下优势：new 和 delete 是运算符，使用时不需要包含头文件；在对指针赋值时不需要进行类型转换，系统自动返回正确的类型；使用 new 给对象分配内存空间时会自动调用该对象的构造函数，使用 delete 释放对象时会自动调用该对象的析构函数。

1. new 运算符

　　new 运算符用于向系统申请内存空间，并返回该内存空间的首地址。其使用格式如下：
　　　　指针= new 数据类型;
其中，"数据类型"表示分配的内存空间存放数据的类型，系统根据数据类型分配相应大小的内存空间，它可以是任意合法的数据类型。指针的类型必须与 new 后的数据类型相同，否则应进行强制类型转换。例如：
　　　　double *p=new double;
向系统申请了 8 个字节的内存空间，用于存放一个 double 类型的数据，并将首地址赋值给指针 p。

　　在分配内存空间时，可以对分配的内存空间进行初始化，格式如下：
　　　　指针= new 数据类型(表达式);
系统用表达式的值初始化分配的内存空间。

　　new 运算符可以为数组申请内存空间，建立动态数组。为一维数组申请存储空间的格式为：
　　　　指针= new 数据类型[整型表达式];
其中，"数据类型"表示数组元素的类型。为数组分配存储空间时，不能进行初始化。例如：
　　　　int n=5;
　　　　int *p=new int[n+1];
建立了一个有 6 个整型元素的数组，并将数组的首地址赋值给指针 p。

　　为二维数组申请内存空间的格式为：
　　　　指针= new 数据类型[表达式][常量表达式];
其中，第一维的大小可以是任意合法的表达式，第二维的大小必须是常量表达式。例如：
　　　　int n=5;
　　　　int (*p)[4]=new int[n][4];
　　使用 new 可以建立任意维数的动态数组，格式如下：
　　　　指针 = new 数据类型[表达式][常量表达式 1][常量表达式 2]…;
其中，第一维的大小可以是任意合法的表达式，其它维的大小必须是常量表达式。

使用 new 动态分配内存时,如果系统没有足够的存储空间满足申请要求,或由于其它原因造成分配内存失败,new 将返回空指针(NULL)。因此通常应对内存的动态分配是否成功进行检查。例如:

```
int *p=new int;
if (!p)
{
    cout<<"allocation failure"<<endl;
    return;
}
```

2. delete 运算符

由 new 动态分配的存储空间在使用结束后一定要释放,否则会造成内存泄漏。运算符 delete 用于释放使用 new 动态分配的存储空间。它的使用格式一般为:

　　delete 指针;

其中,"指针"必须是 new 分配的存储空间的首地址。

释放动态分配的数组存储空间时,应使用如下格式:

　　delete []指针;

其中,"指针"必须是动态数组的首地址。

直接使用 delete 运算符(不加[])来释放动态数组是错误的,但编译器并不能发现这种错误。

再次强调,必须确保每次使用 new 运算符后,都有相应的 delete 运算符。

【例2.13】 从键盘输入若干个整数存入数组并求这些整数的和。

```
#include <iostream.h>
void main()
{
    int count,sum=0;
    cout<<"Please input the amount of integer:";
    cin>>count;
    int *p=new int[count];
    if (!p)
    {
        cout<<"allocation failure"<<endl;
        return;
    }
    cout<<"please input "<<count<<" integer numbers:"<<endl;
    for (int i=0;i<count;i++)
    {
        cin>>*(p+i);
        sum=sum+ *(p+i);
```

```
        }
            cout<<"sum="<<sum<<endl;
            delete []p;
    }
```

由于事先并不知道需要处理多少个数据，因此程序中使用 new 运算符建立了动态数组 p，使用结束后，使用 delete []p;释放动态数组。

如果将例 2.13 程序中的 for 循环语句改成如下形式：

```
        for (int i=0;i<count;i++)
        {
            cin>>*p;
            sum=sum+ *p;
            p++;
        }
```

则 for 循环语句执行结束后，指针 p 已经不指向 new 分配动态数组的首地址，当使用语句 delete []p;释放动态数组时，会在运行时产生错误。

2.5 函　　数

C++程序是由函数构成的，每个函数具有相对独立的功能。在进行程序设计时，常常将一个复杂的任务分解成若干相对简单的子任务，为每个子任务设计一个子程序。C++中利用函数来实现子程序，有利于提高程序的模块化程度，使程序易于阅读、调试和维护。另一方面，利用函数可以将需要重复执行的代码独立出来，提高代码的重用性和程序的开发效率。

2.5.1　函数的定义和调用

函数必须先定义才能使用。

函数定义的一般格式为：

```
        数据类型 函数名(参数表)
        {
            函数体
        }
```

其中：

① "数据类型"是指函数返回值的类型，缺省为 int。函数的返回值通过 return 语句带回，其形式为：

```
        return 表达式;
```

return 语句结束函数的执行，返回到调用函数，同时返回函数值到调用表达式中。其中的表达式可以省略，此时，return 语句只是结束函数的执行但不返回值。

如果一个函数不返回值，则其数据类型应为 void。

② "函数名"是一个标识符,必须符合 C++标识符的命名规则。
③ "参数表"是函数接收调用数据的主要途径,其声明格式为:
  数据类型 参数名1,数据类型 参数名2,…,数据类型 参数名n
定义函数时声明的参数称为形式参数(简称形参)。

如果一个函数在调用时不需要接收数据,则形式参数可以省略。此时,函数名后的括号内为空,但一对圆括号不能省略。

④ "函数体"是由一对花括号"{}"括起来的语句序列,可以包含说明语句和其它分程序。函数体实现函数的功能。

C++中规定,函数的定义不能嵌套,即在一个函数定义的函数体中不允许出现另一个函数的定义。

【例2.14】 编写一个求阶乘的函数。

阶乘$n!$定义为:$n!=n(n-1)\times(n-2)\times\cdots\times2\times1$,且规定$0!=1$。函数定义如下:

```
int fac(int n)
{
    int result=1;
    if (n<0)
        return -1;
    else if (n==0)
        return 1;
    for (int i=n;i>=1;i--)
        result=result*i;
    return result;
}
```

函数定义后就可以使用,函数的使用是通过函数调用来实现的。函数调用的一般格式为:
  函数名(实参列表)

其中,"实参列表"用来对形式参数进行初始化,即将实参数据传递给函数。实参列表中参数的个数、类型和次序应与函数定义时的形式参数一一对应。

函数调用可以作为一条语句,这时函数可以没有返回值。函数调用也可以出现在表达式中,这时函数必须有一个返回值。

2.5.2 函数原型

C++的类型检查较 C 语言更为严格,对于函数遵循"先定义后使用"的原则。如果函数定义在先,则可以直接调用。在程序设计中为了避免在安排函数定义的先后次序上花费过多的精力,C++提供了函数原型,允许函数调用在前,定义在后,但必须在函数调用前对该函数进行原型说明。函数原型是对函数的一种引用性说明,也称其为函数声明。

函数原型的重要作用是可以使编译器检查一个函数调用中可能存在的问题,维护程序的正确性。

函数原型的语法形式一般为:

函数类型 函数名(形式参数类型表);

函数原型是一条语句，它必须以分号结束。

函数原型与函数定义时的函数返回类型、函数名、参数类型、参数个数和次序必须完全一致。

【例2.15】 函数原型示例。

```
#include <iostream.h>
void main()
{
    int a,b,c;
    int max(int,int);              //函数原型说明
    cout<<"Please input two integer numbers:";
    cin>>a>>b;
    c=max(a,b);                    //函数调用
    cout<<"The max value of "<<a<<" and "<<b<<" is:"<<c<<endl;
}
int max(int x,int y)
{
    return x>y?x:y;
}
```

在函数原型的形式参数类型表中可以包含形式参数名，例如：

　　int max(int x,int y);

函数原型语句可以放在调用函数内、对函数的调用之前，也可以放在源程序文件开头、函数的外部。通常可将一个源程序文件中所有外部函数的函数原型放在一个头文件中，当另一个源程序文件需要调用这些函数时，只需要在该源程序文件开头用#include 编译预处理指令包含此头文件即可。

2.5.3 内联函数

内联函数是 C++对 C 语言的扩展。

使用函数可以提高程序的模块化程度，使程序易于调试和维护，提高开发效率。但是函数调用也会降低程序的执行效率。在进行函数调用时，系统需要做一些额外的工作。首先需要保护现场和保存返回地址，然后转到被调函数执行，当被调函数执行结束后，需要取出返回地址并恢复现场，继续执行下面的语句。这些额外的工作，需要花费一定的时间和空间，特别是对于一些函数体比较简单、规模较小但又使用频繁的函数，其执行效率较低。

为了提高调用频繁、函数代码少的函数的执行效率，C++引入了内联函数。当程序中出现对内联函数的调用时，C++编译程序将函数的代码直接插入到函数调用处，即用函数代码替换函数调用。因此可以节省函数调用的时间，但会使程序的长度增加。使用内联函数实际上是用空间换时间，其目的是提高程序的执行效率。

定义内联函数的方法是在定义函数时用关键字 inline 修饰该函数。

【例2.16】 编程求1~10这10个数的三次方，并输出。

```
#include <iostream.h>
inline int intcube(int n)
{
    return n*n*n;
}
void main()
{
    for(int i=1;i<=10;i++)
    {
        int p=intcube(i);
        cout<<i<<'*'<<i<<'*'<<i<<'='<<p<<endl;
    }
}
```

使用内联函数时应注意：

(1) 内联函数体内不能含有循环语句和 switch 语句，也不能是递归函数。如果函数体内含有这些语句，系统会将此函数作为普通函数处理。

(2) 内联函数的定义必须出现在对该函数的调用之前，否则编译器将无法知道插入什么代码。

(3) 内联函数不应过大，一般宜在1~5行之间。

(4) 内联函数内不能包含 static 变量。

C++中的内联函数具备宏定义#define 的功能，但由于它是一个函数，编译时需要进行类型和语法检查，故消除了宏定义的不安全因素。

2.5.4 函数参数的默认值

C++允许在函数原型或函数定义中为一个或多个形参指定默认值，这一点与 C 语言不同。在调用含有默认值的函数时，如果为形参指定了相应的实参，则形参使用实参的值，如果未指定相应的实参，则 C++自动以默认值作为参数的值。这为函数的使用提供了便利。例如，若函数 add 的函数原型为：

　　　　int add(int x=0,int y=0);

则为形参 x 和 y 分别指定了默认值 0。如果函数调用语句为：

　　　　a=add(5,8);

则形参 x 和 y 分别取实参 5 和 8。若函数调用语句为：

　　　　a=add(5);

则形参 x 取实参值 5，形参 y 取默认值 0。如函数调用语句为：

　　　　a=add();

则形参 x 和 y 都取其默认值 0。

为形参指定的默认值可以是任何初始化表达式，这个表达式可以含有函数调用或其它的全局变量。

在使用和设置参数默认值时应注意：

(1) 如果需要为多个形参指定默认值，则在函数原型中或函数定义中，必须将所有指定默认值的参数放在参数表的右部，即在带默认值的参数的右边不能有未指定默认值的参数。例如下面三个函数原型中，第一个是正确的，其它两个是错误的：

  void fun1(int w,int x=1,int y=1,int z=1); //正确的函数原型
  void fun2(int w=1,int x=2,int y=3,int z); //错误的函数原型
  void fun3(int w=1,int x,int y,int z=3); //错误的函数原型

在进行函数调用时，编译器按从左到右的顺序将实参与形参相联系，如果省略前面的实参，则编译器将无法区分随后的实参对应哪个形参。

(2) 为参数指定默认值必须在函数调用之前进行。因此，如果存在函数原型，则参数的默认值应在函数原型中指定，否则在函数定义中指定。另外，如果在函数原型中已经指定了参数的默认值，则在函数定义中不允许重复指定，即使指定的默认值完全相同也不行。

(3) 在函数调用时，如果省略某个实参(使用默认值)，则该参数右边的所有参数都必须省略。例如，下面三个对函数 fun1()的调用语句中，前面两个是正确的，最后一个是错误的：

  fun1(5,8); //正确，相当于 fun1(5,8,1,1);
  fun1(5,8,10); //正确，相当于 fun1(5,8,10,1);
  fun1(5, ,8); //错误的函数调用

2.5.5 函数重载

在 C 语言中，要求函数名必须唯一，即使是功能相同的函数也必须具有不同的函数名。例如求一个数的绝对值，由于该数可以是 int、double 或 long，虽然都是求绝对值，也必须定义三个不同函数名的函数。在 C 语言函数库中这三个函数的函数原型为：

  int abs(int);
  long labs(long);
  double fabs(double);

在使用时必须根据参数类型决定调用哪一个函数，不能混淆，否则会造成记忆和使用的不方便。

C++中允许在同一程序中定义函数名相同的多个函数，使函数的使用更加灵活、方便。函数重载是 C++实现多态性的一种方法。

函数重载是指一组参数类型不同或参数个数不同的函数共用同一个函数名。被重载的函数称为重载函数。例如，求绝对值函数，对于不同类型的参数可以使用同一个函数名 abs。

【例 2.17】 求绝对值函数的重载。

```
#include <iostream.h>
int abs(int n)
{
    return n>=0?n:-n;
}
long abs(long n)
{
```

```
        return n>=0?n:-n;
    }
    double abs(double n)
    {
        return n>=0?n:-n;
    }
    void main()
    {
        int i=-5;
        long l=8345L;
        double d=-3.6;
        cout<<"|"<<i<<"|="<<abs(i)<<endl;
        cout<<"|"<<l<<"|="<<abs(l)<<endl;
        cout<<"|"<<d<<"|="<<abs(d)<<endl;
    }
```

对于重载函数的调用，C++编译器根据函数调用时实参的类型或个数来确定调用的是哪一个函数。例如，对于函数调用 abs(d)，根据参数 d 的类型，编译器确定调用的是函数 double abs(double)。

【例 2.18】 参数个数不同的函数重载示例。

```
    #include <iostream.h>
    int max(int a,int b)
    {
        return a>b?a:b;
    }
    int max(int a,int b,int c)
    {
        int t=max(a,b);
        return max(t,c);
    }
    int max(int a,int b,int c,int d)
    {
        int t1=max(a,b);
        int t2=max(c,d);
        return max(t1,t2);
    }
    void main()
    {
        cout<<max(45,83)<<endl;
        cout<<max(32,78,54)<<endl;
```

```
        cout<<max(98,34,53,47)<<endl;
    }
```

在对函数进行重载时，应注意：

(1) 重载函数的参数必须有所不同：参数类型不同或参数个数不同或者两者都不同。如果两个或多个函数的参数相同，仅仅函数返回值类型不同时，不是函数重载，而会出现编译错误。因为在确定调用哪一个函数之前，函数返回值类型是不知道的。例如：

```
        int fun(int);
        long fun(int);
```

仅仅只是函数返回值类型不同，不是函数重载，而是错误的函数声明。

(2) 不能根据用 typedef 定义的类型名来区分重载函数。因为用 typedef 定义的类型名仅仅是已有类型的别名。

(3) 重载函数与带默认值的函数一起使用时，有可能引起二义性。例如：

```
        int add(int x,int y,int z=0);
        int add(int x,int y);
```

是函数重载。当函数调用为 add(10,20,30)时，编译器根据参数个数确定调用第一个函数，但当函数调用为 add(3,50)时，编译器无法确定调用的是哪一个函数。

(4) 重载的函数应该保持功能一致。例如，在对 add 进行重载时，一个函数将其定义成加法运算，另一个将其定义为减法运算，这样势必会造成误解和混淆。

2.5.6 引用

引用是 C++中新引进的概念，C 语言中没有引用。引用是一个已声明的变量的别名。

1. 引用的声明

声明一个引用的格式一般为：

　　　　数据类型 &引用名=已定义的变量名;

例如：

```
        int a;
        int &ra=a;
```

上述语句声明了一个引用 ra，它引用的变量是 a，即为变量 a 建立了一个别名。

引用不占用单独的存储空间，它与所引用的变量占用相同的存储空间。因此，对引用的所有操作就是对所引用的变量的操作。

【例 2.19】　引用的声明和使用示例。

```
        #include <iostream.h>
        void main()
        {
            int a;
            int &ra=a;
            a=10;
            cout<<"a="<<a<<",ra="<<ra<<endl;
```

```
            ra=ra+5;
            cout<<"a="<<a<<",ra="<<ra<<endl;
            a=a+15;
            cout<<"a="<<a<<",ra="<<ra<<endl;
            cout<<"Address of a:"<<&a<<endl;
            cout<<"Address of ra:"<<&ra<<endl;
        }
```

程序运行结果为：

  a=10,ra=10

  a=15,ra=15

  a=30,ra=30

  Address of a:0x0012FF7C

  Address of ra:0x0012FF7C

从运行结果可以看出，引用与其所引用的变量的值永远保持相同，且占用的是相同的存储空间(注意：不同的系统输出的地址会有所不同)。

在声明和使用引用时，应注意：

(1) 除了作为函数的参数或函数的返回类型外，在声明引用时必须立即进行初始化，不能在声明完成后再赋值。例如：

  int a;

  int &ra; //产生编译错误："references must be initialized"

  ra=a;

可以使用已定义的变量对引用进行初始化，也可以使用已声明的引用进行初始化。例如：

  int val;

  int &r1=val;

  int &r2=r1;

则引用 r1 和 r2 都是变量 val 的引用。

(2) 声明引用的类型与初始化引用时所使用的变量的类型应一致。例如：

  float real=10.2;

  int &rf=real; //产生编译错误："初始化时，float 类型不能转换为 int &类型。"

(3) 在同一作用域内，一个引用被声明后，不可再作为其它变量的别名。例如：

  int a,b;

  int &ra=a;

  ⋮

  int &ra=b; //产生编译错误："ra 重复定义，多重初始化。"

(4) 不能声明引用的引用，不能声明指向引用的指针，不能声明引用数组。例如：

  int n;

  int &&r=n; //错误，不能声明引用的引用

  int &*p=&n; //错误，不能声明指向引用的指针

```
int a[10];
int &ra[10]=a;        //错误,不能声明引用数组
```

2. 引用作为函数参数

引用很少作为一般变量来使用。C++提供引用的主要用途是将引用作为函数的参数和函数的返回值。C 语言中进行函数调用时,实参向形参传递数据有两种方式,分别是传值的方式和传地址的方式,相应的函数调用分别称为传值调用和传址调用。

C++引入引用后,实参向形参传递数据时增加了引用传递方式,相应的函数调用称为引用调用。引用调用的使用方式与传值调用相同,但所起的作用与传址调用相同。引用调用比传址调用更简洁直观,也更好理解,同时又能完成传址调用的功能。因此,C++建议用引用传递方式代替传地址方式。例如,程序 2.20 和程序 2.21 中,swap 函数完成的功能相同。

【例 2.20】 使用传址调用实现两个变量交换数据。

```
#include<iostream.h>
void swap(int *px,int *py)
{
    int temp;
    temp=*px;
    *px=*py;
    *py=temp;
}
void main()
{
    int a=10,b=20;
    cout<<"Before swap:a="<<a<<",b="<<b<<endl;
    swap(&a,&b);
    cout<<"After swap:a="<<a<<",b="<<b<<endl;
}
```

程序运行结果为:

Before swap:a=10,b=20

After swap:a=20,b=10

通过程序运行结果可以看出,实参通过传地址方式向形参传递数据时,函数中对形参的改变会使实参发生相应的变化。因为形参作为指针,它指向实参,函数中对形参的操作实际上是对相应实参的操作。

使用引用调用方式,可以实现同样的功能。

【例 2.21】 使用引用调用实现两个变量交换数据。

```
#include<iostream.h>
void swap(int &,int &);        //函数原型,注意引用的说明形式
void main()
{
```

```
        int a=10,b=20;
        cout<<"Before swap:a="<<a<<",b="<<b<<endl;
        swap(a,b);
        cout<<"After swap:a="<<a<<",b="<<b<<endl;
    }
    void swap(int &x,int &y)
    {
        int temp;
        temp=x;
        x=y;
        y=temp;
    }
```

程序运行结果为：

  Before swap:a=10,b=20

  After swap:a=20,b=10

程序运行函数调用 swap(a,b)时，用实参 a、b 分别初始化引用 x、y。这样，形参 x、y 分别引用实参 a、b。从前面的叙述可知，引用不占用单独的存储空间，它与所引用的变量占用相同的存储空间。因此，在函数中对形参的任何操作都变成了对相应实参的操作，实参的值将随函数内形参值的改变而改变。

3. 引用作为函数的返回值

函数可以返回一个引用，将函数说明为返回一个引用的主要目的是为了将该函数用在赋值运算符的左边。

【例2.22】 函数返回引用示例。

```
    #include <iostream.h>
    double & index(int);              //返回引用的函数原型
    double vals[]={1.1,2.2,3.3,4.4,5.5};
    void main()
    {
        index(1)=45.3;              //将 vals[1]赋值为 45.3
        index(4)=92.8;              //将 vals[4]赋值为 92.8
        for (int i=0;i<5;i++)
            cout<<vals[i]<<' ';
        cout<<endl;
    }
    double & index(int i)
    {
        return vals[i];
    }
```

程序运行结果为：
  1.1 45.3 3.3 4.4 92.8

程序运行函数调用 index(1)时，函数 index 返回 vals[1]，并为其建立了一个引用。当给这个引用赋值 45.3 时，实际上是给 vals[1]赋值 45.3。同理，执行语句
  index(4)=92.8;
时，给 vals[4]赋值 92.8。

除了返回引用的函数外，在其它情况下，一个函数是不能直接用在赋值运算符左边的。在定义返回引用的函数时，注意不要返回对该函数内的自动变量的引用。例如：

```
int &fun()
{
    int i=10;
    ⋮
    return i;    //错误！当函数 fun()返回时，自动变量 i 会消失
}
```

由于自动变量的生存期仅限于函数内部，当函数返回时，自动变量就消失了，因此上述函数返回一个无效的引用。

习 题

1. C++的基本数据类型有哪些？它们分别占用多大的存储空间？编程显示你使用的计算机中各种数据类型占用的字节数。
2. C++中，结构、联合和枚举的使用与 C 语言有什么不同？
3. C++中进行强制类型转换时有哪几种格式？
4. 字符串常量与字符常量有什么区别？'c'和"c"有什么区别？
5. 转义字符常用来表示什么样的字符？使用转义字符是否可以表示所有的字符？如何表示？
6. 为什么 C++建议使用 const 而不是用#define 定义符号常量？
7. 作用域运算符是哪一个？它有什么作用？
8. while 语句和 do-while 语句有什么区别？
9. 写出用 while 语句替换 for 语句的形式。
10. break 语句与 continue 语句有什么区别？
11. C++如何实现动态内存的分配和释放？
12. 如何定义内联函数？它与宏有何异同？使用内联函数时应注意什么问题？
13. C++程序在什么情况下必须添加函数原型？
14. 如何为函数参数指定默认值？
15. C++中函数参数的传递方式有哪几种？用什么方式可以通过参数返回值？
16. 什么是引用？引用主要有什么作用？
17. 假设程序中有"int a[20],*pa=a;"的语句，要表示数组元素 a[i]有哪几种方法？

18. 指针可以进行哪些运算？它与普通数据类型的运算有什么区别？

19. 假设程序中有"int a[10],b[10][10];"的语句，则 a[i]与 b[i]的使用含义相同吗？a+1 与 b+1 的含义相同吗？a[2]+1 与 b[2]+1 的含义相同吗？

20. C++编译系统如何区分重载函数？

21. if (x=5)与 if(x==5)有什么区别？

22. 写出下列程序的运行结果。

(1)
```
#include <iostream.h>
int x=1,y=2;
max(int x,int y)
{   return x>y?x:y;   }
void main()
{
    int x=3;
    cout<<"max="<<max(x,y)<<endl;
}
```

(2)
```
#include <iostream.h>
int a=100;
void main()
{
    int a=200;
    cout<<a<<','<<::a<<endl;
}
```

(3)
```
#include <iostream.h>
int k=56;
void f1(int &a,int &b)
{
    cout<<"in f1:a,b=>"<<a<<','<<b<<endl;
    a+=10;b+=20;
}
int& f2(int& a,int& b)
{
    cout<<"in f2:a+b="<<a+b<<endl;
    if ((a+b)%2==0) return a;
    else    return b;
}
void main()
```

```
    {
        int x=1,y=2,z=3,k=4,w=0;
        f1(x,y);
        cout<<"main1:x,y=>"<<x<<','<<y<<endl;
        cout<<"main1:z,k,w=>"<<z<<','<<k<<','<<w<<endl;
        w=f2(z,k)++;
        cout<<"main2:z,k,w=>"<<z<<','<<k<<','<<w<<endl;
        w=f2(z,k)++;
        cout<<"main3:z,k,w=>"<<z<<','<<k<<','<<w<<endl;
    }
```

(4)
```
    #include <iostream.h>
    #include <iomanip.h>
    void main()
    {
        int i,j;
        for (i=4;i>=1;i--)
        {
            cout<<setw(i+5)<<' ';
            for(j=1;j<=4;j++)
                cout<<'*'<<' ';
            cout<<endl;
        }
    }
```

(5)
```
    #include <iostream.h>
    void print(int),print(char),print(char*);
    void main()
    {
        int m=2000;
        print('m');
        print(m);
        print("good");
    }
    void print(char x)
    {   cout<<x<<endl;  }
    void print(int x)
    {   cout<<x<<endl;  }
    void print(char* x)
```

        { cout<<x<<endl; }

23. 使用引用作为函数的参数，编写一个函数实现交换两个结构变量的值。编写主函数验证这个函数的功能。

24. 编写一程序，实现下列分段函数的求值：

$$y=\begin{cases} |x| & (x<5) \\ 3x^2-2x+1 & (5 \leqslant x<20) \\ x/5 & (x \geqslant 20) \end{cases}$$

25. 编程求 50～1000 之间的、各位上的数字之和等于 5 的整数。

26. 编程输出 1～150 之间的不能被 3 整除的所有整数，要求每行输出 10 个数。

27. 利用函数重载，编写函数 max，分别求两个整数、3 个整数、两个双精度数和 3 个双精度数的最大值。并编写主函数验证。

28. 用引用作为函数的返回类型，编写一个函数用来统计从键盘输入的字符中数字字符的个数和非数字字符的个数。并编写主函数进行验证。

提示：函数原型为：

    int& count(char c,int &n,int &o);

其中，参数 c 为输入的字符，参数 n 用来统计数字字符的个数，参数 o 用来统计非数字字符的个数。

29. 编写程序求两个整数的最大公约数和最小公倍数。

提示：求 m 和 n 的最大公约数采用如下算法：

(1) 对已知的两个整数 m 和 n，使 m＞n；

(2) m 除以 n 得余数 r；

(3) 若 r=0，则 n 为最大公约数，算法结束，否则继续进行下一步；

(4) 令 m=n，n=r，转到第(2)步继续相除得到新的 r。

30. 编写函数求下面级数的部分和，精度为 $\left|\dfrac{x^n}{n!}\right|<$ eps。

$$s=1+x+\dfrac{x^2}{2!}+\cdots+\dfrac{x^n}{n!}+\cdots$$

将精度值 10^{-6} 设置为函数参数的默认值。在主函数中验证编写的函数。

31. 编写函数 int index(char *s,char *t)，返回字符串 t 在字符串 s 中出现的最左边的位置，如果在 s 中没有与 t 相匹配的子串，就返回－1。

32. 利用动态内存分配的方法求 Fibonacci 数列的前 n 项，并存储到动态数组中。

提示：Fibonacci 数列的计算公式如下：

fib(1)=1

fib(2)=1

fib(n)=fib(n－1)+fib(n－2)   (n≥3)

第3章 类和对象

3.1 面向对象程序设计概述

与传统的面向过程的C语言相比，C++语言最突出的特征是支持面向对象程序设计。

面向对象程序设计是对面向过程程序设计的继承和发展，它吸取了面向过程程序设计的优点，同时融合了一些新的概念，采用新的编程思维方式，使程序设计更加符合人们对现实世界的认识。

3.1.1 面向对象程序设计的产生

在面向对象程序设计出现之前，程序设计人员广泛使用的是面向过程的程序设计方法。20世纪60年代产生的结构化程序设计思想，为使用面向过程的方法解决复杂问题提供了有力手段，并且成为20世纪70年代至80年代最主要、最通用的程序设计方法。

结构化程序设计方法采用自顶向下、逐步求精的方式对复杂问题进行逐步分解，将一个复杂任务分解成若干个功能模块，然后根据功能模块设计用于保存数据的数据结构，编写过程或函数对这些数据进行操作。完成各功能模块的过程在功能上相对独立，而在数据的处理上又相互联系。结构化程序设计由于采用模块分解与功能抽象、自顶向下、分而治之的方法，从而有效地将一个较复杂的程序设计任务分解成许多易于控制和处理、可独立编程的子任务，便于开发和维护。

结构化程序设计是一种面向过程的程序设计方法，它的核心是过程，程序通常是按照过程来组织的，即利用代码对数据进行处理。在面向过程的程序设计中，数据与操作数据的过程是分离的。当数据结构改变时，所有相关的处理过程都要进行相应的修改，因此代码的可重用性差。另外，面向过程程序设计将系统分解为若干功能模块，系统是实现模块功能的过程的集合。由于用户的需求和软、硬件技术的不断发展变化，按照功能划分设计的系统模块必然是易变的和不稳定的。特别是随着系统规模的扩大，程序的复杂性也进一步增加，修改程序的困难也增大，系统的可维护性较差。

为了克服面向过程程序设计在开发系统软件和大型应用软件方面所面临的困难，从20世纪70年代，程序设计人员开始研究面向对象程序设计理论。20世纪80年代，面向对象程序设计逐渐从理论转向实践，以Smalltalk、C++等语言为代表，面向对象程序设计理论步入成熟期。进入20世纪末，由于Windows系统的广泛使用，软件开发工具也都开始支持面向对象程序设计，从而使面向对象程序设计方法逐渐盛行。

3.1.2 面向对象程序设计的基本概念和特征

面向对象程序设计思想更加符合人们认识现实世界的方式。现实世界是由各种各样的事物组成的,包括有形的事物和无形的事物。例如植物、人、汽车、计算机等是有形的事物,思想、一项计划等是无形的事物。人们认识现实世界是从认识现实世界中的一些具体的事物开始的。现实世界中的每个事物都有各自的属性和行为,属性表示事物的静态特征,行为表示事物的动态特征,属性和行为是一个不可分割的整体。人们通过研究事物的属性和行为而认识事物。简单的事物之间相互作用、联系和组合可以构成复杂的事物。在面向对象程序设计中,用对象模拟现实世界中的事物,以对象为基本单位,分析、设计和实现一个系统。

与面向过程程序设计以过程组织程序不同,面向对象程序设计以数据为中心来描述系统,按照数据来组织程序,其基本思想是数据决定对代码的访问。面向对象程序设计将表示属性特征的数据和对数据进行操作的方法封装在一起,构成一个完整的对象。对同类型对象抽象出共性,形成类。类中的大多数属性数据,只能用本类的方法进行处理。对象通过一些外部接口与其它对象发生联系,对象与对象之间通过消息进行通信。

类是具有相同属性特征和行为特征的一组对象的集合,它规定了这些对象的公共属性和行为方法。类和对象之间的关系是抽象和具体的关系,类是对多个对象进行综合抽象的结果,对象是类的实例。例如,汽车是一个类,行驶在公路上的一辆汽车则是一个对象。

面向对象程序设计中,程序是由一系列相互作用的对象构成的,对象之间通过发送消息实现通信。消息是一个对象向另一个对象发出的服务请求,如果用户或其它对象向该对象提出服务请求,便可以称为向该对象发送消息。消息传递的语法结构随系统的不同而不同,一般由如下几部分组成:

- 接收消息的对象,又被称为目标对象。
- 请求对象的方法。
- 一个或多个参数。

面向对象程序设计方法具有三个最基本的特征:封装性、继承性和多态性。

(1) 封装性。封装性是一种程序设计机制,将对象的属性(数据)和行为(对数据操作的代码)组合成一个有机的整体,同时决定哪些属性和行为用于表示对象的内部状态,对外界是隐藏的;哪些属性和行为对外界是可见的,是提供给外界的接口。外界只能通过对象提供的外部接口操作对象。

在 C++中,类是实现封装的工具。封装保证了对象具有较好的独立性,可防止外部程序破坏对象的内部数据,便于程序的修改和维护。

(2) 继承性。继承是一种连接类与类的层次模型,是指一个新类可以从现有的类派生而来。通过继承,新类(子类或派生类)拥有了现有类(父类或基类)的特征,包括属性和行为,同时可以修改或增加新的属性和行为,使新类更适合具体的需要。这样,在设计新类时,只需对新类增加的内容或是对现有类内容的修改设计代码。可见,继承性简化了类的设计,提高了软件的重用性,大大提高了软件的开发效率和系统的可靠性。

(3) 多态性。多态性是指允许不同类的对象对同一消息做出不同的响应。例如,同样的加法,将两个时间加在一起和将两个整数加在一起的内涵完全不同。利用多态性,可以在基类和派生类中使用同样的函数名,定义不同的操作,从而实现"一个接口,多种方法"。至于在某种条件下应该选择哪种方法,则留给编译器来完成,程序员无需人工完成这种选择,只需记住并使用这个通用接口就行了。多态性增强了软件的灵活性和重用性。

利用面向对象程序设计的封装性、继承性和多态性等特征，可使程序可靠性提高并易于维护、升级。利用面向对象程序设计的代码可重用性，程序员可以在程序中大量采用成熟的类库，从而缩短程序开发时间，提高程序开发效率和程序的可靠性。

3.2 类与对象

在面向对象程序设计中，类是具有相同属性和行为的对象的集合，是实现封装和数据隐藏的工具，对象是类的实例。从程序员的角度看，类是一种用户自定义的数据类型，对象是这种自定义数据类型的变量。每个类包含数据和对数据进行操作的一组函数，数据用来描述对象的属性，函数用来表示对象所具有的行为。在 C++中，类中的数据和函数称为这个类的成员，其中的数据称为数据成员，函数称为成员函数。在使用 C++编写程序时，程序员的重点放在类的定义和实现上。

3.2.1 类的定义

C++中，类的定义一般包括说明部分和实现部分。说明部分用来说明类的成员，包括数据成员的名字和数据类型、成员函数的原型或实现。实现部分包括各成员函数的定义。

下面的例子定义了一个点类，用来描述平面上的一个坐标点。

【例 3.1】 类定义示例。定义一个用来描述平面上坐标点的类 Point。

```
class Point
{
    private:
        int x,y;
    public:
        void SetPoint(int a,int b)
        {
            x=a;
            y=b;
        }
        int GetX()
        {
            return x;
        }
        int GetY()
        {
            return y;
        }
        void ShowPoint()
        {
            cout<<"("<<x<<","<<y<<")"<<endl;
```

　　　　}
　　};

对于平面上一个坐标点，其基本属性是坐标位置，因此在类中说明了两个数据成员 x 和 y 用来保存坐标值。对坐标点的操作，一般有设置坐标、显示坐标，另外，需要返回坐标的值，因此，在类 Point 中包含了对坐标操作的成员函数 SetPoint、GetX、GetY 和 ShowPoint。将数据和对数据的操作封装在类 Point 中，就形成了一个完整的整体。

类定义的一般形式如下：

　　class 类名
　　{
　　　　private:
　　　　　　私有数据成员和成员函数的说明或实现
　　　　public:
　　　　　　公有数据成员和成员函数的说明或实现
　　　　protected:
　　　　　　保护数据成员和成员函数的说明或实现
　　};
　　//实现部分
　　　　各成员函数的实现

类的定义由关键字 class 开始，其后是用户定义的类名；花括号内的部分称为类体，用来声明类的成员；最后的分号表示类声明的结束。关键字 private、public 和 protected 称为访问权限控制符，用来设置数据成员和成员函数的访问属性。在定义成员时，如果省略了访问权限控制符，则其访问属性默认为 private。

类中的每一个成员都有确定的访问属性。关键字 private 下说明的数据成员和成员函数是类的私有成员，它们只能被本类的成员函数或友元函数访问。将成员说明为私有的，可以起到隐藏成员的作用，提高安全性。关键字 public 下说明的数据成员和成员函数是类的公有成员，它们可以被本类的成员函数访问，也可以被其它类的成员函数或程序中的其它函数(通过对象)访问，它们是类的外部接口。关键字 protected 下说明的数据成员和成员函数是类的保护成员，它们可以由本类的成员函数访问，也可以由其派生的派生类的成员函数访问，但不允许程序中的其它函数访问。保护成员的具体访问规则在第 4 章中详细介绍。

下面再定义一个职工类 Employee 类，该类是对所有职工的某些信息的抽象，其最基本的属性有姓名、性别和年龄，它们在类中被说明为私有成员，起到隐藏信息的作用。同时在类中还说明了两个公有成员函数，以提供对职工属性进行操作的方法。

【例 3.2】 类的定义示例。

```
class Employee
{
    char Name[20];
    char Sex;
    int Age;
public:
```

```
        void RegisterInfo(char *name,char sex,int age);
        void ShowInfo();
};
```

在本类中省略了关键字 private，则三个数据成员缺省为私有成员。类中对成员函数只给出了函数原型，没有函数的实现。

说明：

(1) 类定义中的访问权限控制符 private、public 和 protected 可以按任意顺序出现任意次。建议将相同访问权限的成员归类放在一起，以使程序结构更清晰。

至于私有成员和公有成员在类中出现的先后顺序，不同的程序员有不同的主张。主张将私有成员放在前面的程序员认为，由于成员的缺省访问权限是 private，一旦程序员忘记使用控制符 private，类的数据仍然能得到保护。主张将公有成员放在前面的程序员认为，公有成员是类提供的外部接口，是用户所关心的，便于阅读。

(2) 类中说明的数据成员可以是任何数据类型，包括自身类的指针或引用，但不能是自身类的对象。

(3) 在类中说明的任何成员不能使用 extern、auto 和 register 关键字进行修饰。

(4) 不允许在类定义中对数据成员进行初始化。例如，下述类定义是错误的：

```
class Point
{
private:
        int x,y=5;          //错误，类定义时对数据成员进行了初始化
//……
};
```

因为类描述的是这个类所有对象共同的属性，只有具体的对象才能确定属性的值。另外，类定义是一种数据类型的定义，类作为数据类型，它本身不占用存储空间，只有在定义了类类型的变量后，系统才为其分配存储空间。

3.2.2 成员函数的定义

类的定义一般包括说明部分和实现部分。说明部分用来说明类的成员，包括数据成员的名字和数据类型、成员函数的原型或实现。对于成员函数，可以只在说明部分给出函数原型(如例 3.2)，其定义可以在类的实现部分实现，也可以在类的说明部分给出(如例 3.1)。若类的所有成员函数在说明部分已经给出定义，则实现部分可以省略，例 3.1 在说明部分给出了所有成员函数的定义。

在类的实现部分，成员函数的定义与普通函数的定义形式基本相同，但必须在成员函数名前加上类名和作用域运算符"::"，说明成员函数所属的类。

在实现部分，成员函数定义的形式如下：

```
数据类型 类名::函数名(参数表)
{
        函数体
}
```

【例3.3】 例3.2中类Employee的完整定义。
```cpp
#include <iostream.h>
#include <string.h>
//说明部分
class Employee
{
    char Name[20];
    char Sex;
    int Age;
public:
    void RegisterInfo(char *name,char sex,int age);
    void ShowInfo();
};
//实现部分
void Employee::RegisterInfo(char *name,char sex,int age)
{
    strcpy(Name,name);
    Sex=sex;
    Age=age;
}
void Employee::ShowInfo()
{
    cout<<Name<<'\t'<<Sex<<'\t'<<Age<<endl;
}
```

从这个例子中可以看出，虽然函数 RegisterInfo()和 ShowInfo()是在类体外的实现部分定义的，但它们与数据成员属于同一个类 Employee，它们可以直接使用类中的数据成员Name、Sex 和 Age。

在类定义的实现部分定义成员函数时，函数的返回类型、函数名、参数类型、个数与次序应与类体中成员函数的原型保持一致。

习惯上，应将类定义的说明部分或者整个定义(说明部分和实现部分)放在一个头文件中，以后需要使用这个类时，只需要使用文件包含命令#define 将它们包含到程序中即可。另外，对于比较大的类，一般将其说明部分放在一个头文件中，而将其实现部分放在 .cpp的源文件中。

3.2.3 对象的定义与使用

类是具有相同属性和行为的对象的集合，对象是类的实例。前面讲述了类的定义，定义一个类实际上就是定义一个用户自定义数据类型，然后可以使用这个类型定义变量。C++中，将具有类类型的变量称为对象。任何一个对象都属于某个已知的类，因此，在定义对象之前必须先定义类。

1. 对象的定义

定义一个对象，与定义一个一般变量的格式相同。定义对象的一般格式如下：

  类名　对象名表；

其中，"类名"是定义的对象所属类的类名，"对象名表"中可以有一个或多个对象名，多个对象名之间用逗号分隔。对象名表中可以是一般的对象名，也可以是指向对象的指针名或对象的引用，还可以是对象数组名。

例如，定义类 Employee 的对象的格式如下所示：

  Employee empl,*pempl,AllEmpl[32];

即定义了类 Employee 的一般对象 empl、指向类 Employee 的对象的指针*pempl 和对象数组 AllEmpl。数组 AllEmpl 中的每个元素都是对象。

2. 对象的使用

对象的使用实际上是对象中成员的使用。对象成员是指该对象所属类中定义的成员，包括数据成员和成员函数，其访问形式与结构变量成员的访问形式相同。

通过一般对象访问对象成员的格式如下：

  对象名.数据成员名

  对象名.成员函数名(参数表)

其中，运算符"."称为成员选择运算符。

通过指向对象的指针访问对象成员的格式如下：

  对象指针名->数据成员名

  对象指针名->成员函数名(参数表)

或

  (*对象指针名).数据成员名

  (*对象指针名).成员函数名(参数表)

其中，运算符"->"也称为成员选择运算符。

例如：

  Employee empl,*pempl=&empl;

  empl.RegisterInfo("Wang",'m',28);

  pempl->ShowInfo();

另外，通过对象的引用访问成员的方法与通过一般对象访问对象成员的方法相同。

例如：

  Employee empl;

  Employee &rempl=empl;

  rempl.RegisterInfo("Zhang", 'f', 32);

【例3.4】　本例定义一个日期类，并定义类的对象，帮助理解对象的定义和成员的访问方法。

  #include <iostream.h>

  //类定义的说明部分

  class Date

```cpp
    {
    private:
        int year,month,day;
    public:
        void SetDate(int y,int m,int d)
        {
            year=y;
            month=m;
            day=d;
        }
        int IsLeapYear();              //判断给定的日期中年份是否是闰年
        void ShowDate();
    };                                 //类体结束，别忘记分号
    //类定义的实现部分
    int Date::IsLeapYear()
    {
        return (year%4==0 && year%100!=0)||(year%400==0);
    }
    void Date::ShowDate()
    {
        cout<<year<<'-'<<month<<'-'<<day<<endl;
    }
    void main()
    {
        Date date1,date2,*pdate;       //定义类 Date 的对象和指向对象的指针
        date1.SetDate(2006,1,20);
        date2.SetDate(2004,5,8);
        date1.ShowDate();
        cout<<date1.IsLeapYear()<<endl;
        pdate=&date2;
        pdate->ShowDate();
        cout<<pdate->IsLeapYear()<<endl;
    }
```

程序运行结果如下：

2006-1-20
0
2004-5-8
1

程序运行结果中，0 和 1 分别表示 2006 年不是闰年，2004 年是闰年。

程序中定义了类 Date 的两个对象 date1、date2 和一个指向对象的指针，每个对象代表一个日期。通过对象访问成员函数 SetDate() 给对象 date1 和 date2 的数据成员赋值，设定日期。通过对象 date1 访问成员函数 ShowDate() 输出 date1 的日期，通过指向对象的指针 pdate 访问成员函数 ShowDate() 输出对象 date2 的日期。

类定义中通过使用访问权限控制符对不同成员设置了不同的访问权限，类定义中设置的访问权限只影响该类的对象对成员的访问，不影响类内部对成员的访问。无论成员是何种访问权限，在类的内部都可以自由访问和使用。但在类的外部(程序中)通过对象只能访问对象的公有成员(包括公有成员函数和数据成员)，不能访问对象的私有成员。例如，在例 3.4 中定义的类 Date 中，数据成员 year、month 和 day 被说明为私有成员，它们可以被类中的成员函数 SetDate()、ShowDate() 和 IsLeapYear() 自由访问，但不能被类的对象访问。如果程序中有如下语句：

　　　　date1.year=2006;

则编译时会产生错误，因为通过对象不能访问其私有成员。例 3.4 的程序中，对象访问了公有成员函数 SetDate()、ShowDate() 和 IsLeapYear()。

3.2.4　内联成员函数

类的成员函数根据定义位置或方式的不同，可以分为内联成员函数和外联成员函数。将成员函数定义为内联成员函数可以提高程序的执行效率。C++中将成员函数定义为内联成员函数的方法有以下两种。

1. 隐式定义

隐式定义是指在类的说明部分直接定义成员函数的函数体，这时，成员函数自动成为内联成员函数。例如，例 3.1 中定义 Point 类时，将成员函数 SetPoint()、GetX()、GetY() 和 ShowPoint() 直接定义在类的说明部分，则它们自动成为内联成员函数。

2. 显式定义

为了保持程序的可读性，在定义内联成员函数时，只在类的说明部分给出函数原型，而将函数定义放在类的实现部分。在函数定义时，只需在返回类型前加上关键字 inline 即可。例如，例 3.5 就是将例 3.1 中的成员函数显式定义成内联成员函数的格式。

【例 3.5】　内联成员函数的显式定义。

```
class Point
{
private:
    int x,y;
public:
    void SetPoint(int,int);
    int GetX();
    int GetY();
    void ShowPoint();
};
```

```
inline void Point::SetPoint(int a,int b)
{
    x=a;
    y=b;
}
inline int Point::GetX()
{
    return x;
}
inline int Point::GetY()
{
    return y;
}
inline void Point::ShowPoint()
{
    cout<<"("<<x<<","<<y<<")"<<endl;
}
```

在显式定义内联成员函数时,关键字应放在函数定义的前面,而不能放在类定义说明部分的成员函数原型前。其它注意事项与普通内联函数相同。

3.2.5 成员函数的重载和参数的默认值

类中的成员函数如果带有参数,则可以像普通函数一样进行重载,也可以对参数设置默认值。成员函数重载和设置默认值的方法与普通函数相同。

【例3.6】 分析下面程序的运行结果,了解成员函数重载和设置参数默认值的用法。

```
#include <iostream.h>
class Point
{
private:
    int x,y;
public:
    void SetPoint(int a,int b)
    {
        x=a;
        y=b;
    }
    void SetPoint(int a=0);
    int GetX()
    {
        return x;
```

```
            }
            int GetY()
            {
                return y;
            }
            void ShowPoint()
            {
                cout<<"("<<x<<","<<y<<")"<<endl;
            }
    };
    void Point::SetPoint(int a)
    {
        x=y=a;
    }
    void main()
    {
        Point p1,p2,p3;
        p1.SetPoint();
        p2.SetPoint(5,8);
        p3.SetPoint(20);
        cout<<"p1:("<<p1.GetX()<<','<<p1.GetY()<<')'<<endl;
        cout<<"p2:";
        p2.ShowPoint();
        cout<<"p3:";
        p3.ShowPoint();
    }
```

程序运行结果如下：

    p1:(0,0)

    p2:(5,8)

    p3:(20,20)

类中对成员函数 SetPoint() 进行了重载，同时对成员函数 SetPoint(int)的参数设置了默认值。程序中的语句

    p1.SetPoint();

调用成员函数 SetPoint(int)，并使用参数默认值 0。语句

    p2.SetPoint(5,8);

调用成员函数 SetPoint(int ,int)。

    如果将成员函数的定义放在类的实现部分，则在设置参数默认值时，可以在类定义说明部分的函数原型中指定默认值，也可以在实现部分的函数定义中指定默认值，但不能在两处同时指定默认值，即使默认值相同也不行。一般习惯在函数原型中指定默认值。

3.3 构造函数和析构函数

由类的定义可知，不能在定义类时对其数据成员进行初始化，因此，当用类定义对象时，对象的状态是不确定的，程序运行时可能造成错误。虽然可以通过调用公有成员函数给对象的数据成员赋值(如例 3.6)，但对每一个对象都需要一一给出相应的语句，容易遗漏而产生错误。C++中提供了构造函数，在定义对象时系统自动调用构造函数对对象进行初始化。与构造函数相对应的是析构函数，当对象撤销时，系统自动调用析构函数执行清理工作。

3.3.1 构造函数

构造函数是类中特殊的成员函数，其功能是在创建对象时使用给定的值来初始化对象。它有如下特点：

(1) 构造函数是成员函数，可以定义在类的说明部分，也可以定义在类的实现部分。

(2) 构造函数的名字与类名相同，有任意类型的参数，但不能指定返回类型，即使 void 类型也不行。

(3) 构造函数可以重载，即可以定义多个参数不同的构造函数，也可以没有参数。

(4) 构造函数在定义对象时由系统自动调用。

(5) 构造函数应说明为公有成员函数，但一般情况下不能像其它公有成员函数那样被显式调用。

下面的例 3.7 为类 Point 添加构造函数，同时建立相应的对象。

【例 3.7】 构造函数应用示例。

```
#include <iostream.h>
class Point
{
private:
    int x,y;
public:
    Point(int,int);
    Point()
    {
        cout<<"Default constructor called"<<endl;
        x=y=0;
    }
    void SetPoint(int a,int b)
    {
        x=a;
        y=b;
```

```
        }
        int GetX()
        {
            return x;
        }
        int GetY()
        {
            return y;
        }
        void ShowPoint()
        {
            cout<<"("<<x<<","<<y<<")"<<endl;
        }
    };
    Point::Point(int m,int n)
    {
        x=m;
        y=n;
        cout<<"Constructor called"<<endl;
    }
    void main()
    {
        Point p1;
        Point p2(5,8);
        cout<<"p1:";
        p1.ShowPoint();
        cout<<"p2:";
        p2.ShowPoint();
    }
```

程序运行结果如下：

```
Default constructor called
Constructor called
p1:(0,0)
p2:(5,8)
```

Point 类中定义了两个重载的构造函数，其中一个构造函数没有参数，在类的说明部分定义，另一个带有两个参数，在类的说明部分进行函数原型说明，定义在类的实现部分。在创建对象 p1 时，系统自动调用了不带参数的构造函数；在创建对象 p2 时，系统自动调用了带参数的构造函数，对象名后括号内的数据是调用构造函数的实参。

利用构造函数创建对象的一般形式为：

类名 对象名(实参表);

在构造函数中对数据成员进行初始化时,可以有不同的形式。一是在构造函数的函数体内用赋值语句进行初始化,如例 3.7 中的构造函数;二是在构造函数中使用初始化列表对数据成员进行初始化,例如,可以将例 3.7 中的构造函数定义成如下形式:

```
Point::Point(int m,int n):x(m),y(n)
{
    cout<<"Constructor called"<<endl;
}
```

其中,构造函数头部冒号后即为初始化列表。但对数组成员的初始化必须放在函数体内。

在程序中可以使用 new 运算符来创建动态对象,此时,系统也会自动调用构造函数。其一般语法形式为:

类名 *指针名=new 类名(实参表);

当类中有不带参数的构造函数时,类名后的括号和实参表可以省略,否则必须给出实参表。

当用 new 建立一个动态对象时,new 首先为该对象分配存储空间,然后自动调用构造函数来初始化该对象,再返回这个对象所占存储空间的地址。例如:

Point *p1=new Point;

将自动调用类 Point 中不带参数的构造函数,对对象进行初始化。又如:

Point *p2=new Point(5,8);

将自动调用类 Point 中带参数的构造函数,对对象进行初始化。

使用 new 建立的动态对象在不用时必须用 delete 删除,否则会造成内存泄漏。

全局对象的构造函数在主函数 main 执行之前被调用。例如:

【例 3.8】 全局对象构造函数的调用。

```
#include <iostream.h>
//这里插入例 3.7 中类 Point 的定义代码
void main()
{
    cout<<"Entering main"<<endl;
    Point sta;
    cout<<"Exiting main"<<endl;
}
Point global(3,8);      //定义全局对象
```

程序运行结果如下:

Constructor called
Entering main
Default constructor called
Exiting main

C++中成员函数的参数可以设置默认值,构造函数也可以指定默认值。

【例 3.9】 构造函数的定义及其默认值示例。

```cpp
#include <iostream.h>
class Complex
{
private:
    double real,imag;
public:
    Complex(double r=0.0,double i=0.0);
    double GetReal()
    {
        return real;
    }
    double GetImag()
    {
        return imag;
    }
    void Display()
    {
        cout<<real;
        if (imag>=0)
            cout<<'+'<<imag<<'i'<<endl;
        else
            cout<<imag<<'i'<<endl;
    }
};
Complex::Complex(double r,double i)
{
    real=r;
    imag=i;
    cout<<"Constructor called!"<<endl;
}
void main()
{
    Complex c1;
    Complex c2(3.2);
    Complex c3(5.5,-8.8);
    c1.Display();
    c2.Display();
    c3.Display();
}
```

程序运行结果如下：
  Constructor called!
  Constructor called!
  Constructor called!
  0+0i
  3.2+0i
  5.5-8.8i

  程序中定义了三个对象。定义对象 c1 时，没有传递参数，因此构造函数的参数都取默认值。定义对象 c2 时，给出了一个实参，这个实参传递给形参 r，形参 i 取默认值。定义对象 c3 时，传递了两个实参。

  由于构造函数可以重载，因此在给构造函数指定默认值时，应避免定义对象时产生二义性。例如：

```
class A
{
private:
    int x;
public:
    A();
    A(int i=0);
};
void main()
{
    A ob1(25);      //正确，调用 A(int)
    A ob2;          //错误，产生二义性，编译系统无法确定应调用哪一个构造函数
    //……
}
```

3.3.2 缺省构造函数

  不带参数的构造函数称为缺省构造函数。因为在没有为类定义任何构造函数的情况下，C++编译器总要自动建立一个不带参数的构造函数。例如，例 3.1 中 Point 类没有定义任何构造函数，则 C++编译器要为它自动产生一个如下形式的构造函数：

```
Point::Point()
{ }
```

即它的函数体是空的。

  当使用类 Point 建立对象时，对象的状态是不确定的，即对象中的数据成员 x 和 y 的值不确定。

  一般情况下，使用这样的构造函数创建对象没有什么问题，但有时会使程序的运行产生错误。例如，定义了如下的分数类 Fraction，使用系统自动生成的构造函数创建的对象有可能产生分母为 0 的情况，而分母是不能为 0 的。

【例 3.10】 分数类 Fraction。
```
class Fraction
{
    private:
        int numerator,denominator;
    public:
        double GetValue()
        {
            return numerator/denominator;
        }
};
```
当使用类 Fraction 创建全局对象或静态对象时，数据成员 numerator 和 denominator 的值被初始化为 0，当通过对象调用成员函数 GetValue()时，就会产生分母为 0 的错误。因此，必须在类 Fraction 中定义一个不带参数的构造函数，如下所示：
```
Fraction::Fraction()
{
    numerator=0;
    denominator=1;
}
```
这种不带参数的构造函数称为缺省构造函数。

说明：

(1) 若类中没有定义过任何形式的构造函数，则系统会自动生成缺省构造函数。

(2) 若类中已定义过带参数的构造函数，则系统不会再自动生成缺省构造函数。如果需要，则要求显式地定义缺省构造函数。

(3) 如果定义对象时没有给定实参，则调用缺省构造函数。

(4) 有些情况下，类中必须定义缺省构造函数，如定义对象数组时。

3.3.3 拷贝构造函数

拷贝构造函数是一种特殊的构造函数，它具有一般构造函数的全部特点。其作用是使用一个已经存在的对象去初始化一个新建的同类对象。

拷贝构造函数除了具有一般构造函数的特点外，它还具有以下特点：

(1) 拷贝构造函数只有一个参数，并且是该类对象的引用。

(2) 若类中没有定义拷贝构造函数，则系统自动生成一个缺省拷贝构造函数，其作用是将已知对象的数据成员逐一赋值给新建对象的数据成员。

拷贝构造函数的一般形式为：

　　类名::类名(const 类名 & 引用名)

　　{ 函数体 }

【例 3.11】 拷贝构造函数使用示例。

```cpp
#include <iostream.h>
class Point
{
private:
    int x,y;
public:
    Point(int,int);
    Point(Point &);                  //拷贝构造函数原型
    void ShowPoint()
    {
        cout<<"("<<x<<","<<y<<")"<<endl;
    }
};
Point::Point(int m,int n)
{
    x=m;
    y=n;
    cout<<"Constructor called"<<endl;
}
Point::Point(Point & p)              //拷贝构造函数的定义
{
    x=p.x;
    y=p.y;
    cout<<"Copy constructor called"<<endl;
}
void main()
{
    Point p1(10,20);                 //调用构造函数
    Point p2(p1);                    //显式调用拷贝构造函数初始化 p2
    Point p3=p1;                     //调用拷贝构造函数初始化 p3
    cout<<"p1:";
    p1.ShowPoint();
    cout<<"p2:";
    p2.ShowPoint();
    cout<<"p3:";
    p3.ShowPoint();
    Point p4(-20,30);
    p4=p1;                           //对象之间的赋值，不调用拷贝构造函数
    cout<<"p4:";
```

```
            p4.ShowPoint();
    }
```
程序运行结果如下：

```
Constructor called
Copy constructor called
Copy constructor called
p1:(10,20)
p2:(10,20)
p3:(10,20)
Constructor called
p4:(10,20)
```

Point 类中定义了一个拷贝构造函数。定义对象 p2 时，显式调用拷贝构造函数用 p1 初始化 p2。定义对象 p3 时，采用赋值的方式用对象 p1 初始化 p3，此时，系统也会自动调用拷贝构造函数。但当一个对象已定义完，用另一个同类的对象给其赋值时，则不会调用拷贝构造函数，例如，执行语句

    p4=p1;

时，是实现对象之间的赋值，不是初始化，因此，不调用拷贝构造函数。

拷贝构造函数在下列情况下也会被自动调用：

(1) 当对象作为函数参数，函数调用实参值传递给形参时。

(2) 当对象作为函数的返回值，函数调用返回时。

通常，缺省的拷贝构造函数可以胜任工作，但由于缺省拷贝构造函数是在对象的数据成员之间进行逐一赋值的，因此，若类中有指针类成员，则可能产生错误，因此应定义自己的拷贝构造函数。

3.3.4 析构函数

析构函数也是类的一个特殊的成员函数，当一个对象的生存期结束时，系统将自动调用析构函数。它主要用来在对象撤销时做一些清理工作，例如，用 delete 运算符释放类中用 new 分配给对象的存储空间。一般来讲，如果希望程序在对象撤销之前自动完成某些操作，就可以将其放在析构函数中。

析构函数有如下特点：

(1) 析构函数名与类名相同，但在前面必须加一个波浪号"~"。

(2) 析构函数不带任何参数，因此，析构函数不能重载。

(3) 析构函数没有返回类型，即使指定 void 类型也不行。

(4) 析构函数必须说明为公有成员函数。

(5) 析构函数是成员函数，可以定义在类的说明部分，也可以定义在类的实现部分。

例 3.12 是为类 Point 添加析构函数的示例。

【例 3.12】 析构函数的定义和使用示例。

```
#include <iostream.h>
class Point
```

```cpp
    {
    private:
        int x,y;
    public:
        Point(int,int);
        ~Point();                        //析构函数原型
        void ShowPoint()
        {
            cout<<"("<<x<<","<<y<<")"<<endl;
        }
    };
    Point::Point(int m,int n)
    {
        x=m;
        y=n;
        cout<<"Constructor called"<<endl;
    }
    Point::~Point()                      //析构函数的定义
    {
        cout<<"destructor called"<<endl;
    }
    void main()
    {
        Point p(10,20);
        cout<<"p:";
        p.ShowPoint();
        cout<<"Exiting main"<<endl;
    }
```

程序运行结果如下：

Constructor called

p:(10,20)

Exiting main

destructor called

在 Point 类中，析构函数输出一个字符串。从程序运行结果看，当程序结束时，对象 p 的生存期结束，撤销对象 p 时，系统自动调用了析构函数。

同缺省构造函数一样，若类中未定义析构函数，则编译器也会自动为类生成如下形式的缺省析构函数：

    类名::~类名()
    { }

缺省析构函数的函数体为空，不做任何事情。一般情况下，缺省析构函数就能满足要求。但是如果一个对象在撤销时需要做一些内部的清理工作，则应该显式定义一个析构函数。

【例 3.13】 定义类 String，用于保存一个字符串。

```cpp
#include <iostream.h>
#include <string.h>
class String
{
private:
    char *str;
    int len;
public:
    String()
    {
        str=NULL;
        len=0;
    }
    String(char *);
    ~String();
    char *GetString();
    int GetLength();
};
String::String(char *s)
{
    str=new char[strlen(s)+1];
    strcpy(str,s);
    len=strlen(str);
    cout<<"Constructor called"<<endl;
}
String::~String()
{
    delete str;
    cout<<"Destructor called"<<endl;
}
char* String::GetString()
{
    return str;
}
int String::GetLength()
```

```
            {
                return len;
            }
        void main()
        {
            String name("Zhang");
            cout<<"The string is:"<<name.GetString()<<endl;
            cout<<"Length:"<<name.GetLength()<<endl;
        }
```
程序运行结果如下：
```
Constructor called
The string is:Zhang
Length:5
Destructor called
```

在定义对象时，系统自动调用构造函数为字符串分配了动态存储空间；当对象撤销时，必须释放分配的存储空间，否则，将造成内存泄漏。因此，在析构函数中用运算符 delete 释放分配的存储空间。这是构造函数和析构函数常见的用法。

析构函数通常是系统自动调用的，在下列情况下，析构函数将被自动调用：

(1) 一个对象的生存期结束时。例如，在一个函数内定义的对象，当该函数结束时将释放该对象，系统将自动调用析构函数。

(2) 使用 new 运算符创建的对象，在使用 delete 运算符释放该对象时，系统将自动调用析构函数。

3.3.5 构造函数的类型转换和类型转换函数

在一个表达式中，如果多个数据的类型不一致，则对于基本数据类型，系统一般可以进行自动类型的转换；同时，用户也可以使用强制类型转换方式进行类型转换。对于用户自定义的类类型，有时希望在类类型的对象与其它数据类型之间进行转换。这可以分为两种情况：一是将其它数据类型转换为类类型，这可以通过构造函数来实现；二是将类类型转换为其它数据类型，这可以通过类型转换函数来完成。

1. 通过构造函数进行类型转换

类的构造函数具有类型转换的功能，它可以将其它数据类型的值转换为它所在类的类型的值。通常使用单参数的构造函数，将构造函数参数的类型的值转换为它所在类的类型的值。分析下面的程序。

【例 3.14】 构造函数的类型转换功能示例。
```
#include <iostream.h>
class Example
{
private:
```

```cpp
    int num;
public:
    Example(int);
    void Print();
    ~Example();
};
Example::Example(int n)
{
    num=n;
    cout<<"Initializing with:"<<num<<endl;
}
Example::~Example()
{
    cout<<"Destructing:"<<num<<endl;
}
void Example::Print()
{
    cout<<"num="<<num<<endl;
}
void main()
{
    Example X(0);
    X=10;                                    //①
    X.Print();
    cout<<"------------------------"<<endl;
    X=Example(20);                           //②
    X.Print();
}
```

程序运行结果为：

Initializing with:0

Initializing with:10

Destructing:10

num=10

Initializing with:20

Destructing:20

num=20

Destructing:20

类 Example 中有一个参数类型为 int 的构造函数，它可以用来进行类型转换，将 int 类型转换为类 Example 类型。

主函数的语句①中，对象 X 为类 Example 类型，赋值运算符右边为 int 类型的数，类型不匹配，系统自动调用构造函数将 10 转换成类 Example 类型的对象。这时建立了一个隐藏的临时对象并由被转换的值初始化，将这个对象赋值给对象 X，之后马上撤销。语句②中，Example(20)是个强制类型转换，将 20 转换成类 Example 类型，这时也建立了一个临时对象，将这个对象赋值给 X，之后马上撤销。

如果类 Example 中没有定义单参数的构造函数，则主函数中的语句①和②都将是非法的，系统不能完成由 int 类型向类 Example 类型的转换。

2. 类型转换函数

单参数构造函数能够实现从参数类型(一般为基本数据类型)向类类型的转换，但是不能实现将类类型转换为基本数据类型的功能。类型转换函数能够实现将类类型向其它数据类型转换的功能。

类型转换函数是在类中定义的一个非静态成员函数，其一般形式为：

```
class 类名
{
    ⋮
    operator 数据类型()          //类型转换函数
    {   函数体    }
    ⋮
};
```

其中，"类名"是要转换的源类类型，"数据类型"是要将"类名"的类类型转换成的类型，即目标类型，它既可以是系统定义的基本类型，也可以是用户自定义的类型。

【例 3.15】 类型转换函数示例。

```
#include <iostream.h>
class Complex
{
private:
    double real,imag;
public:
    Complex(double r,double i)
    {
        real=r;
        imag=i;
        cout<<"Constructor called."<<endl;
    }
    operator double();                //类型转换函数的函数原型
    operator int();                   //类型转换函数的函数原型
```

```cpp
        void Print()
        {
                cout<<real;
                if (imag>0) cout<<"+"<<imag;
                if (imag<=0) cout<<imag;
                cout<<'i'<<endl;
        }
};
Complex::operator double()              //类型转换函数的定义
{
        cout<<"from Complex to double"<<endl;
        return real*imag;
}
Complex::operator int()                 //类型转换函数的定义
{
        cout<<"from Complex to int"<<endl;
        return int(real);
}
void main()
{
        Complex c1(3.2,2.4),c2(2.0,-2.0);
        c1.Print();
        c2.Print();
        int i;
        i=c1;                           //隐式调用类型转换函数
        cout<<"i="<<i<<endl;
        double d;
        d=double(c2);                   //显式调用类型转换函数
        cout<<"d="<<d<<endl;
}
```

程序运行结果如下：

Constructor called.
Constructor called.
3.2+2.4i
2-2i
from Complex to int
i=3
from Complex to double
d=-4

类型转换函数的使用可以是显式调用方式，也可以是隐式调用方式。程序中调用了两次类型转换函数：第一次采用隐式调用方式，将类 Complex 的对象转换成 int 类型；第二次采用显式的强制类型转换方式，将类 Complex 的对象转换成 double 类型。

关于类型转换函数，有以下几点需要说明：

(1) 一个类中可以定义多个类型转换函数，只要能够从"数据类型"中将它们区别开即可。

(2) 类型转换函数是类中定义的一个非静态成员函数，不能定义成友元函数。

(3) 类型转换函数既没有参数，也不显式给出返回类型。

(4) 类型转换函数可以被派生类继承。

3.4 对象数组和对象指针

3.4.1 对象数组

对象数组是指数组元素都是对象的数组。创建对象数组的方法与创建其它数据类型的数组相同。

与其它数据类型的数组相同，可以使用下标或指向对象数组的指针访问对象数组元素。由于数组元素也是一个对象，因此通过这个对象可以访问它的公有成员，一般形式如下：

　　　　数组名[整型表达式].数据成员名

或

　　　　数组名[整型表达式].成员函数名(实参表)

【例 3.16】 对象数组示例。

```
#include <iostream.h>
class MyClass
{
private:
    int x;
public:
    MyClass()
    {
        x=100;
    }
    void SetValue(int i)
    {
        x=i;
    }
    int GetValue()
    {
        return x;
```

```
        }
    };
    void main()
    {
        MyClass obs[4];                //定义对象数组
        cout<<"Original value:";
        for (int i=0;i<4;i++)
            cout<<obs[i].GetValue()<<' ';
        cout<<endl;
        for (i=0;i<4;i++)
            obs[i].SetValue(2*i);
        cout<<"Changed value:";
        for (i=0;i<4;i++)
            cout<<obs[i].GetValue()<<' ';
        cout<<endl;
    }
```
程序运行结果为：

  Original value:100 100 100 100

  Changed value:0 2 4 6

  类 MyClass 中定义了一个缺省构造函数。从程序运行结果看，当建立对象数组而没有使用初始化列表初始化数组时，系统自动调用缺省构造函数对对象数组的每一个元素进行初始化。如果类中没有定义构造函数，则系统自动为类生成函数体为空的缺省构造函数，此时，对象数组元素的状态不确定。如果类中定义了带参数的构造函数，则在定义数组时，可以利用初始化列表对对象数组进行初始化。

【例3.17】 对象数组的初始化示例。

```
    #include <iostream.h>
    class Point
    {
    private:
        int x,y;
    public:
        Point()
        {
            x=y=100;
        }
        Point(int i)
        {
            x=y=i;
        }
```

```cpp
        Point(int i,int j)
        {
            x=i;
            y=j;
        }
        int GetX()
        {
            return x;
        }
        int GetY()
        {
            return y;
        }
};
void main()
{
    Point obs1[4]={-1,-2,-3,-4};
    Point obs2[4]={Point(1,2),Point(3,4),Point(5,6),Point(7,8)};
    Point obs3[4]={Point(22,33),Point(44,55)};
    int i;
    for (i=0;i<4;i++)
        cout<<' ('<<obs1[i].GetX()<<', '<<obs1[i].GetY()<<") ";
    cout<<endl;
    for (i=0;i<4;i++)
        cout<<' ('<<obs2[i].GetX()<<', '<<obs2[i].GetY()<<") ";
    cout<<endl;
    for (i=0;i<4;i++)
        cout<<' ('<<obs3[i].GetX()<<', '<<obs3[i].GetY()<<") ";
    cout<<endl;
    obs3[2]=Point(66,77);
    obs3[3]=Point(88,99);
    cout<<"Changed value of obs3:";
    for (i=0;i<4;i++)
        cout<<' ('<<obs3[i].GetX()<<', '<<obs3[i].GetY()<<") ";
    cout<<endl;
}
```

程序运行结果为：

(-1,-1) (-2,-2) (-3,-3) (-4,-4)

(1,2) (3,4) (5,6) (7,8)

(22,33) (44,55) (100,100) (100,100)

Changed value of obs3:(22,33) (44,55) (66,77) (88,99)

类 Point 中定义了三个构造函数，包括一个缺省构造函数。在定义对象数组 obs1 时，使用初始化列表{-1,-2,-3,-4}对对象数组的 4 个元素进行了初始化。这种初始化方法实际上调用了带一个参数的构造函数。在 C++中，带一个参数的构造函数具有从参数类型到类类型的类型转换功能。语句

　　　　Point obs1[4]={-1,-2,-3,-4};

实际上是如下格式的简化：

　　　　Point obs1[4]={Point(-1),Point(-2),Point(-3),Point(-4)};

当使用带多个参数的构造函数对对象数组进行初始化时，必须显式调用构造函数。例如，定义对象数组 obs2 时，调用构造函数 Point(int ,int)进行初始化：

　　　　Point obs2[4]={Point(1,2),Point(3,4),Point(5,6),Point(7,8)};

当指定的初始化列表中的数据少于对象数组元素的个数时，后面的元素自动调用缺省构造函数进行初始化。例如，定义对象数组 obs3 时，对数组元素 obs3[2]和 obs3[3]自动调用了缺省构造函数进行初始化。

另外请注意，若类中没有缺省构造函数，则定义对象数组时必须使用初始化列表对所有数组元素进行初始化。例如，如果将例 3.17 中 Point 类的缺省构造函数删除，则程序在编译时会产生错误。

3.4.2　对象指针

对象指针就是指向对象的指针。声明对象指针的方法与声明其它数据类型的指针的方法相同。

当使用对象指针来访问对象的成员时，使用成员选择运算符"->"。

【例 3.18】　对象指针的使用示例。

```
#include <iostream.h>
class MyClass
{
private:
    int x;
public:
    MyClass()
    {
        x=100;
    }
    void SetValue(int i)
    {
        x=i;
    }
    int GetValue()
```

```
            {
                    return x;
            }
    };
    void main()
    {
            MyClass ob,*p;
            MyClass obs[3],*ps;
            p=&ob;
            p->SetValue(50);
            cout<<p->GetValue()<<endl;
            ps=obs;              //让指针 ps 指向一维数组，也可以用语句：ps=&obs[0];
            for (int i=0;i<3;i++)
            {
                    ps->SetValue(20*i);
                    cout<<ps->GetValue()<<' ';
                    ps++;
            }
            cout<<endl;
    }
```

程序运行结果为：

50

0 20 40

与其它数据类型的指针一样，当对象指针递增或递减时，指针指向下一个或上一个在存储空间中相邻的对象。

3.4.3 this 指针

C++中，类中的每一个非静态成员函数(静态成员函数将在 3.5 节中介绍)都有一个隐含的 this 指针，该指针作为成员函数的隐含参数。例如，例 3.18 中类 MyClass 的成员函数 SetValue()中并没有 this 指针：

```
    void MyClass::SetValue(int i)
    {
            x=i;
    }
```

但实际上编译器会将 this 指针作为成员函数的参数，即编译器所认识的成员函数 SetValue()的定义形式如下：

```
    void MyClass::SetValue(MyClass * const this,int i)
    {
            this->x=i;
```

}

当程序中的一个对象调用非静态成员函数时,系统将该对象的地址传递给这个隐含参数,即 this 指针指向调用成员函数的对象。例如,如下的函数调用:

    MyClass ob;
    ob.SetValue(5);

编译器将其转换为:

    SetValue(&ob,5);

在成员函数中,表达式*this 就表示调用该成员函数的对象。

【例 3.19】 this 指针使用示例。

```
#include <iostream.h>
class Point
{
private:
    int x,y;
public:
    Point()
    {
        x=y=0;
    }
    Point(int i,int j)
    {
        x=i;
        y=j;
    }
    void ShowPoint();
    void Copy(Point &p);
};
void Point::ShowPoint()
{
    cout<<' ('<<x<<', '<<y<<') '<<endl;
}
void Point::Copy(Point &p)
{
    if (this==&p)
        return;
    *this=p;
}
void main()
{
```

```
        Point p1,p2(5,8);
        cout<<"Orginal Point:";
        p1.ShowPoint();
        p1.Copy(p2);
        cout<<"Changed Point:";
        p1.ShowPoint();
}
```
程序运行结果如下：
```
Orginal Point:(0,0)
Changed Point:(5,8)
```
类中成员函数 Copy 的功能是将一个已知的对象赋值给调用该成员函数的对象。函数中 if 语句用来判断两个对象是否相同，若相同则不赋值，不相同则赋值。

this 指针在 Windows 程序设计中使用得比较普遍。

在程序中不能修改 this 指针。

3.5 静 态 成 员

同一个类的对象具有相同的属性和行为，但各对象在存储空间中是相互独立的，它们的属性值不同。利用静态成员可以解决同一个类的不同对象之间数据的共享问题。

类的数据成员或成员函数可以使用关键字 static 进行修饰，这样的成员称为静态成员。静态成员包括静态数据成员和静态成员函数。

3.5.1 静态数据成员

一般的数据成员在不同的对象内有各自的拷贝，而静态数据成员是类的所有对象共享的成员，无论类有多少个对象，它在内存中只有一份拷贝，被存储在公用内存中。

在类的说明部分，使用关键字 static 对静态数据成员进行引用性说明；同时，必须在文件作用域的某个地方使用类名限定进行定义性说明，并且定义性说明只能进行一次。定义性说明一般放在类的实现部分，在进行定义性说明时可以进行初始化。格式如下：

    数据类型 类名::静态数据成员=初始化表达式;

如果在进行定义性说明时没有进行初始化，则系统自动将其初始化为 0。

【例 3.20】 静态数据成员的定义和使用示例。
```
#include <iostream.h>
class test
{
public:
    static int i;          //静态数据成员的引用性说明



};
int test::i;               //对静态数据成员进行定义性说明
```

```
void main()
{
    cout<<test::i<<endl;
    test::i=20;
    cout<<test::i<<endl;
    test ob1,ob2;
    cout<<ob1.i<<endl;
    ob1.i=40;
    cout<<ob2.i<<endl;
}
```
程序运行结果如下：
0
20
20
40

从程序运行结果可以看出，即使没有建立对象，静态成员也已经存在。对于公有静态数据成员，可以使用类名加作用域运算符"::"对静态成员进行访问，也可以通过对象进行访问，但私有静态数据成员不能被外部程序访问。因为静态成员不是对象的成员，是属于整个类的，所以通过"类名::"进行访问更好。

在进行定义性说明时，不使用关键字 static。

3.5.2 静态成员函数

在类中使用关键字 static 进行说明的成员函数称为静态成员函数。同样，静态成员函数是属于整个类的。

静态成员函数的定义可以放在类的说明部分，也可以放在类的实现部分。

对于公有静态成员函数，可以在程序中访问，既可以使用类名限定进行访问，也可以通过对象进行访问：

  类名::静态成员函数(参数表)

或

  对象名.静态成员函数(参数表)

或

  指向对象的指针->静态成员函数(参数表)

【例 3.21】 静态成员的使用示例。
```
#include <iostream.h>
class Point
{
private:
    int x,y;
    static int count;
```

```cpp
public:
    Point(int i,int j)
    {
        x=i;
        y=j;
        count++;
    }
    static void Display(Point);
};
int Point::count=0;
void Point::Display(Point p)
{
    cout<<"count="<<count<<",point:("<<p.x<<','<<p.y<<')'<<endl;
}
void main()
{
    Point p1(1,2);
    Point::Display(p1);
    Point p2(3,4);
    p2.Display(p2);
    Point p3[3]={Point(4,5),Point(6,7),Point(8,9)};
    for (int i=0;i<3;i++)
        p3[i].Display(p3[i]);    //也可以为：Point::Display(p3[i]);
}
```

程序运行结果如下：

count=1,point:(1,2)

count=2,point:(3,4)

count=5,point:(4,5)

count=5,point:(6,7)

count=5,point:(8,9)

Point 类中的静态数据成员 count 用来对类的对象进行计数，当使用类 Point 建立一个对象时，通过构造函数对 count 加 1。静态成员函数 Display 用来输出点的坐标和当前类的对象数。

从程序运行结果看，当定义对象数组 p3 时，调用三次构造函数，count 值为 5，通过不同的对象数组元素输出的 count 值相同。

在定义和使用静态成员函数时，应注意以下几点：

(1) 若在类的实现部分定义静态成员函数，则前面不加关键字 static。

(2) 由于静态成员函数没有 this 指针，因此，在静态成员函数中可以直接访问类的静态成员，但不能直接访问类的非静态成员。如果要访问非静态成员，只能通过对象或指向对象的指针进行。这时可以将类的对象作为静态成员函数的参数。

(3) 在程序中不能访问类的私有和保护静态成员函数。

3.6 友　元

类具有封装性，类的私有成员一般只能通过该类的成员函数才能被访问。这种封装性隐藏了对象的部分成员，保证了对象的安全性。但封装有时也会给编程带来不便。另外，如果程序中要访问对象的私有成员，就必须通过对象来调用公有成员函数，而函数调用需要有时间和空间的开销，故会影响程序的执行效率。

C++提供了友元，允许在必要时可以直接访问对象的私有成员，方便了编程并且提高了程序的运行效率。但使用友元破坏了类的封装性和数据的隐藏性，因此，使用友元要慎重。

友元可以是一个函数，称为友元函数，也可以是一个类，称为友元类。

3.6.1 友元函数

友元函数是在类中用关键字 friend 说明的函数。说明一个友元函数的一般形式为：

　　friend 数据类型 函数名(参数表);

友元函数具有如下特点：

(1) 友元函数不是类的成员函数，可以定义在类的说明部分，也可以定义在类的实现部分。在类的实现部分定义时，其定义格式与一般的普通函数相同。

(2) 友元函数可以访问类中的所有成员，包括私有成员。

(3) 友元函数可以在类中的任何位置声明。因为友元函数不是类的成员函数，所以访问权限控制符对其没有影响。

(4) 一个函数可以声明为多个类的友元函数。

【例 3.22】　友元函数的定义和使用示例。

```
#include <iostream.h>
#include <math.h>
class Point
{
private:
    int x,y;
public:
    Point()
    {
        x=y=0;
    }
    Point(int i,int j)
    {
        x=i;
```

```
            y=j;
        }
        void ShowPoint()
        {
            cout<<'('<<x<<','<<y<<')';
        }
        friend double Distance(Point,Point);    //友元函数的声明，定义在类的实现部分，
                                                //也可以直接在这里定义
    };
    double Distance(Point a,Point b)            //友元函数的定义，与普通函数相同
    {
        int dx=a.x-b.y;
        int dy=a.y-b.y;
        return sqrt(dx*dx+dy*dy);
    }
    void main()
    {
        Point p1,p2(5,8);
        cout<<"the distance between ";
        p1.ShowPoint();
        cout<<" and ";
        p2.ShowPoint();
        cout<<" is "<<Distance(p1,p2)<<endl;
    }
```

程序运行结果如下：

  the distance between (0,0) and (5,8) is 11.3137

  类 Point 中声明了一个友元函数 Distance，用于计算两个点之间的距离，它的定义在类的实现部分。在实现部分定义时前面不加关键字 friend，由于它不是类的成员，前面也不用加 "Point::" 进行限定。程序中友元函数的调用与普通函数相同。

  由于友元函数不是类的成员函数，因此它没有 this 指针。虽然友元函数可以访问类的所有成员，但不能直接访问，必须通过对象、对象的引用或指向对象的指针来访问对象的成员。

  一个类的友元函数除了可以是普通的函数外，还可以是另一个类的成员函数。当两个或多个类包含有相关联的成员时，使用友元非常方便。

  例如，有两个类 Circle 和 Square 分别代表屏幕上的圆和正方形，现在需要判断两个图形的颜色是否相同。这时可以将一个类中的成员函数说明为另一个类的友元。

  【例 3.23】 一个类的友元函数是另一个类的成员函数示例。

```
    #include <iostream.h>
    enum colors {red,green,blue};
```

```cpp
class Circle;                              //类的前向引用性声明
class Square
{
    private:
        int w,h;
        colors color;
    public:
        Square(int a,int b,colors c)
        {
            w=a;h=b;color=c;
        }
        bool SameColor(Circle &y);
};
class Circle
{
    private:
        int x,y,r;
        colors color;
    public:
        Circle(int x1,int y1,int r1,colors c)
        {
            x=x1;
            y=y1;
            r=r1;
            color=c;
        }
        friend bool Square::SameColor(Circle &);   //友元函数是类 Square 的成员函数
};
bool Square::SameColor(Circle &y)
{
    if (color==y.color)
        return true;
    else
        return false;
}
void main()
{
    Square square1(5,8,red),square2(12,7,green);
    Circle circle(3,9,20,red);
```

```
        if (square1.SameColor(circle))
            cout<<"circle and square1 are the same color"<<endl;
        else
            cout<<"circle and square1 are different color"<<endl;
        if (square2.SameColor(circle))
            cout<<"circle and square2 are the same color"<<endl;
        else
            cout<<"circle and square2 are different color"<<endl;
    }
```

程序运行结果如下：

  circle and square1 are the same color

  circle and square2 are different color

在类 Circle 中将 Square 类的成员函数 SameColor()声明为友元函数。由于 SameColor() 是 Square 类的成员函数，因此可以直接访问 Square 的成员，在访问时不必通过 Square 的对象调用。通过将 Circle 的对象作为函数 SameColor()的参数，可使它能访问类 Circle 中的成员。

一个类的成员函数作为另一个类的友元函数时，必须先定义这个类。在声明友元函数时，要加上成员函数所在类的类名，例如：

  friend bool Square::SameColor(Circle &);

3.6.2 友元类

友元不仅可以是函数，还可以是一个类。可以将一个类说明为另一个类的友元。当将一个类说明为另一个类的友元后，友元类中所有的成员函数都是另一个类的友元函数。

例如，将例 3.23 中类 Square 说明为类 Circle 的友元类。

【例 3.24】 友元类的使用示例。

```cpp
#include <iostream.h>
enum colors {red,green,blue};
class Circle;                          //类的前向引用性声明
class Square
{
private:
    int w,h;
    colors color;
public:
    Square(int a,int b,colors c)
    {
        w=a;h=b;color=c;
    }
```

```
        bool SameColor(Circle &y);
};
class Circle
{
private:
    int x,y,r;
    colors color;
public:
    Circle(int x1,int y1,int r1,colors c)
    {
        x=x1;
        y=y1;
        r=r1;
        color=c;
    }
    friend class Square;        //将类 Square 说明为类 Circle 的友元类
};
bool Square::SameColor(Circle &y)
{
    if (color==y.color)
        return true;
    else
        return false;
}
void main()
{
    Square square1(5,8,red),square2(12,7,green);
    Circle circle(3,9,20,red);
    if (square1.SameColor(circle))
        cout<<"circle and square1 are the same color"<<endl;
    else
        cout<<"circle and square1 are different color"<<endl;
    if (square2.SameColor(circle))
        cout<<"circle and square2 are the same color"<<endl;
    else
        cout<<"circle and square2 are different color"<<endl;
}
```

友元关系是单向的，不具有交换性和传递性。即若类 A 是类 B 的友元类，则类 B 不一定是类 A 的友元类(这要看在类 A 中是否有相应的声明)；若类 A 是类 B 的友元类，类 B 是类 C 的友元类，则类 A 不一定是类 C 的友元类。

3.7 对象成员

  类的数据成员可以是简单类型或自定义类型，也可以是类类型的对象。这种具有类类型的数据成员称为对象成员。利用对象成员可以将一些比较简单的对象相互组合，构成复杂的对象。比如，现实生活中一台设备都是由各个部件组成的，各个部件就相当于对象成员。各个部件可以单独设计、生产和测试，最后组装成完整的设备。

  若一个类中含有对象成员，则当使用这个类创建对象时，需要对这些对象成员进行初始化，它们的初始化由各自所在类的构造函数实现。调用这些构造函数需要由含有对象成员的类的构造函数来实现。

  含有对象成员的类，其构造函数的定义形式如下：

  类名::类名(参数表 0):对象成员名 1(参数表 1), 对象成员名 2(参数表 2),…
  {
      对其它成员的初始化
  }

  冒号后由逗号分隔的部分是对象成员的初始化列表。各个参数表给出了在调用相应对象成员所在类的构造函数时应提供的参数。这些参数一般来自参数表 0。如果初始化列表中某项的参数表为空，则该项可以省略。

  当定义含有对象成员的类的对象时，系统先调用各对象成员的构造函数，初始化对象成员。调用顺序取决于各对象成员在类中说明的顺序，与它们在成员初始化列表中给出的顺序无关。最后调用本类的构造函数，初始化本类的其它成员。

  析构函数的调用顺序与构造函数正好相反。

  【例 3.25】 对象成员使用示例。

```
#include <iostream.h>
#include <math.h>
class Point
{
private:
    int x,y;
public:
    Point()
    {
        x=y=0;
    }
    Point(int i,int j)
    {
```

```cpp
            x=i;
            y=j;
            cout<<"Point's constructor called.("<<x<<','<<y<<')'<<endl;
        }
        int GetX()
        {
            return x;
        }
        int GetY()
        {
            return y;
        }
    };
    class Rectangle
    {
    private:
        Point topleft,bottomright;
        int w,h;
    public:
        Rectangle(int x1,int y1,int x2,int y2);
        int GetArea()
        {
            return w*h;
        }
    };
    Rectangle::Rectangle(int x1,int y1,int x2,int y2):bottomright(x2,y2),topleft(x1,y1)
    {
        w=abs(x1-x2);
        h=abs(y1-y2);
        cout<<"Rectangle's constructor called"<<endl;
    }
    void main()
    {
        Rectangle rect(2,8,53,64);
        cout<<rect.GetArea()<<endl;
    }
```

程序运行结果如下：

Point's constructor called.(2,8)

```
Point's constructor called.(53,64)
Rectangle's constructor called
2856
```

类 Rectangle 代表屏幕上的一个长方形。对于一个长方形，只要确定了其两个对角点的位置，那么它的位置和大小就能确定下来。因此，在类中定义了两个类 Point 的对象成员，表示长方形的两个对角点。在构造函数的初始化列表中给出了对象成员的初始化参数。

从运行结果可以看出，在定义 Rectangle 的对象时，系统先按对象成员 topleft 和 bottomright 在类中定义的顺序依次调用了它们的构造函数，初始化对象成员，最后调用 Rectangle 的构造函数，初始化数据成员 w 和 h。

习 题

1. 根据你的理解，举例说明面向对象程序设计的封装性、继承性和多态性。
2. 什么是对象？什么是类？简述对象与类之间的关系。
3. 在 C++中如何定义类？使用类如何定义对象？
4. 类的成员有哪几种访问属性？公有成员和私有成员有什么区别？
5. 构造函数与析构函数有什么作用？何时执行构造函数与析构函数？
6. 在类中如何定义内联成员函数？
7. 在类中对成员函数重载和设置参数默认值时应注意哪些问题？
8. 什么是缺省构造函数和缺省析构函数？它们是必需的吗？
9. 拷贝构造函数的参数是什么？在哪些情况下会执行拷贝构造函数？拷贝构造函数与对象赋值运算有什么区别？
10. 如何定义类型转换函数？如何将类类型转换为其它类型？
11. 在定义对象数组时应注意什么问题？
12. 什么是 this 指针？它的主要作用是什么？
13. 什么是静态成员？它们的使用方式有什么不同？
14. 什么是友元？它有什么作用？如何定义友元函数？
15. 如何定义对象成员？包含对象成员的类的构造函数有什么不同？其构造函数的执行顺序是什么？
16. 指出下面程序中的错误，说明产生错误的原因，修改程序使其能正确执行。

(1)
```cpp
#include <iostream.h>
class Point{
    int x,y;
public:
    void Display()
    {   cout<<"x="<<x<<",y="<<y<<endl;    }
};
void main()
```

```
        {
                Point point1;
                point1.x=100;
                point1.y=150;
                point1.Display();
        }
(2)
        #include <iostream.h>
        class Point{
                int x,y;
        public:
                Point(int a,int b)
                {    x=a;y=b;    }
                friend Display()
                {    cout<<"x="<<x<<",y="<<y<<endl;    }
        };
        void main()
        {
                Point p(23,85);
                p.Display();
        }
(3)
        #include <iostream.h>
        class Point{
                int x,y;
        public:
                static int count;
                Point(int a,int b)
                {    x=a;y=b;count++;    }
                static void showcount()
                {    cout<<"count="<<count<<endl;    }
        };
        void main()
        {
                Point p1(20,30);
                Point p2(14,25);
                p1.showcount();
        }
```

(4)
```
#include <iostream.h>
class Point{
    int x,y;
    Point p;
public:
    Point(int a,int b)
    {    x=a;y=b;   }
    int GetX()
    {    return x;   }
    int GetY()
    {    return y;   }
}
void main()
{
    Point obj(10,20);
    cout<<obj.GetX()<<endl;
}
```

17. 分析下列程序，写出程序运行结果。

(1)
```
#include <iostream.h>
class A{
    int a,b;
public:
    A()
    {    a=b=0;
        cout<<"Default constructor called!"<<endl;
    }
    A(int m)
    {    a=b=m;
        cout<<"constructor1 called!"<<endl;
    }
    A(int m,int n)
    {    a=m;b=n;
        cout<<"constructor2 called!"<<endl;
    }
    void print()
    {    cout<<"a="<<a<<",b="<<b<<endl;   }
};
```

```
        A a1(3);
        void main()
        {
            A a2,a3(5,8);
            a1.print();
            a2.print();
            a3.print();
        }
```
(2)
```
        #include <iostream.h>
        class Point{
            int x;
            static int y;
        public:
            Point(int px=10)
            {    x=px;y++;  }
            static int getx(Point a)
            {    return a.x;  }
            static int gety(Point b)
            {    return b.y;  }
            void setx(int c)
            {    x=c;  }
        };
        int Point::y=0;
        void main()
        {
            Point p[5];
            for (int i=0;i<5;i++)
                p[i].setx(i);
            for (i=0;i<5;i++)
            {
                cout<<Point::getx(p[i])<<endl;
                cout<<Point::gety(p[i])<<endl;
            }
        }
```
(3)
```
        #include <iostream.h>
        class Point{
            int x,y;
```

```
    public:
        Point(int a=0)
        {    x=y=a;
            cout<<"con1 called!x="<<x<<",y="<<y<<endl;
        }
        Point(int a,int b)
        {    x=a;y=b;
            cout<<"con2 called!x="<<x<<",y="<<y<<endl;
        }
        ~Point()
        {    cout<<"destructor called!x="<<x<<",y="<<y<<endl;    }
};
void main()
{
    Point p1[4]={10,20,30};
    Point p2[4]={Point(1,2),Point(3,4)};
}
```

(4)
```
#include <iostream.h>
class Point
{
private:
    int X,Y;
public:
    Point(int x,int y)
    {    X=x;Y=y;cout<<"constructor called\n";}
    Point(Point& p)
    {
        X=p.X;
        Y=p.Y;
        cout<<"Copy_initialization Constructor Called.\n";
    }
    ~Point()
    {    cout<<"Destructor Called.\n";}
    friend Display(Point p)
    {    cout<<"x="<<p.X<<",y="<<p.Y<<endl;}
};
void main()
{
```

```
        Point p1(5,8);
        Point p2(p1);
        Point p3=p2;
        Point p4(0,0);
        p4=p3;
        Display(p4);
    }
```

18. 设计一个矩形类 Rectangle，其属性为矩形的左下角与右上角两点的坐标，并能实现矩形的移动及面积计算，在类中定义相应的构造函数。编写主函数测试设计的类。

19. 设计一个 Student 类，它包含以下数据成员：学生姓名、学号、性别和年龄，在类中定义构造函数初始化类的数据成员，添加相应成员函数以输出学生信息。编写主函数测试设计的类。

20. 将例 3.17 中的缺省构造函数删除，再运行此程序，会出现什么结果？

21. 修改习题 19 中的类，在其中添加一个静态成员，用于表示已创建对象的数量；添加两个静态成员函数，一个用于输出已创建对象的数量，一个用于输出一个学生的姓名和学号；修改构造函数以适应添加的成员。

22. 设计一个计数器类 Counter，在其中定义相应的成员以保存计数器的值，完成计数器的加 1 和减 1 操作，获取和输出计数器的值。编写主函数测试设计的类。

23. 设计一个时间类 Time，可以设置时间并进行时间的加减运算，在其中添加重载的友元函数以完成各种时间格式的输出。编写主函数测试设计的类。

24. 设计一个简单的计算器类，要求：
(1) 从键盘读入计算式；
(2) 可以进行加、减、乘和除运算；
(3) 运算要有优先级；
(4) 用户可以按任何运算符的出现顺序进行输入；
(5) 不限定用户输入的计算式的长度；
(6) 有排错功能，当用户输入错误时提示用户。

第 4 章　继承和派生类

继承性是面向对象程序设计的重要特征之一。它允许在现有类的基础上创建新的类，而不必从零开始设计每个类。新类继承了现有类的数据成员和成员函数，同时允许在新类中添加新的数据成员和成员函数或对从现有类中继承来的成员进行修改，使之更具体。继承性提供了无限重用程序代码的途径。

4.1　基类和派生类

4.1.1　继承

在现实世界中，对于既有共同特征又有细小差别的事物，人们一般采用层次分类的方法来描述它们之间的关系。例如，图 4-1 是一个食品的分类图。

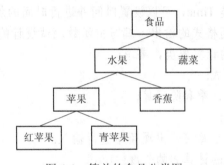

图 4-1　简单的食品分类图

在这个分类树中建立了一个层次结构，最高层是抽象程度最高的，是最具有普遍和一般意义的概念，下层具有了上层的特征，同时加入了自己的新特征。从上往下看，每一层都比上一层更具体。例如，苹果拥有水果的所有特征，水果拥有食品的特征，同时，苹果又具有区别于其它水果的特征。这样，在描述苹果时就不需要描述它所具有的食品和水果的特征，只需要描述它特有的特征。

图 4-1 体现了现实世界中的继承关系。所谓继承，就是从先辈处得到属性和行为特征。在面向对象程序设计中，继承就是一个新类可以从现有类获得特征，从现有类产生新类的过程就是类的派生。现有的用来派生新类的类称为基类或父类，由现有类派生出来的新类称为派生类或子类。

在类的派生过程中，派生出来的派生类也可以作为基类来继续派生新的类。此外，一个基类可以派生出多个派生类，这样就形成了类的层次结构。在类的层次结构中，直接派生出派生类的基类称为直接基类，基类的基类甚至更高层的基类称为间接基类。

在C++语言中，有两种继承：单一继承和多重继承。一个派生类只有一个直接基类，则该继承称为单一继承。图4-1的继承关系就是一个单一继承。一个派生类有多个直接基类，则该继承称为多重继承。例如，图4-2所示的继承是多重继承关系。

图4-2 多重继承示意图

在多重继承中，派生类继承了多个基类的特征。例如，输入/输出设备既有输入设备的特征和功能，又有输出设备的特征和功能。单一继承可以看作是多重继承的一个简单的特例，多重继承可以看作是多个单一继承的组合，它们之间有许多特性是相同的。

4.1.2 派生类的定义

首先介绍单一继承。在C++中，单一继承派生类的定义格式如下：

```
class 派生类名:继承方式 基类名
{
    派生类新增加的数据成员和成员函数说明
};
```

其中，"基类名"必须是已经存在的类的名称；"派生类名"则是新建的类的名称；"继承方式"决定了基类成员在派生类中的访问控制权限。继承方式也称为派生方式，分为三种：private、protected和public，分别表示私有继承、保护继承和公有继承。如果定义派生类时没有指定继承方式，系统缺省为private(私有继承)。

下面举例说明派生类的定义。在第3章中，我们定义了Point类，它代表屏幕上的一个点。现在需要定义代表屏幕上矩形的类Rectangle。对于屏幕上的矩形，当确定了其左上角的坐标和长宽后，矩形就唯一确定了，因此，Rectangle类中包含Point类中的成员，可以通过继承来实现。一般地，屏幕坐标原点位于左上角，水平方向坐标向右为正，垂直坐标向下为正。

【例4.1】 派生类的定义示例。

```
#include <iostream.h>
class Point
{
private:
    int x,y;
public:
    void SetPoint(int a,int b)
    {
        x=a;y=b;
    }
    int GetX()
    {
        return x;
```

```cpp
    }
    int GetY()
    {
        return y;
    }
    void Move(int offsetx,int offsety)
    {
        x=x+offsetx;
        y=y+offsety;
    }
};
class Rectangle:public Point
{
private:                                    //新增私有数据成员
    int w,h;
public:                                     //新增公有成员函数
    void SetRect(int x,int y,int a,int b)
    {
        SetPoint(x,y);                      //调用基类成员函数设置左上角坐标
        w=a;h=b;
    }
    int GetW()
    {
        return w;
    }
    int GetH()
    {
        return h;
    }
};
void main()
{
    Rectangle rect;
    rect.SetRect(5,8,30,40);
    rect.Move(3,2);
    cout<<"the left-top coordinate:("<<rect.GetX()<<','<<rect.GetY()<<')'<<endl;
    cout<<"the width of rectangle:"<<rect.GetW()<<endl;
    cout<<"the height of rectangle:"<<rect.GetH()<<endl;
}
```

程序运行结果为：
　　the left-top coordinate:(8,10)
　　the width of rectangle:30
　　the height of rectangle:40

在派生类 Rectangle 中继承了基类 Point 的所有成员(缺省的构造函数和析构函数除外)，同时还根据需要又增加了自己的数据成员和成员函数，因此，派生类 Rectangle 实际拥有的成员包括从基类继承来的成员和新增加的成员。在程序中，通过派生类的对象访问了成员函数 Move()、GetX()和 GetY()，而实际上访问的是从基类继承来的成员函数。这样，通过继承，就实现了代码的重用。

4.1.3 派生类对基类的扩充

面向对象程序设计的继承机制的主要目的是实现程序代码的重用和扩充。派生类一经定义，就继承了基类除构造函数和析构函数外的所有成员，实现了代码的重用。派生类是基类的子类，必然具有某些与基类不同的属性和行为，这就需要对基类进行调整、改造和扩充。这种调整、改造和扩充主要体现在两个方面：一是增加新的成员；二是对基类成员进行改造。

1. 派生类对基类的扩充

在派生类中增加新成员是实现派生类在功能上扩展的手段。在定义派生类时，根据需要，可在派生类中适当添加新的数据成员和成员函数，使派生类具有新的功能。另外，基类的构造函数和析构函数不能被派生类继承，因此对基类成员的初始化和程序结束时的清理工作，需要在派生类中加入新的构造函数和析构函数。

例如，在例 4.1 中，派生类 Rectangle 在基类 Point 的基础上增加了数据成员 w 和 h，用来描述矩形的属性长和宽，同时，为了获得矩形的长宽属性，新增了 GetH()和 GetW()两个成员函数。通过这些新增的成员，类 Rectangle 在基类 Point 的基础上具有了新的功能。

2. 派生类对基类成员的改造

派生类可以继承基类除构造函数和析构函数外的所有成员，部分继承过来的成员有可能在访问权限和功能上不能满足派生类的要求，此时就需要对基类成员进行改造。这种改造包括两个方面：一是改变基类成员的访问权限，这通过在定义派生类时的继承方式来控制；二是派生类可以对基类的数据成员和成员函数重新定义，即在派生类中定义与基类成员同名的数据成员或成员函数。由于作用域不同，派生类的成员覆盖了与基类同名的成员。对于成员函数，如果基类成员函数与派生类成员函数的函数名相同，参数也相同，则派生类的成员函数覆盖基类的同名成员函数，当参数不同时，即构成函数重载。

4.2 继承方式

派生类的继承方式有三种：公有继承、私有继承和保护继承。继承方式决定了基类成员在派生类中的访问属性，以及从这个派生类进一步派生出来的派生类的成员函数对这个基类成员的可访问性。这主要体现在两个方面：一是派生类中的新增成员对从基类继承来的成员的访问；二是派生类外部，通过派生类的对象对从基类继承来的成员的访问。

4.2.1 基类成员在派生类中的访问属性

基类成员可以有 public(公有)、private(私有)和 protected(保护)三种访问属性，基类自身的成员可以对基类中任何一个其它成员进行访问，但是通过基类的对象只能访问该类的公有成员。

当派生类继承了基类的成员后，基类中具有不同访问属性的成员由于继承方式不同，因而在派生类中的访问属性也有所不同。表 4-1 列出了基类成员在派生类中的访问属性。

表 4-1　基类成员在派生类中的访问属性

继承方式	在基类中的访问属性	在派生类中的访问属性
public (公有继承)	public	public
	protected	protected
	private	不可访问
private (私有继承)	public	private
	protected	private
	private	不可访问
protected (保护继承)	public	protected
	protected	protected
	private	不可访问

从表 4-1 中可以看出：

(1) 公有继承(public)方式：基类中的公有成员和保护成员在派生类中仍然是公有成员和保护成员，而基类的私有成员在派生类中不可访问。

(2) 保护继承(protected)方式：基类中的公有成员和保护成员在派生类中都变成保护成员，而基类的私有成员在派生类中不可访问。

(3) 私有继承(private)方式：基类中的公有成员和保护成员在派生类中都变成私有成员，而基类的私有成员在派生类中不可访问。

因此，无论哪种继承方式，基类中的私有成员在派生类中都不允许访问，基类中的公有成员和保护成员都可以被派生类中的成员直接访问。

4.2.2 派生类对象对基类成员的访问

根据前面基类成员在派生类中的访问权限，可得到派生类的对象对基类成员的访问规则如下。

1. 保护继承

在类定义中，在关键字 protected 下说明的成员称为保护成员。保护成员既具有私有的特性又具有公有的特性。

类中的保护成员与私有成员一样，不允许在类的外部通过类的对象进行访问，因此，保护成员具有私有的特性。例如：

```
class base
{
protected:
    int i;
};
void fun()
{
    base b;
    b.i=20;              //错,类的对象不能访问类的保护成员
}
```

因此,在非继承关系下,类的保护成员等同于私有成员。C++中提供保护成员主要用于类的继承关系中。

在派生类中,派生类的成员函数可以直接访问基类的保护成员,因此,保护成员又具有公有的特性。注意,即使在派生类中也不能通过基类的对象访问基类的保护成员。

【例4.2】 保护成员使用示例。

```
#include <iostream.h>
class base
{
protected:
    int i;
};
class derived:public base
{
public:
    void fun()
    {
        base b;
        b.i=20;          //错误,不能通过对象访问类的保护成员
    }
    void seti(int a)
    {
        i=a;             //正确,派生类中可以直接访问基类的保护成员
    }
};
void main()
{
    derived d;
    d.seti(5);
    d.fun();
}
```

在保护继承方式下,基类中的公有成员和保护成员在派生类中都变成保护成员,因此,派生类的其它成员可以直接访问它们,但通过派生类的对象不能访问基类的任何成员。

2. 公有继承

在公有继承方式下,基类中的公有成员和保护成员在派生类中仍然是公有成员和保护成员,因此,派生类的其它成员可以直接访问它们,但通过派生类的对象只能访问基类的公有成员,不能访问基类的保护成员和私有成员。

3. 私有继承

在私有继承方式下,基类中的公有成员和保护成员在派生类中都变成私有成员,因此,派生类的其它成员可以直接访问它们,但通过派生类的对象不能访问基类的任何成员。

下面通过示例说明对基类成员的访问规则。

【例 4.3】 继承方式对基类成员访问属性的影响示例。

```
#include <iostream.h>
class Base{                     //定义基类 Base
private:
    int x;
protected:
    int y;
public:
    void SetX(int a)
    {    x=a;    }
    void SetY(int a)
    {    y=a;    }
    void ShowX()
    {    cout<<"x="<<x; }
    void ShowY()
    {    cout<<"y="<<y; }
};
class Derived1:public Base      //定义派生类 Derived1,从基类 Base 公有继承
{
private:
    int d1;
public:
    void SetDerived1(int da,int db,int dc)
    {
        x=da;                   //①错误
        y=db;                   //②正确
        d1=dc;
    }
```

```cpp
        void Showd1()
        {    cout<<"d1="<<d1;       }
};
class Derived2:protected Base      //定义派生类Derived2,从基类Base保护继承
{
private:
    int d2;
public:
    void SetDerived2(int da,int db,int dc)
    {
        x=da;                //③错误
        y=db;                //④正确
        d2=dc;
    }
    void Showd2()
    {    cout<<"d2="<<d2;       }
};
class Derived3:private Base        //定义派生类Derived3,从基类Base私有继承
{
private:
    int d3;
public:
    void SetDerived3(int da,int db,int dc)
    {
        x=da;                //⑤错误
        y=db;                //⑥正确
        d3=dc;
    }
    void Showd3()
    {    cout<<"d3="<<d3;       }
};
class Dederived1:public Derived1   //定义派生类Dederived1
{
public:
    void Show()
    {
        ShowX();
        ShowY();
        Showd1();
```

```
        }
        void Set()
        {    SetDerived1(1,2,3);         }
};
class Dederived2:public Derived2           //定义派生类 Dederived2
{
public:
        void Show()
        {
            ShowX();
            ShowY();
            Showd2();
        }
        void Set()
        {    SetDerived2(10,20,30);         }
};
class Dederived3:public Derived3           //定义派生类 Dederived3
{
public:
        void Show()
        {
            ShowX();              //⑦错误
            ShowY();              //⑧错误
            Showd3();
        }
        void Set()
        {    SetDerived3(100,200,300);   }
};
void main()
{
    Dederived1 d11;
    d11.Set();
    d11.ShowX();              //正确
    d11.ShowY();              //正确
    d11.Showd1();
    Dederived2 d22;
    d22.Set();
    d22.ShowX();              //⑨错误
    d22.ShowY();              //⑩错误
```

```
            d22.Showd2();
        Dederived3 d33;
            d33.Set();
            d33.ShowX();                    //⑪错误
            d33.ShowY();                    //⑫错误
            d33.Showd3();
    }
```

本例中，类的继承关系如图 4-3 所示。

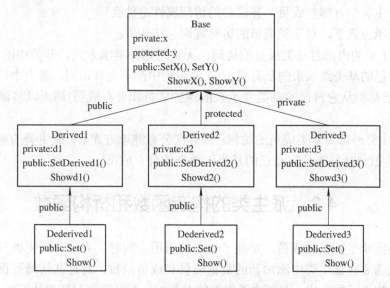

图 4-3 例 4.3 中类的继承关系

首先定义了基类 Base，其中有私有成员 x，保护成员 y 和公有成员函数 SetX()、SetY()、ShowX()和 ShowY()。

派生类 Derived1、Derived2 和 Derived3 分别从基类 Base 公有继承、保护继承和私有继承。因此，基类 Base 中的保护成员和公有成员在派生类 Derived1 中还是保护成员和公有成员，在派生类 Derived2 和 Derived3 中分别变为保护成员和私有成员。根据基类成员在派生类中的访问属性可知，无论何种继承方式，派生类中都不允许访问基类的私有成员，但可以访问基类的公有成员和保护成员。因此，语句后标号为①、③和⑤的语句，因为访问了基类 Base 的私有成员 x，所以出现错误；语句后标号为②、④和⑥的语句，因为访问了基类 Base 的保护成员，因此是正确的。

派生类 Dederived1 从基类 Derived1 公有继承，基类 Derived1 的保护成员和公有成员在派生类 Dederived1 中的访问属性不变，包括 Derived1 从其基类 Base 继承来的成员。由于 ShowX()、ShowY()在派生类 Dederived1 中是公有成员，因此，在函数 Dederived1::Show()中调用 ShowX()和 ShowY()是正确的。主函数 main 中通过对象 d11 调用也是正确的。

派生类 Dederived2 从基类 Derived2 公有继承，基类 Derived2 的保护成员和公有成员在派生类 Dederived2 中的访问属性不变，包括 Derived2 从其基类 Base 继承来的成员。由于 ShowX()、ShowY()在派生类 Dederived2 中是保护成员，因此，在函数 Dederived2::Show()

中调用 ShowX()和 ShowY()是正确的。由于通过类的对象不能访问类的保护成员,因此在主函数 main 中,语句后标号为⑨和⑩的语句通过对象 d22 调用类的保护成员是错误的。

派生类 Dederived3 从基类 Derived3 公有继承,基类 Derived3 的保护成员和公有成员在派生类 Dederived3 中的访问属性不变,包括 Derived3 从其基类 Base 继承来的成员。由于 ShowX()、ShowY()在派生类 Dederived3 中是私有成员,因此,在函数 Dederived3::Show() 中,语句后标号为⑦和⑧的语句调用 ShowX()和 ShowY()是错误的;在主函数 main 中,语句后标号为⑪和⑫的语句通过对象 d33 调用 ShowX()和 ShowY()也是错误的。

通过例 4.3 可知,如果类的层次关系较多,必须从最上层的基类开始分析,才能正确了解下层的派生类中有哪些成员,各成员的访问属性是什么。

不同继承方式下,对基类成员的访问规则总结如下:

(1) 派生类的内部对基类成员的访问:无论是哪种继承方式,基类中的私有成员(包括基类从它自己的基类继承来的私有成员)在派生类中都不允许访问,基类中的公有成员和保护成员(包括基类从它自己的基类继承来的保护成员和公有成员)都可以被派生类中的成员直接访问。

(2) 派生类外部对基类成员的访问:只有在公有继承方式下,派生类的对象才能访问基类的公有成员(包括基类从它自己的基类继承来的公有成员)。

4.3 派生类的构造函数和析构函数

派生类继承了基类的成员,实现了代码的重用。同时,为了使派生类具有新的功能和属性,一般需要在派生类中添加新的数据成员和成员函数,对这些新增数据成员的初始化由派生类的构造函数完成。在创建派生类的对象时,不仅需要对新增数据成员进行初始化,还要对派生类从基类继承下来的数据成员进行初始化。由于构造函数不能被继承,因此,基类成员的初始化还必须由基类的构造函数来完成,即由派生类的构造函数通过调用基类的构造函数来初始化基类中的成员。所以,在定义派生类的构造函数时,不仅要包含对自己新增数据成员的初始化,还要包含对基类构造函数的适当调用,使基类的数据成员得以初始化。如果派生类中包含有对象成员,则派生类的构造函数还应包含对对象成员的初始化。同样,对撤销的派生类对象的扫尾、清理工作由派生类的析构函数来完成。

4.3.1 构造函数

在 C++中,派生类构造函数的一般形式为:
派生类名::派生类名(参数总表):基类名(参数表 1),对象成员名 1(参数表 2),
      对象成员名 2(参数表 3),…
 {
  派生类新增成员的初始化语句
 }
其中,初始化基类成员的"参数表 1"和初始化对象成员的"参数表 2"、"参数表 3"等中的参数一般来源于派生类构造函数的"参数总表",它们可以是任意合法的表达式。

在定义派生类对象时,构造函数的执行顺序如下:
(1) 调用基类的构造函数。
(2) 若派生类中有对象成员,则调用对象成员的构造函数。当有多个对象成员时,调用顺序由它们在派生类中声明的顺序决定。
(3) 调用派生类构造函数。

【例 4.4】 派生类构造函数示例。

```
#include <iostream.h>
class Point
{
protected:
    int x,y;
public:
    Point(int a,int b)
    {
        x=a;y=b;
        cout<<"Point constructor:"<< ' ('<<x<<', '<<y<<') ' <<endl;
    }
    ~Point()
    {
        cout<<"Point destructor:"<< ' ('<<x<<', '<<y<<') ' <<endl;
    }
};
class Circle:public Point
{
protected:
    int radius;
public:
    Circle(int a,int b,int r):Point(a,b)           //派生类构造函数
    {
        radius=r;
        cout<<"Circle constructor:"<< ' ('<<x<<', '<<y<<', '   //接下一行
            <<radius<<')'<<endl;
    }
    ~Circle()
    {
        cout<<"Circle destructor:"<< ' ('<<x<<', '<<y<<', '    //接下一行
            <<radius<<')'<<endl;
    }
};
```

```
class Cylinder:public Circle
{
protected:
    int height;
    Circle C;
public:
    Cylinder(int a,int b,int r,int h):Circle(a,b,r),C(10,20,30)
    {
        height=h;
        cout<<"Cylinder constructor:"<< ' ('<<x<<', '<<y<<', '          //接下一行
            <<radius<<', '<<height<<') '<<endl;
    }
    ~Cylinder()
    {
        cout<<"Cylinder destructor:"<< ' ('<<x<<', '<<y<<', '           //接下一行
            <<radius<<', '<<height<<') '<<endl;
    }
};
void main()
{
    Cylinder cylinder(100,200,300,400);
}
```

程序运行结果为：

Point constructor:(100,200)	①
Circle constructor:(100,200,300)	②
Point constructor:(10,20)	③
Circle constructor:(10,20,30)	④
Cylinder constructor:(100,200,300,400)	⑤
Cylinder destructor:(100,200,300,400)	⑥
Circle destructor:(10,20,30)	⑦
Point destructor:(10,20)	⑧
Circle destructor:(100,200,300)	⑨
Point destructor:(100,200)	⑩

本例中，首先定义了点类 Point；然后定义圆类 Circle，它从 Point 公有继承；最后定义圆柱体类 Cylinder，它从类 Circle 公有继承。需要说明的是，类 Cylinder 中定义了一个类 Circle 的对象成员，仅仅只是为了说明构造函数的执行顺序。

在定义类 Cylinder 的对象时，系统先调用基类 Circle 的构造函数，由于 Circle 又是一个 Point 的派生类，因此先调用 Point 的构造函数，得到运行结果的第①、②行输出。接下

来调用对象成员 c 的构造函数，同样的原因，得到运行结果的第③、④行输出。最后调用派生类 Cylinder 的构造函数，输出第⑤行。

说明：

(1) 若基类中有缺省构造函数时，在派生类构造函数的定义中可以省略对基类构造函数的调用；若对象成员所在的类有缺省构造函数时，在派生类构造函数的定义中也可以省略对对象成员的初始化调用。此时系统将自动调用它们的缺省构造函数，对基类成员和对象成员进行初始化。

(2) 若基类或对象成员所在类只有带参数的构造函数，则派生类中必须定义构造函数，即使所定义的构造函数的函数体为空，因为它仅仅起参数传递和调用基类的构造函数或对象成员所在类的构造函数的作用。

(3) 如果派生类的基类也是一个派生类，则派生类只需负责其直接基类的初始化，依次上溯。例如，在例 4.4 中，当调用 Cylinder 的直接基类 Circle 的构造函数时，先要调用 Point 的构造函数 Point。

4.3.2 析构函数

派生类的析构函数的功能是在该类的对象被撤销之前进行一些必要的清理工作。

析构函数也不能被继承。但由于析构函数没有参数，因此，派生类析构函数的定义与没有继承关系的类中析构函数的定义完全相同，析构函数中只需对派生类新增的非对象成员进行清理即可。当派生类的对象被撤销时，系统会自动调用基类及对象成员的析构函数来对基类及对象成员进行清理。

派生类析构函数的执行顺序与构造函数的执行顺序相反，按如下顺序执行：

(1) 先执行派生类的析构函数。
(2) 再执行对象成员的析构函数。
(3) 最后执行基类的析构函数。

从例 4.4 的运行结果可以验证析构函数的执行顺序。

4.4 多重继承

C++语言不仅支持单一继承，还支持多重继承。当一个派生类具有多个直接基类时，该继承称为多重继承。多重继承可以看作是单一继承的组合和扩展。

4.4.1 多重继承的定义

多重继承定义的一般形式如下：

```
class 派生类名:继承方式 1 基类名 1,继承方式 2 基类名 2,…,继承方式 n 基类名 n
{
    派生类新增加的数据成员和成员函数说明
};
```

派生类的多个基类之间用逗号分隔，并且要为每个基类分别指定继承方式，规定派生类从各个基类分别按什么方式继承。多重继承的继承方式也有 public、protected 和 private 三种，缺省为 private。

在多重继承中，继承方式对各基类成员在派生类中的访问属性的影响与单一继承相同。由于多重继承中派生类有多个基类且每个基类都有自己的继承方式，因此，对于派生类继承了哪些基类成员、各成员的访问属性是什么，要对派生类的所有基类根据其继承方式分别进行分析。

【例 4.5】 多重继承示例。

```
#include <iostream.h>
class BaseA
{
protected:
    int a;
public:
    void SetA(int x)
    {   a=x;   }
    void ShowA()
    {   cout<<"a="<<a<<endl;   }
};
class BaseB
{
protected:
    int b;
public:
    void SetB(int y)
    {   b=y;   }
    void ShowB()
    {   cout<<"b="<<b<<endl;   }
};
class DerivedC:public BaseA,private BaseB
{
private:
    int c;
public:
    void SetC(int z)
    {   c=z;   }
    void SetABC(int x,int y,int z)
    {   a=x;b=y;c=y;   }
    void ShowC()
    {   cout<<"c="<<c<<endl;   }
```

```
        void ShowABC()
        {
            ShowA();
            ShowB();
            cout<<"c="<<c<<endl;
        }
};
void main()
{
    DerivedC obj;
    obj.SetA(10);
    obj.ShowA();
    obj.SetB(20);          //错误。SetB()在派生类中是私有成员
    obj.ShowB();           //错误。ShowB()在派生类中是私有成员
    obj.SetC(30);
    obj.ShowC();
    cout<<"----------------"<<endl;
    obj.SetABC(100,200,300);
    obj.ShowABC();
}
```

程序中首先定义了两个基类 BaseA 和 BaseB，派生类 DerivedC 是一个多重继承，是从类 BaseA 公有派生和从类 BaseB 私有派生出来的。类之间的关系可以用图 4-4 的有向无环图来表示。

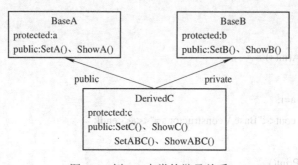

图 4-4　例 4.5 中类的继承关系

根据基类成员在派生类中的访问属性，基类 BaseA 的公有成员在派生类 DerivedC 中仍然是公有成员，基类 BaseB 中的公有成员在类 DerivedC 中变为私有成员。因此，在主函数中，通过派生类的对象 obj 调用基类 BaseA 的成员函数 SetA()和 ShowA()是正确的，通过 obj 调用基类 BaseB 的成员函数 SetB()和 ShowB()是错误的。

删除主函数中标有错误的两条语句，程序运行结果如下：

a=10
c=30

```
----------------
a=100
b=200
c=200
```

4.4.2 多重继承派生类的构造函数

多重继承派生类的构造函数的一般形式如下：

派生类名::派生类名(参数总表):基类名 1(参数表 1),…,基类名 n(参数表 n),
   对象成员名 1(对象参数表 1),…,对象成员名 m(对象参数表 m)
{
  派生类新增成员的初始化语句
}

派生类的构造函数必须负责对所有基类构造函数的调用。若某个基类有缺省构造函数，则派生类构造函数后的初始化列表中可以省略对该基类构造函数的调用。

多重继承时构造函数的执行顺序与单一继承相同，先执行基类的构造函数，再执行对象成员的构造函数，最后执行派生类的构造函数。各个基类构造函数的执行顺序取决于定义派生类时所指定的各个基类的顺序，而与派生类构造函数的成员初始化列表中给定的顺序无关。

【例 4.6】 多重继承派生类的构造函数示例。

```cpp
#include <iostream.h>
class BaseA
{
private:
    int a;
public:
    BaseA(int i)
    {
        a=i;
        cout<<"BaseA constructor.a="<<a<<endl;
    }
    void Print()
    {   cout<<a<<endl;   }
};
class BaseB
{
private:
    int b;
public:
    BaseB(int j)
```

```
        {
            b=j;
            cout<<"BaseB constructor b="<<b<<endl;
        }
        void Print()
        {   cout<<b<<endl;  }
};
class AloneC
{
private:
    int c;
public:
    AloneC(int k)
    {
        c=k;
        cout<<"AloneC constructor c="<<c<<endl;
    }
    int GetC()
    {   return c;   }
};
class Derived:public BaseA,public BaseB
{
private:
    int d;
    AloneC C;
public:
    Derived(int i,int j,int k,int l):BaseB(i),BaseA(j),C(k)
    {
        d=l;
        cout<<"Derived constructor d="<<d<<endl;
    }
    void Print()
    {
        BaseA::Print();
        BaseB::Print();
        cout<<d<<","<<C.GetC()<<endl;
    }
};
void main()
```

```
        {
            Derived dd(6,7,8,9);
            dd.Print();
            BaseB bb(4);
            bb=dd;
            bb.Print();
            BaseA aa(2);
            aa=dd;
            aa.Print();
        }
```

程序运行结果如下：

```
BaseA constructor.a=7
BaseB constructor b=6
AloneC constructor c=8
Derived constructor d=9
7
6
9,8
BaseB constructor b=4
6
BaseA constructor.a=2
7
```

程序中定义了 4 个类,其中类 Derived 是一个多重继承派生类,它有两个基类:类 BaseA 和类 BaseB,都采用公有继承。

在定义派生类 Derived 的构造函数时,成员初始化列表中基类 BaseA 和 BaseB 的调用顺序与定义类 Derived 时指定的顺序不同。从程序运行结果看,基类构造函数的调用顺序取决于定义派生类时指定的基类顺序。

由于在基类 BaseA 和 BaseB 中都定义了成员函数 Print(),在派生类 Derived 的成员函数 Print()中,为了区分调用的是哪一个类的 Print(),采用了成员名限定方式进行调用：

  BaseA::Print();

  BaseB::Print();

在主函数中,分别定义了派生类 Derived 和基类 BaseA、BaseB 的对象,并将派生类的对象赋值给基类的对象。在 C++中,这种赋值是合法的。反过来,基类对象赋值给派生类的对象是非法的。

4.4.3 二义性

在派生类中对基类成员的访问必须是唯一的。但是,在多重继承的情况下,可能会造成派生类对基类成员的访问出现不唯一,即产生二义性。

在多重继承下,产生二义性的情况主要有以下两种。

1. 调用不同基类的同名成员时产生二义性

在多重继承情况下，派生类有多个基类，如果这些基类中有同名的成员，则在派生类中和派生类的对象调用同名成员时，可能产生二义性。例如：

【例 4.7】 调用不同基类的同名成员时产生二义性的示例。

```
#include<iostream.h>
class A
{
public:
    void f()
    {   cout<<"A::f()"<<endl; }
};
class B
{
public:
    void f()
    {   cout<<"B::f()"<<endl; }
    void g()
    {   cout<<"B::g()"<<endl; }
};
class C:public A,public B
{
public:
    void g()
    {
        f();                    //非法，产生二义性
        cout<<"C::g()"<<endl;
    }
    void h()
    {   g();  }                 //正确，不产生二义性
};
void main()
{
    C c;
    c.f();                      //非法，产生二义性
    c.g();                      //正确，不产生二义性
}
```

在类 C 的成员函数 g() 中对成员函数 f() 的调用产生了二义性，因为不知道调用的是类 A 中的还是类 B 中的。解决的办法是使用作用域运算符，采用成员名限定。例如：

　　A::f();

或者

  B::f();

  同样，在主函数中，派生类 C 的对象 c 调用成员函数 f()时也产生了二义性：

    c.f();

要消除二义性，也可以采用成员名限定的方法，指定调用的是哪一个类的成员函数：

    c.A::f();

或者

    c.B::f();

  在类 C 的成员函数中对 g()的调用和主函数中对 g()的调用不产生二义性。因为，虽然类 B 中有成员函数 g()，类 C 中也有成员函数 g()，但一个在基类中，一个在派生类中。C++中规定，派生类的成员支配基类中的同名成员。因此，两处调用的都是类 C 的成员函数 g()。

  2. 访问共同基类的成员时产生二义性

  当一个派生类有多个直接基类，而这些直接基类又有一个共同的基类时，对这个共同基类中成员的访问会出现二义性。

  【例 4.8】 多重继承情况下对共同基类成员的访问产生二义性的示例。

```cpp
#include <iostream.h>
class Base
{
protected:
    int a;
public:
    Base()
    {
        a=10;
        cout<<"Base a="<<a<<endl;
    }
};
class Base1:public Base
{
public:
    Base1()
    {
        a=a+10;
        cout<<"Base1 a="<<a<<endl;
    }
};
class Base2:public Base
{
```

```
public:
    Base2()
    {
        a=a+20;
        cout<<"Base2 a="<<a<<endl;
    }
};
class Derived:public Base1,public Base2
{
public:
    Derived()
    {
        cout<<"Derived a="<<a<<endl;          //非法，访问 a 时产生二义性
    }
};
void main()
{
    Derived obj;
}
```

上述程序中，派生类 Derived 从类 Base1 和 Base2 派生而来，而类 Base1 和类 Base2 都从类 Base 派生而来。所以类 Base1 和类 Base2 均有数据成员 a。当在派生类 Derived 中访问 a 时，系统不知道访问的是类 Base1 的成员还是类 Base2 的成员，因此产生了二义性。为了避免产生二义性，也可以使用成员名限定方式，不过这时应该用其直接基类进行限定。例如，将类 Derived 的构造函数改成如下形式：

```
Derived()
{
    cout<<"Base1::a="<<Base1::a<<endl;
    cout<<"Base2::a="<<Base2::a<<endl;
}
```

这样修改后，程序运行结果为：

Base a=10
Base1 a=20
Base a=10
Base2 a=30
Base1::a=20
Base2::a=30

从程序运行结果看，当建立派生类 Derived 的对象时，间接基类 Base 在内存中有两份实例。这时，类的层次关系如图 4-5 所示。因此在派生类中直接访问类 Base 的成员 a 时会产生二义性。

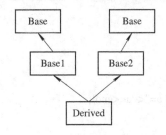

图 4-5　例 4.8 类的层次关系

由于多重继承中存在二义性,因此,一个类不能从同一个类中直接继承一次以上。例如:

  class A:public B,public B
  {　…　};

是错误的。

4.5　虚 基 类

4.5.1　虚基类的概念

在例 4.8 中, Derived 类的对象中包含两个 Base 类的实例,一方面浪费内存空间,另一方面在派生类中访问 Base 类的成员时会产生二义性。如果能让 Derived 类的对象中只保存 Base 类的一个实例,则可避免二义性。

在多重继承中,C++提供了虚基类来解决这种二义性问题。虚基类不是一种新的类型的类,而是一种继承方式。如果采用虚基类方式定义派生类,则在建立派生类的对象时,类层次结构中某个虚基类的成员只在内存中出现一次,即基类的一个实例被所有派生类的对象所共享。

声明虚基类的方式是在定义派生类时在基类名的前面加上关键字 virtual。声明虚基类的一般形式为:

  class 派生类名:virtual 继承方式 基类名
  {
    ⋮
  }

关键字 virtual 与继承方式的位置顺序可以任意,但要放在基类名前。

【例 4.9】　对例 4.8 使用虚基类进行改写。

  #include <iostream.h>
  class Base
  {
  protected:
    int a;
  public:

```
        Base()
        {
            a=10;
            cout<<"Base a="<<a<<endl;
        }
};
class Base1:virtual public Base
{
public:
        Base1()
        {
            a=a+10;
            cout<<"Base1 a="<<a<<endl;
        }
};
class Base2:virtual public Base
{
public:
        Base2()
        {
            a=a+20;
            cout<<"Base2 a="<<a<<endl;
        }
};
class Derived:public Base1,public Base2
{
public:
        Derived()
        {
            cout<<"Derived a="<<a<<endl;        //正确，访问 a 时不会产生二义性
            cout<<"Base1::a="<<Base1::a<<endl;
            cout<<"Base2::a="<<Base2::a<<endl;
        }
};
void main()
{
        Derived obj;
}
```

程序运行结果如下:

  Base a=10
  Base1 a=20
  Base2 a=40
  Derived a=40
  Base1::a=40
  Base2::a=40

  程序中,在定义类 Base1 和类 Base2 时,使用关键字 virtual 将基类 Base 说明为它们的虚基类,这时,使用类 Derived 创建对象时,在内存中就只有基类 Base 的一个实例。从程序运行结果可以看出,类 Base1 和类 Base2 中的数据成员 a 的值相同。本例四个类的层次关系如图 4-6 所示。

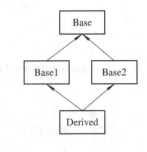

图 4-6　例 4.9 中类的层次关系

4.5.2　虚基类的初始化

  虚基类成员的初始化由虚基类的构造函数完成。在例 4.9 中,派生类 Derived 有两个基类 Base1 和 Base2,它们都由 Base 派生而来,那么如何才能保证在创建派生类的对象时,只生成一个虚基类 Base 的实例呢?

  在类的多层次继承结构中,一个类既可以作为其它类的基类,又可能是由另外的类派生而来。将多层次继承结构中用来创建对象的类称为最近派生类。C++规定,虚基类成员的初始化由最近派生类的构造函数调用虚基类的构造函数完成。为了保证虚基类只被初始化一次,规定在创建对象的最近派生类的构造函数调用虚基类的构造函数后,该派生类的基类的构造函数中将忽略对虚基类构造函数的调用。

  在类的多层次继承结构中,任何一个类都有可能用来创建对象,即任何一个类都有可能是最近派生类。为了保证虚基类的构造函数由最近派生类的构造函数调用,所有由虚基类作为直接或间接基类的派生类的构造函数的成员初始化列表中必须包含对虚基类构造函数的调用。如果没有列出对虚基类构造函数的调用,则虚基类中必须有缺省构造函数。

  C++中又规定,在派生类构造函数的成员初始化列表中,出现的虚基类构造函数先于非虚基类构造函数的调用。

  【例 4.10】　虚基类初始化示例。

```
#include <iostream.h>
class Base{
    int x;
public:
    Base(int sa)
    {
        x=sa;
        cout<<"Constructing Base.x="<<x<<endl;
    }
```

```cpp
};
class A:public Base{
    int a;
public:
    A(int sa,int sb):Base(sa)
    {
        a=sb;
        cout<<"Constructing A.a="<<a<<endl;
    }
};
class B:virtual public Base{
    int b;
public:
    B(int sa,int sb):Base(sa)
    {
        b=sb;
        cout<<"Constructing B.b="<<b<<endl;
    }
};
class C:virtual public Base{
    int c;
public:
    C(int sa,int sb):Base(sa)
    {
        c=sb;
        cout<<"Constructing C.c="<<c<<endl;
    }
};
class D:public A,public B,public C
{
    int d;
public:
    D(int sa,int sb,int sc,int sd,int se,int sf,int sg,int sh)  //接下一行
        :A(sa,sb),B(sc,sd),C(se,sf),Base(sg)
    {
        d=sh;
        cout<<"Constructing D.d="<<d<<endl;
    }
};
```

```
void main()
{
    D obj(1,2,3,4,5,6,7,8);
}
```

程序运行结果为：

Constructing Base.x=7   ①
Constructing Base.x=1   ②
Constructing A.a=2   ③
Constructing B.b=4   ④
Constructing C.c=6   ⑤
Constructing D.d=8   ⑥

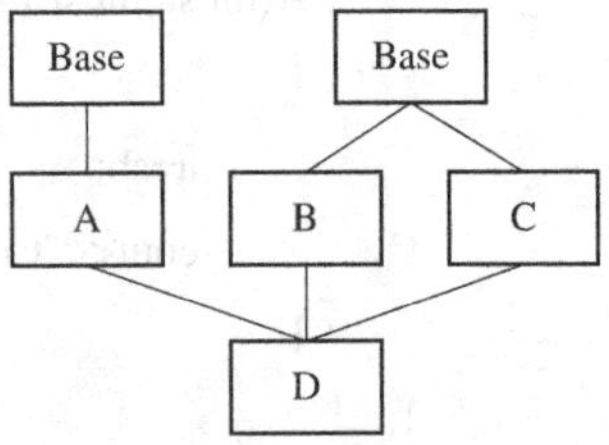

图 4-7　例 4.10 中类的层次关系

程序中，类的层次关系如图 4-7 所示。

类 Base 既作为类 A 的非虚基类，又作为类 B 和类 C 的虚基类，类 D 由类 A、类 B 和类 C 共同派生。由于类 B、类 C 和类 D 都由虚基类直接或间接派生，因此，在类 B、类 C 和类 D 的构造函数中都包含了虚基类 Base 的构造函数调用。

在主函数中，类 D 创建了对象，因此，类 D 就是最近派生类。创建对象时，先调用虚基类 Base 的构造函数，程序输出第①行，然后调用类 A 的构造函数，程序输出第②行和第③行，再分别调用类 B 和类 C 的构造函数，程序输出第④行和第⑤行，最后调用类 D 的构造函数，程序输出第⑥行。从程序运行结果看，在调用类 B 和类 C 的构造函数时，没有调用它们的基类 Base 的构造函数，这样就保证了类 D 的对象中只包含一个虚基类 Base 的实例。

另外，从程序运行结果看，在派生类构造函数的成员初始化列表中，出现的虚基类构造函数先于非虚基类构造函数的调用。

4.6　赋值兼容规则

赋值兼容规则是指在公有继承情况下，一个派生类的对象可以用于基类对象使用的地方。通过公有继承，派生类继承了基类除构造函数和析构函数外的所有成员，而且所有成员的访问属性保持不变。因此，公有派生类实际上就具备了基类的所有特性，凡基类能解决的问题，公有派生类也能解决。

例如，如果类 Derived 是从类 Base 公有继承的，则赋值兼容规则包括如下三种情况：
(1) 派生类的对象可以赋值给基类对象。

　　Derived d;
　　Base b;
　　b=d;

赋值时用派生类对象中从基类继承来的成员，逐个赋值给基类对象的成员。
(2) 派生类的对象可以初始化基类的引用。

　　Derived d;
　　Base &rb=d;

(3) 派生类对象的地址可以赋值给指向基类的指针。
    Derived d;
    Base *pb=&d;

通过用派生类对象初始化的基类的引用或者指向派生类对象的基类的指针,只能访问派生类对象中从基类继承来的成员,而不能访问派生类中定义的成员。

【例 4.11】 赋值兼容规则使用示例。

```
#include <iostream.h>
class Point
{
protected:
    int x,y;
public:
    Point(int a,int b)
    {
        x=a;y=b;
    }
    void Show()
    {
        cout<<"Point:("<<x<<', '<<y<<') '<<endl;
    }
};
class Circle:public Point
{
private:
    int r;
public:
    Circle(int a,int b,int c):Point(a,b),r(c)
    { }
    void Show()
    {
        cout<<"the centre of circle:("<<x<<','<<y<<").radius:"<<r<<endl;
    }
};
void main()
{
    Point p1(4,4);
    p1.Show();
    Circle c1(40,40,40);
    p1=c1;                          //派生类对象赋值给基类对象
```

```
        p1.Show();
        Circle c2(50,50,50);
        Point &p2=c2;                    //用派生类对象初始化基类的引用
        p2.Show();
        Circle c3(60,60,60);
        Point *p3=&c3;                   //将派生类对象地址赋值给基类指针
        p3->Show();
        Point *p4=new Circle(70,70,70);  //用指向派生类对象的指针初始化基类指针
        p4->Show();
    }
```

程序运行结果为：

  Point:(4,4)

  Point:(40,40)

  Point:(50,50)

  Point:(60,60)

  Point:(70,70)

虽然在基类和派生类中定义了同名的成员函数 Show()，但从程序运行结果看，程序中对函数 Show()的调用都调用的是基类的成员，即定义对象、引用和指针时的类决定了通过它们访问的是该类的成员。

注意，赋值兼容规则只在公有继承时成立。另外，赋值兼容规则中的赋值或初始化不能反方向进行，即基类对象不能赋值给派生类的对象，基类对象不能初始化派生类的引用，基类对象的地址不能赋值给指向派生类的指针。

习　题

1. C++中的继承分为哪两类？继承方式又分为哪三种？三种继承方式有何特点？
2. 三种继承方式对基类成员的访问属性分别有什么影响？
3. 保护成员有哪些特性？三种继承方式对基类保护成员的访问属性有什么影响？
4. 派生类的构造函数和析构函数与基类的构造函数和析构函数之间有什么关系？它们的调用顺序是怎样的？
5. 什么是多重继承？多重继承中派生类构造函数如何定义？
6. 多重继承中，哪些情况下会产生二义性？如何消除？
7. C++中为什么要引入虚基类？带有虚基类的派生类的构造函数有什么特点？
8. C++中对虚基类构造函数的调用有什么规定？
9. 什么是赋值兼容规则？赋值兼容规则包含哪些情况？
10. 指出下列程序中的错误，说明产生错误的原因，修改程序使其能正确执行。

(1)
```
#include <iostream.h>
class Point{
protected:
    int x,y;
public:
    Point(int a,int b){ x=a;y=b; }
    int GetX(){ return x; }
    int GetY(){ return y; }
};
class Circle:public Point{
protected:
    int r;
public:
    Circle(int a=0,int b=0,int c=0){    r=c; }
    int GetR(){ return r; }
};
void main()
{
    Circle c(10,20,30);
    cout<<"x="<<c.GetX()<<",y="<<c.GetY()<<",r="<<c.GetR()<<endl;
}
```

(2)
```
#include <iostream.h>
class A{
    int a;
public:
    void SetData(int x){  a=x; }
    int  GetData(){ return a;  }
};
class B{
    int b;
public:
    void SetData(int x){  b=x; }
    int  GetData(){ return b;  }
};
class C:public A,public B{
public:
    void SetData(int x,int y){   a=x;b=y; }
```

```
    };
    void main()
    {
        C c;
        c.SetData(20,50);
        cout<<"a="<<c.GetData()<<",b="<<c.GetData()<<endl;
    }
```

11. 定义一个 Person 类，其中有数据成员姓名、性别和年龄。从 Person 派生出一个教师类 Teacher，新增数据成员专业、职称和主讲课程；从 Person 派生出一个学生类 Student，新增数据成员学号、专业。为各个类添加相应的成员函数以对各数据成员进行处理。编写主函数测试派生类。

12. 定义日期类 Date 和时间类 Time，在两个类中添加成员函数可以完成日期和时间的增加和减少功能。从 Date 和 Time 派生一个 DateAndTime 类，添加相应的成员函数，当时间递增到新的一天和递减到新的一天时能够修改日期值。

13. 定义一个雇员类 Emloyee，其中包含姓名、个人编号、级别和企业员工总编号(用静态成员)。从 Employee 派生出经理类 Manager 和销售员类 Salesman，然后从 Manager 和 Salesman 类共同派生出类 SalesManager。给各个派生类新增必要的数据成员。给各个类添加必要的成员函数，完成对数据成员的设置并输出人员信息。编写主函数测试各派生类。(提示：利用虚基类。)

第 5 章　多态性和虚函数

多态性是面向对象程序设计的重要特征之一。多态性是指不同类型的对象接收到相同的消息时产生不同的响应。所谓消息，是指对类的成员函数的调用，产生不同的响应是指调用了不同的函数，即用同样的接口访问功能不同的函数，从而实现"一个接口，多种方法"。例如，汽车中的方向盘就是一个多态性示例。这里的消息就是对方向盘的操作，如左转等，不同的响应就是不同类型或不同品牌的汽车内部的工作方式和原理不同。但无论是哪种工作机制，向左转方向盘就会使汽车向左转弯。因此，接口一致的好处是，一旦知道如何操作方向盘，即可以驾驶所有类型的汽车。

C++中有两种多态性：静态多态性(也称为编译时多态性)和动态多态性(也称为运行时多态性)。静态多态性是指在调用相同名称的函数时，编译器在编译阶段就能够根据函数参数的类型的不同或个数的不同来确定要调用的函数。静态多态性通过函数重载和运算符重载来实现。动态多态性是指在函数名、函数参数和返回类型都相同的情况下，在编译阶段不能确定要调用的函数，只能在程序运行时才能确定要调用的函数。动态多态性通过继承和虚函数来实现。

5.1　函数重载

所谓函数重载，是指对同一个函数名定义多个不同的实现。关于普通函数的重载在 2.5.5 小节已经做过介绍。在类中也可以对成员函数进行重载。在同一个类中，可以定义参数类型不同或参数个数不同的重载函数。除了普通成员函数可以重载外，构造函数也可以重载，构造函数重载给对象的初始化提供了多种方式，提高了用户使用的灵活性。关于构造函数和其它成员函数的重载在第 3 章中已经做过介绍，这里不再赘述。另外，在类的继承关系中，在基类和派生类中也可以对成员函数进行重载。在基类和派生类中的函数重载有两种情况：一种是参数类型或个数不同的重载，这种重载通过函数调用时的参数来决定调用的是基类中的成员函数还是派生类中的成员函数；另一种是在基类和派生类中定义的成员函数的函数名、函数参数和返回类型完全相同，只是它们属于不同的类。

【例 5.1】　基类和派生类中同名成员使用示例。

```
#include <iostream.h>
const double PI=3.14159;
class Point
{
private:
    int x,y;
```

```cpp
public:
    Point(int a,int b)
    {    x=a;y=b;   }
    double Area()
    {    cout<<"Point's area:";
        return 0.0;
    }
};
class Circle:public Point
{
private:
    int r;
public:
    Circle(int a,int b,int c):Point(a,b)
    {    r=c;   }
    double Area()
    {
        cout<<"Circle's area:";
        return PI*r*r;
    }
};
void main()
{
    Point p(10,20);
    cout<<p.Area()<<endl;
    Circle c(20,30,40);
    cout<<c.Area()<<endl;
    cout<<c.Point::Area()<<endl;
    Point *pp=&p;
    cout<<pp->Area()<<endl;
    pp=&c;
    cout<<pp->Area()<<endl;
}
```

程序运行结果为：

Point's area:0

Circle's area:5026.54

Point's area:0

Point's area:0

Point's area:0

程序中，在基类 Point 和派生类 Circle 中分别定义了函数名、函数参数和返回类型完全相同的成员函数 Area()。对于这种同名成员，派生类中的成员覆盖了基类中的同名成员，在派生类中使用这个名字或通过派生类的对象使用这个名字，意味着访问在派生类中的成员。因此，主函数中的函数调用 c.Area()调用的是派生类中的成员函数 Area()。

为了在派生类中或通过派生类的对象使用基类中的同名成员，必须使用成员名限定的方式，即在成员名之前加上基类名和作用域运算符"::"。例如，主函数中的函数调用 c.Point::Area()调用的是基类 Point 中的成员函数 Area()。

另外，根据赋值兼容规则，在公有派生的情况下，基类的指针可以指向派生类的对象。例如，基类指针 pp 在主函数中指向了派生类的对象 c。但通过这个指针调用基类与派生类中的同名成员时，调用的还是基类的成员，并没有因为当前指针指向派生类的对象而调用派生类中的同名成员。也就是说，无论此指针是指向基类的对象还是派生类的对象，通过这个指针调用的同名成员函数都是定义该指针时的类的成员。

5.2 运算符重载

运算符重载是对已有的运算符赋予多重含义，同一个运算符作用于不同类型的数据或不同个数的操作数将导致不同的行为发生。实际上，在 C++中我们已经见到过运算符的重载。例如，运算符"<<"既可以作为流的插入运算符，又可以作为左移运算符，系统根据运算符操作数的类型自动确定它是何种运算符；运算符"-"既可以作为减法运算符，又可以作为负号运算符，系统根据运算符操作数的个数自动确定它是何种运算符。

C++中预定义的运算符的操作数只能是基本数据类型，但是，对于许多用户自定义类型，比如结构、类等，也需要有类似的运算操作，这时就需要对运算符重新定义，使其适应新的数据类型。

在 C++中，当表达式中使用预定义的运算符时，编译器将这个表达式作为一个函数调用进行处理。例如，对于表达式

  5+8

编译器将其中的运算符"+"解释成函数而调用，成为

  operator +(5,8)

因此，在 C++中，运算符的重载实质上就是函数重载，是通过定义一个函数来实现来。运算符的操作数作为函数的参数，系统根据操作数的数据类型或个数来确定需要调用的函数。

运算符的重载可以在类的外部，对一般的自定义数据类型进行操作，比如对结构类型等定义运算符，实现对结构变量的操作。但在 C++中，最主要的自定义数据类型是类，因此，运算符重载主要是在类中进行重载，用于对对象的操作。

5.2.1 运算符重载的规则

C++中对运算符重载制定了以下一些规则：
(1) 运算符重载只能对系统已定义的运算符进行重载，不能创造新的运算符。

(2) 可以对大多数运算符进行重载，但以下四个运算符不能重载：

成员选择运算符"."　　　指向成员的指针运算符".*"

作用域运算符"::"　　　三目运算符"?:"

(3) 运算符重载后不改变原来运算符的特性，即优先级和结合性不变。

(4) 运算符重载不能改变运算符的操作数个数，即单目运算符只能重载为单目运算符，双目运算符只能重载为双目运算符，唯一的一个三目运算符不能重载。

(5) 运算符重载不能指定参数默认值。

(6) 运算符重载针对的是新的数据类型的实际需要，对原有运算符进行了适当的改造。一般来讲，重载的功能应当与原有功能类似。例如，将加法运算符重载后完成减法的功能，就会造成使用上的误解。

(7) 不能改变运算符对预定义类型数据的操作方式。因此，重载运算符时必须至少有一个自定义类型的形式参数。

5.2.2　类以外运算符重载

C++中，可以对一般的自定义数据类型重载相应的运算符，使对这种自定义数据类型的操作更加方便。

由于 C++中唯一的一个三目运算符"?:"不允许重载，因此可以重载的运算符只有单目运算符和双目运算符。

C++中运算符重载必须写一个运算符函数，函数名为关键字 operator 后加上一个要重载的运算符。单目运算符重载的语法形式如下：

数据类型 operator 运算符(自定义数据类型　形式参数)

{

　　函数体

}

双目运算符重载的语法形式如下：

数据类型 operator 运算符(数据类型1　形式参数1,数据类型2　形式参数2)

{

　　函数体

}

其中，两个形式参数的数据类型必须至少有一个是自定义数据类型。

例如，例5.2 的程序中定义了一个结构 string，用于存放一个字符串及其长度。为了方便对两个字符串的连接，程序中重载加法运算符，用于对两个字符串进行连接。

【例5.2】　类外运算符重载示例。

```
#include <iostream.h>
#include <string.h>
struct string
{
    char *str;
    int len;
```

```
        };
        string operator+(string s1,string s2)        //重载加法运算符"+"
        {
            string temp;
            temp.len=strlen(s1.str)+strlen(s2.str);
            temp.str=new char[temp.len+1];
            int i=0;
            for (char* p=s1.str;(*p)!= '\0';p++,i++)
                *(temp.str+i)=*p;
            for (p=s2.str;(*p)!= '\0';p++,i++)
                *(temp.str+i)=*p;
            *(temp.str+i)= '\0';
            return temp;
        }
        void main()
        {
            string s1,s2;
            s1.str="this is ";
            s1.len=strlen(s1.str);
            s2.str="a string";
            s2.len=strlen(s2.str);
            string s3;
            s3=s1+s2;                                 //使用重载的"+"运算符
            cout<<s3.str<<', '<<s3.len<<endl;
            string s4;
            s4=operator+(s1,s2);                      //使用重载的"+"运算符
            cout<<s3.str<<', '<<s3.len<<endl;
        }
```

程序运行结果为：

    this is a string,16

    this is a string,16

运算符重载后，可以像原来运算符的使用方式那样对新的数据类型的数据进行操作。例如，程序中的语句：

    s3=s1+s2;

将两个字符串进行连接。当然，在程序中也可以使用重载的运算符函数，通过函数调用的方式使用重载的运算符。例如，程序中的语句：

    s4=operator+(s1,s2);

与上面那条语句是等价的，但显然前者使用更加方便。

5.2.3 运算符重载为成员函数

在 C++中，最主要的自定义数据类型是类，运算符重载主要是对类类型进行重载，用来对类的对象进行操作。可以像 5.2.2 小节中那样在类的外部进行运算符重载，运算符的操作数为类对象。但是这种重载方式下，重载运算符只能访问类中的公有成员，而不能访问类的私有成员。因此，对类的运算符重载一般采用如下两种形式：一是重载为类的成员函数(称为成员运算符函数)，二是重载为类的友元函数(称为友元运算符函数)。本小节先介绍重载为成员函数，下一小节介绍重载为友元函数。

运算符重载为成员函数的一般语法形式为：

数据类型 类名::operator 运算符(形参表)
{
    函数体
}

对于重载的运算符，一般是通过该类的对象来进行访问的。如果是双目运算符，重载为类的成员函数时，形参表中只有一个参数，则这个参数作为运算符的第二操作数，另一个操作数(即第一个操作数)是对象本身，即 this 指针所指向的对象作为第一操作数。如果是单目运算符，形参表中没有参数，则操作数就是对象本身，即 this 指针所指向的对象作为单目运算符的操作数。

运算符重载为成员函数的定义与普通的成员函数的定义一样，可以在类的说明部分直接定义，也可以只在类的说明部分给出函数原型，在类的实现部分定义。

下面定义一个复数类 Complex，在类中重载运算符以实现复数的加减运算。

【例 5.3】 加减运算符重载为类的成员函数。

```
#include<iostream.h>
class Complex
{
public:
    Complex()
    {    real=imag=0;    }
    Complex(double r)
    {    real=r;imag=0.0;  }
    Complex(double r,double i)
    {
        real=r;imag=i;
    }
    Complex operator+( Complex &c);      //重载加法运算符"+"的函数原型
    Complex operator+(double);           //重载加法运算符"+"的函数原型
    Complex operator-( Complex &c);      //重载减法运算符"-"的函数原型
    Complex operator-();                 //重载负号运算符"-"的函数原型
    void Display();
```

```cpp
    private:
        double real,imag;
};
Complex Complex::operator+(Complex &c)        //运算符重载函数的定义
{
    Complex temp;
    temp.real=real+c.real;
    temp.imag=imag+c.imag;
    return temp;
}
Complex Complex::operator+(double d)
{
    Complex temp;
    temp.real=real+d;
    temp.imag=imag;
    return temp;
}
Complex Complex::operator-(Complex &c)
{
    Complex temp;
    temp.real=real-c.real;
    temp.imag=imag-c.imag;
    return temp;
}
Complex Complex::operator-()
{
    Complex temp;
    temp.real=-real;
    temp.imag=-imag;
    return temp;
}
void Complex::Display()
{
    cout<<real;
    if (imag>0)cout<<'+';
    if (imag!=0) cout<<imag<<'i'<<endl;
}
void main()
{
```

```
    Complex c1(2.0),c2(3.0,-1.0),c3;
    c3=c1.operator+(c2);         //调用重载的加法"+"运算符函数
    cout<<"c1+c2=";
    c3.Display();
    c3=c1-c2;                    //调用重载的减法"-"运算符函数
    cout<<"c1-c2=";
    c3.Display();
    c3=-c2;                      //调用重载的负号"-"运算符函数
    cout<<"-c2=";
    c3.Display();
    Complex c4;
    c4=c2+5.0;                   //调用重载的加法"+"运算符函数
    cout<<"c2+5.0=";
    c4.Display();
}
```

程序运行结果为：

```
c1+c2=5-1i
c1-c2=-1+1i
-c2=-3+1i
c2+5.0=8-1i
```

当在类中重载运算符后，可以像运算符原有的使用方式一样使用重载的运算符，例如语句：

    c3=c1－c2;

也可以直接调用运算符函数，例如语句：

    c3=c1.operator+(c2);

下面举例说明"++"和"--"运算符的重载。运算符"++"和"--"是单目运算符，但这两个运算符既可以放在变量的前面又可以放在变量的后面。为了区分重载"++"和"--"的前置运算和后置运算，在 C++中，前置运算符"++"和"--"重载时作为单目运算符，其成员运算符函数没有参数；后置运算符"++"和"--"重载时作为双目运算符，其成员运算符函数有一个整型参数，这个参数在函数中不用，而仅仅作为区分前置和后置的标志。

【例 5.4】 运算符"++"重载为成员函数示例。

```
#include<iostream.h>
class counter
{
public:
    counter(){v=0;}
    counter operator++();              //重载运算符++为成员函数的原型(前置运算)
    counter operator++(int);           //重载运算符++为成员函数的原型(后置运算)
    void print(){cout<<v<<endl;}
```

```cpp
    private:
        unsigned v;
};
counter counter::operator++()
{
    v++;
    cout<<"++counter:"<<endl;
    return *this;
}
counter counter::operator++(int)
{
    counter t;
    t.v=v++;
    cout<<"counter++:"<<endl;
    return t;
}
void main()
{
    counter c1,c2;
    c2=++c1;                          //调用重载的前置++运算符函数
    cout<<"c1=";
    c1.print();
    cout<<"c2=";
    c2.print();
    c2=c1++;                          //调用重载的后置++运算符函数
    cout<<"c1=";
    c1.print();
    cout<<"c2=";
    c2.print();
    cout<<"-------------"<<endl;
    counter c3,c4;
    c3.operator++(0);                 //显式调用重载的后置++运算符函数
    cout<<"c3=";
    c3.print();
    ++c4;
    cout<<"c4=";
    c4.print();
}
```

程序运行结果如下：

++counter:

c1=1

c2=1

counter++:

c1=2

c2=1

----

counter++:

c3=1

++counter:

c4=1

运算符"++"和"--"的操作数只能是变量，当它们与变量组成表达式时，前置和后置运算对表达式将产生不同的结果，但对变量本身来说结果是相同的。因此，在使用运算符"++"和"--"时，如果要使用表达式的值，则要区分前置运算和后置运算，如果只是希望对变量进行自增或自减运算，则前置运算与后置运算的结果相同。

程序中，语句：

c2=++c1;

运行时，对象 c2 取表达式++c1 的值，同时，c1 自增 1。对于前置运算，表达式的值与变量的值相同，因此，对象 c2 与 c1 的值相同。语句：

c2=c1++;

运行时，先将对象 c1 的值作为表达式的值赋值给对象 c2，然后将对象 c1 自增 1。因此，对象 c2 与 c1 的值不相同。

对于运算符++和--的前置运算，变量的值与表达式的值相同，因此，在重载的前置++运算符函数中，函数的返回值就是 this 指针所指向对象的值。如下所示：

counter counter::operator++()

{

    v++;

    return *this;

}

对于运算符++和--的后置运算，变量的值与表达式的值不相同，因此，在重载的后置++运算符函数中，函数的返回值与 this 指针所指向对象的值不相同。如下所示：

counter counter::operator++(int)

{

    counter t;

    t.v=v++;

    return t;

}

5.2.4 运算符重载为友元函数

运算符也可以重载为类的友元函数，这样，它就可以访问类的任何数据成员和成员函数。运算符重载为友元函数的一般形式如下：

  friend 数据类型 operator 运算符(形参表)
  {
    函数体
  }

由于友元函数不是类的成员，它没有 this 指针，运算符所需的操作数都需要通过函数的参数来传递，因此，运算符重载为友元函数时，对于单目运算符，有一个参数，对于双目运算符，有两个参数。

与一般的友元函数类似，友元运算符函数可以定义在类的说明部分，也可以只在类的说明部分给出函数原型，再在类的实现部分定义。

【例 5.5】 将运算符--和+重载为类的友元函数示例。

```cpp
#include<iostream.h>
class counter
{
public:
    counter(){v=0;}
    friend counter operator--(counter&);           //友元函数的原型(前置运算)
    friend counter operator--(counter&,int);       //友元函数的原型(后置运算)
    friend counter operator+(counter,counter);     //友元函数的原型
    void print(){cout<<v<<endl;}
private:
    int v;
};
counter operator--(counter &c)
{
    c.v--;
    cout<<"--counter:"<<endl;
    return c;
}
counter operator--(counter &c,int)
{
    counter t;
    t.v=c.v--;
    cout<<"counter--:"<<endl;
    return t;
}
```

```
counter operator+(counter c1,counter c2)
{
    counter t;
    t.v=c1.v+c2.v;
    return t;
}
void main()
{
    counter c1,c2;
    c2=--c1;
    cout<<"c1=";
    c1.print();
    cout<<"c2=";
    c2.print();
    c2=c1--;
    cout<<"c1=";
    c1.print();
    cout<<"c2=";
    c2.print();
    cout<<"-------------"<<endl;
    counter c3,c4;
    operator--(c3,0);          //显式调用重载的++后置友元运算符函数
    cout<<"c3=";
    c3.print();
    --c4;
    cout<<"c4=";
    c4.print();
    counter c5;
    c5=operator+(c3,c4);       //显式调用重载的+友元运算符函数
    cout<<"c5=";
    c5.print();
}
```

程序运行结果如下：

--counter:
c1=-1
c2=-1
counter--:
c1=-2
c2=-1

```
------------
counter--:
c3=-1
--counter:
c4=-1
c5=-2
```

友元函数没有 this 指针，运算符的操作数将作为函数的参数传递给运算符。运算符++和--可以改变对象的值，改变后的值需要通过参数返回，因此，运算符++和--重载为友元函数时，应采用对象的引用作为参数。

与重载为成员函数一样，运算符++和--重载为友元函数时，前置运算与后置运算的函数返回值不同，因此，一般两个函数的函数体不同。

C++中的大部分运算符既可以重载为成员函数，又可以重载为友元函数。一般而言，对于单目运算符，常将它重载为成员函数；对于双目运算符，将它重载为一个友元函数比重载为一个成员函数更便于使用。例如，对于例 5.3 中复数加法重载，下述表达式的计算：

  c+8.2

其中，c 是类 Complex 的一个对象。

在将加法运算符重载为友元函数时，该表达式被解释为：

  operator+(c,8.2);

在将加法运算符重载为成员函数时，该表达式被解释为：

  c.operator+(8.2);

由于类中有单参数的构造函数，单参数构造函数具有类型转换的功能，它能将参数类型转换为构造函数所在类的类型，因此，上述两种解释都是正确的。

但是，如果将表达式写为：

  8.2+c

在将加法运算符重载为成员函数时，该表达式将被解释为：

  8.2.operator(c)

显然是错误的。可见，如果运算符所需的第一操作数希望有隐式类型转换，则应将双目运算符重载为友元函数。若一个运算符的操作需要改变第一操作数的状态，则应选择重载为成员函数。例如，赋值运算符操作后会改变第一操作数的值，应重载为成员函数。因此，双目运算符是重载为友元函数，还是重载为成员函数，还应具体情况具体分析。

5.3 虚 函 数

虚函数是类中的一种非静态的成员函数，是实现动态多态性的基础。

从第 4 章的例 4.11 和本章的例 5.1 中知道，派生类中可以定义与基类同名的成员函数(函数的名称、参数和返回类型完全相同)，当通过派生类的对象调用同名函数时，调用的是派生类中的成员函数。如果想访问基类中的同名成员函数，必须使用成员名限定的方式。反过来，通过基类的对象或基类的指针调用同名成员时，调用的是基类中的同名成员。即使在程序运行过程中指向基类的指针已经指向了派生类的对象，通过基类的指针调用的也还是基类中的同名成员。这是因为这个同名成员函数是一个普通的成员函数。如果将基类与派生类中的同名成员函数定义成虚函数，则通过指向派生类的基类指针就可以调用派生类中的同名成员函数，即在程序运行过程中，系统根据调用同名成员函数时指针所指向的对象来决定调用哪一个类的同名成员函数。因为只有在程序运行过程中，系统才能知道当前指针所指向的对象，并根据指针的指向来决定调用虚函数的哪一个版本，因此，这是一种运行时多态性，即动态多态性。

5.3.1 虚函数的定义

虚函数定义的语法形式如下：

  virtual 数据类型 函数名(参数表)
  {
    函数体
  }

  虚函数的定义实际上就是在原有普通成员函数的前面使用关键字 virtual 来限定。如果虚函数的定义放在类的说明部分，则在前面加上关键字 virtual。如果虚函数的定义在类的实现部分，则需在类的说明部分用关键字 virtual 限定其函数原型，在定义函数时不能使用关键字 virtual。

  如果在基类中某个成员函数被声明为虚函数，则意味着该成员函数在派生类中可能有其它的实现。当程序运行时，通过基类的指针调用虚函数时，系统能够根据该指针所指向的对象自动调用相应类的成员函数，实现动态多态性。

【例 5.6】 虚函数使用示例。

```
#include <iostream.h>
const double PI=3.14159;
class Point
{
private:
    int x,y;
public:
    Point(int a,int b)
    {   x=a;y=b;   }
    virtual double Area()            //定义虚函数
    {   cout<<"Point's area:";
        return 0.0;
    }
};
class Circle:public Point
{
private:
```

```
        int r;
    public:
        Circle(int a,int b,int c):Point(a,b)
        {    r=c;   }
        virtual double Area()              //派生类中重载虚函数
        {
            cout<<"Circle's area:";
            return PI*r*r;
        }
        double GetR()
        {    return r;    }
};
class Cylinder:public Circle
{
    private:
        int h;
    public:
        Cylinder(int a,int b,int c,int d):Circle(a,b,c)
        {    h=c;   }
        virtual double Area();              //虚函数的函数原型
};
double Cylinder::Area()
{
        cout<<"surface area of Cylinder:";
        double r=GetR();
        double area=2*PI*r+2*PI*r*r;
        return area;
}
void DisplayArea(Point& rp)
{
        cout<<rp.Area()<<endl;
}
void main()
{
        Point p(10,20),*pp,&rp1=p;
        pp=&p;
        cout<<pp->Area()<<endl;            //①
        DisplayArea(rp1);                   //②
        Circle c(20,30,40);
```

```
            pp=&c;
            cout<<pp->Area()<<endl;              //③
            Point &rp2=c;
            DisplayArea(rp2);                     //④
            Cylinder cy(30,40,50,60);
            pp=&cy;
            cout<<pp->Area()<<endl;              //⑤
            Point &rp3=cy;
            DisplayArea(rp3);                     //⑥
        }
```
程序运行结果为：
  Point's area:0
  Point's area:0
  Circle's area:5026.54
  Circle's area:5026.54
  surface area of Cylinder:16022.1
  surface area of Cylinder:16022.1

  程序中定义了三个类 Point、Circle 和 Cylinder，它们之间都是公有继承的关系。在基类 Point 中定义了虚函数 Area()，用来求面积。派生类 Circle 和 Cylinder 中都定义了同样的函数来求圆的面积和圆柱体的表面积。

  主函数中，定义了基类 Point 的指针 pp，在执行语句①、③和⑤时，基类指针分别指向了不同类的对象，通过相同的函数调用得到了不同对象的面积，即根据当时指针所指向的对象，系统调用了相应类的 Area()函数。

  程序中还定义了 DisplayArea()函数，它用基类 Point 的引用作为参数。在主函数调用它时，语句②、④和⑥分别用基类的对象、派生类 Circle 的对象和 Cylinder 的对象初始化该引用。从程序运行结果看，系统也根据初始化引用的对象调用了相应类的成员函数 Area()。

  关于虚函数的定义和使用说明如下：

  (1) 在派生类中对基类的虚函数重新定义时，关键字 virtual 可以省略。这时派生类中的同名成员函数隐含为虚函数。

  (2) 在派生类中重新定义虚函数时，其函数原型与基类中的函数原型必须完全相同，即派生类中定义的成员函数应与基类中的虚函数的函数名、参数类型和个数、函数返回类型必须完全一致。

  (3) 只有通过基类的指针或引用调用虚函数时，对该虚函数的调用才能实现动态多态性。通过基类的对象调用虚函数时，系统采用的是静态联编。

  如果将例 5.6 中通过基类的指针调用 Area()的方式改为通过基类的对象调用 Area()，会有什么结果，请读者自己思考。

  (4) 构造函数不能声明为虚函数，但析构函数可以是虚函数。

  (5) 在构造函数中调用虚函数时，采用静态联编，即构造函数中调用的虚函数是自己类中或基类中定义的函数，而不是任何在派生类中重新定义的虚函数。

5.3.2 虚析构函数

构造函数用来在创建对象时初始化对象，而虚函数是实现动态多态性的基础，只有在程序运行过程中，对象创建之后才能实现动态多态性，因此，将构造函数说明为虚函数没有意义。构造函数不能被说明为虚函数，但析构函数可以被定义成虚函数。其语法格式是在析构函数的声明前加上关键字 virtual：

    virtual ~类名();

如果一个基类的析构函数被说明为虚函数，则由它派生的所有派生类的析构函数，无论是否使用 virtual 进行说明，都将自动成为虚函数。

析构函数用来在对象撤销时做一些必要的清理工作。如果使用基类指针指向由 new 运算符创建的派生类的对象，当程序中使用 delete 运算符撤销这个对象时，如果析构函数不是虚函数，则只调用基类的析构函数(因为指针类型是基类类型)。

【例 5.7】 非虚析构函数在撤销对象时的示例。

```cpp
#include <iostream.h>
class A
{
public:
    A(){};
    ~A()
    {   cout<<"A::destructor called"<<endl;    }
};
class B:public A
{
public:
    B(){}
    ~B()
    {   cout<<"B::destructor called"<<endl;    }
};
void main()
{
    A *pa=new B;
    //其它语句
    delete pa;
}
```

程序运行结果为：

  A::destructor called

从程序运行结果看，虽然程序中创建了派生类 B 的对象，并由基类指针指向了该对象，但在使用 delete 运算符撤销基类指针指向的派生类对象时，只调用了基类的析构函数，并没有调用派生类的析构函数。这样有可能对派生类的清理工作不完整。例如，如果派生类中使用 new 运算符分配了存储空间，由于没有调用派生类的析构函数，则这部分存储空间就有可能没有得到释放。产生这种结果的主要原因是析构函数是非虚函数，编译器采用的是静态多态性。

如果将析构函数说明为虚函数，则当使用运算符 delete 撤销对象时，采用动态多态性，能确保析构函数的正确执行。

将例 5.7 中的析构函数改成虚函数，看看运行结果。

【例 5.8】 虚析构函数的使用。

```
#include <iostream.h>
class A
{
public:
    A(){};
    virtual ~A()                    //析构函数被说明为虚函数
    {   cout<<"A::destructor called"<<endl;    }
};
class B:public A
{
public:
    B(){}
    ~B()                            //派生类的析构函数也为虚函数
    {   cout<<"B::destructor called"<<endl;    }
};
void main()
{
    A *pa=new B;
    //其它语句
    delete pa;
}
```

程序运行结果为：

  B::destructor called

  A::destructor called

从程序运行结果看，派生类的析构函数被正确执行了。由于使用了虚析构函数，程序采用动态多态性，当撤销基类指针 pa 所指向的派生类 B 的对象时，首先调用派生类 B 的析构函数，然后再调用基类 A 的析构函数。

一般来说，如果一个类中定义了虚函数，则析构函数也应说明为虚函数，尤其是在析构函数中要完成一些有意义的任务时，例如释放内存等。

5.4 纯虚函数和抽象类

5.4.1 纯虚函数

在许多情况下，在基类中不能为虚函数给出一个有意义的定义。例如，在例 5.6 的基类 Point 中的求面积函数 Area()，事实上没有实际意义。因而可以在基类中不给出其具体的实现，而将它的定义留给基类的派生类去完成。为此，C++中提供了纯虚函数。

纯虚函数是一个在基类中说明的虚函数，它在该基类中没有定义，但要求在它的派生类中进行定义。

说明纯虚函数的一般形式为：

　　virtual 数据类型 函数名(参数表)=0;

纯虚函数是为了实现动态多态性而存在的。

5.4.2 抽象类

如果一个类中至少包含有一个纯虚函数，则该类称为抽象类。抽象类的主要作用是用来组织一个类的层次结构，由它来作为基类，为其所有的派生类提供共同的操作接口。

抽象类具有以下特性：

(1) 抽象类只能作为其它类的基类，不能建立抽象类的对象。

(2) 可以说明指向抽象类的指针和引用，此指针可以指向其派生类，进而实现动态多态性。

从一个抽象类派生的类必须提供纯虚函数的实现，或在该派生类中仍将它说明为纯虚函数，否则编译时将给出错误信息。如果派生类给出了所有纯虚函数的函数实现，那么这个派生类就不再是抽象类了，它可以定义自己的对象。反之，如果派生类中只说明了纯虚函数而没有给出全部纯虚函数的实现，则这个派生类仍然是一个抽象类。

【例 5.9】 纯虚函数和抽象类使用示例。

```
#include<iostream.h>
const double PI=3.1415;
class Shape
{
public:
        virtual double Area() = 0;           //说明纯虚函数
};
class Rectangle: public Shape
{
private:
        double h,w;
```

```cpp
public:
    Rectangle(double a,double b)
    {
        h=a;w=b;
    }
    double Area()                          //在派生类中实现纯虚函数
    {
        cout<<"Rectangle's area:";
        return h*w;
    }
};
class Circle: public Shape
{
private:
    double r;
public:
    Circle(double a)
    {
        r=a;
    }
    double Area()                          //在派生类中实现纯虚函数
    {
        cout<<"Circle's area:";
        return PI*r*r;
    }
};
class Trapezoid:public Shape
{
private:
    double t,b,h;
public:
    Trapezoid(double top,double bottom,double high)
    {
        t=top;b=bottom;h=high;
    }
    double Area()                          //在派生类中实现纯虚函数
    {
        cout<<"Trapezoid's area:";
```

```
            return (t+b)*h*0.5;
        }
};
void main()
{
    Shape *p;
    Rectangle rectangle(5.0,8.0);
    p=&rectangle;
    cout<<p->Area()<<endl;
    Circle circle(7.8);
    p=&circle;
    cout<<p->Area()<<endl;
    Trapezoid trapezoid(12.5,7.5,8.0);
    p=&trapezoid;
    cout<<p->Area()<<endl;
}
```
程序运行结果如下：

Rectangle's area:40

Circle's area:191.129

Trapezoid's area:80

在程序中定义了一个公共基类 Shape 为抽象类，在其中说明了求面积的函数 Area()为纯虚函数，为其派生类提供统一的操作接口，即规定了其派生类中求面积的成员函数都应为 Area()函数，并且其派生类必须实现此函数才能定义对象。类 Shape 的三个派生类代表不同的图形，其求面积的算法各不相同，但在主函数中，求三个图形面积的操作接口都相同，即都是通过 p->Area()来求面积的。

习　题

1. 什么是多态性？C++中有哪几种多态性？它们之间有什么区别？
2. 简述运算符重载的规则。
3. C++中哪些运算符不能重载？
4. 将运算符重载为成员函数和友元函数分别使用什么格式？它们之间有什么不同？
5. 什么是虚函数？虚函数与函数重载有什么异同？
6. 什么是纯虚函数？什么是抽象类？
7. 要想在程序中实现动态多态性，需要哪些条件？

8. 构造函数能否说明为虚函数？虚析构函数有什么功能？
9. 分析下列程序，写出程序运行结果。

(1)
```
#include <iostream.h>
class B{
    int b;
public:
    B(int i){    b=i+50;show();   }
    B(){}
    void show()
    {    cout<<"B::show() called."<<b<<endl;        }
};
class D:private B{
    int d;
public:
    D(int i):B(i){    d=i+100;show(); }
    void show()
    {    cout<<"D::show() called."<<d<<endl;    }
};
void main()
{
    D d1(105);
}
```

(2)
```
#include <iostream.h>
class Array{
    int x,*m;
public:
    Array(int x)
    {
        this->x=x;
        m=new int[x];
        for (int i=0;i<x;i++)
            *(m+i)=i;
    }
    int & operator()(int x1)
    {    return (*(m+x1));        }
```

```
    };
    void main()
    {
        Array a(10);
        cout<<a(5);
        a(5)=7;
        cout<<endl<<a(5)<<endl;
    }
```

(3)
```
    #include <iostream.h>
    class A{
    public:
        void Show(){    cout<<"A::show"<<endl;    }
    };
    class B:public A{
    public:
        void Show(){    cout<<"B::show"<<endl;    }
    };
    void main()
    {
        A a,*pa;
        B b;
        pa=&a; pa->Show();
        pa=&b; pa->Show();
    }
```

(4)
```
    #include <iostream.h>
    class B{
    public:
        virtual void fun(int i)
        {    cout<<"In B.i="<<i<<endl;   }
    };
    class D:public B{
    public:
        virtual void fun(float j)
        {    cout<<"In D.j="<<j<<endl;   }
    };
```

```
        void text(B &b)
        {
            int a=22;
            b.fun(a);
        }
        void main()
        {
            B b;
            D d;
            text(b);
            text(d);
        }
```

(5)
```
        #include <iostream.h>
        class A{
        public:
            A(){}
            virtual void fun(){    cout<<"In A::fun()."<<endl; }
        };
        class B:public A{
        public:
            B(){  fun();}
            void g(){    fun();}
        };
        class C:public B{
        public:
            C(){}
            void fun(){ cout<<"In C::fun()."<<endl; }
        };
        void main()
        {
            C c;
            c.g();
        }
```

10. 将第4章习题13中的类Emloyee定义成抽象类，利用动态多态性重新设计各类。

11. 在第3章习题22的计数器类Counter中重载加法运算符"+"和减法运算符"-"，实现两个计数器的相加和相减运算。

12. 定义一个人员类 Person，其中有姓名、年龄和性别，姓名用指针，在构造函数中用 new 运算符动态分配内存，在析构函数中用 delete 运算符释放。在类中重载赋值运算符 "=" 实现两个对象间的赋值。编写主函数测试重载的赋值运算符。说明如果在类中不重载赋值运算符，能否实现两个 Person 类对象之间的赋值。

13. 在例 5.5 中重载运算符 "--" 时，如果函数不使用对象的引用作为参数，而是直接使用对象作为参数，程序运行结果如何？

第 6 章 模 板

模板是 C++语言的一个重要特性。利用模板可以将函数或类中使用的数据类型参数化，从而创建对多种数据类型通用的函数或类。使用模板可以大大提高程序设计的效率，实现代码的可重用性。

C++语言中有两种类型的模板：函数模板和类模板。

6.1 函数模板

在程序设计中经常会出现这样的情况：多个函数的参数个数相同，函数的代码(功能)也相同，但是它所处理的数据的类型不相同。对于这种情况，我们可以使用函数的重载定义多个函数名相同的函数。但即使是设计为重载函数也只是使用相同的函数名，函数体仍然需要分别定义。例如，第 2 章例 2.17 中对求绝对值函数的重载，三个函数只是参数的类型和返回值类型不同，其功能完全一样。

实际上，若"提取"出一个可变化的类型参数 T，则三个求绝对值函数可以"综合"成为如下的同一个函数：

```
T abs( T x)
{
    return x>=0?x:-x;
}
```

这正是函数模板的概念。使用函数模板可以避免函数体的重复定义，通过创建一个通用的函数，来支持多种不同类型的参数。实际上，标准 C++库就建立在模板的基础上。

函数模板的定义形式为：

```
template<class 类型参数>
返回类型 函数名(参数表)
{ 函数体 }
```

其中，template 是声明模板的关键字；"类型参数"是一个用户定义的标识符，用来表示任意一个数据类型。当在程序中使用函数模板时，系统将用实际的数据类型来代替"类型参数"，生成一个具体的函数，这个过程称为模板的实例化，这个由函数模板生成的具体函数称为模板函数。关键字"class"用来指定类型参数，与类无关，也可以使用 typename 来指定。

【例 6.1】 定义求绝对值的函数模板，用来求不同数据类型值的绝对值。

```
#include <iostream.h>
template <class T>
```

```
    T abs(T x)
    {
        return x>=0?x:-x;
    }
    void main()
    {
        int i=50;
        double d=-3.25;
        long l=-723358;
        cout<<abs(i)<<endl;      //类型参数 T 被替换为 int
        cout<<abs(d)<<endl;      //类型参数 T 被替换为 double
        cout<<abs(l)<<endl;      //类型参数 T 被替换为 long
    }
```

程序运行结果为：

50

3.25

723358

函数模板可以像一般函数那样直接使用。函数模板在使用时，编译器根据函数的参数类型来实例化类型参数，生成具体的模板函数。因此，程序中生成了三个模板函数：int abs(int)，double abs(double)和 long abs(long)。

说明：

(1) 在定义函数模板时，template 所在的行与函数定义语句之间不允许有别的语句。例如，下面的程序段在编译时会产生错误：

```
    template <class T>
    int i;          //错误，中间不允许有别的语句
    T abs(T x)
    {   return x>=0?x:-x;   }
```

(2) 在函数模板中允许使用多个类型参数。当函数模板中有多个类型参数时，多个类型参数间用逗号分隔，且每个类型参数前都必须有关键字 class。

【例 6.2】 具有两个类型参数的函数模板。

```
    #include <iostream.h>
    template <class T1,class T2>
    void myfunc(T1 x,T2 y)
    {
        cout<<"x="<<x<<",y="<<y<<endl;
    }
    void main()
    {
        myfunc(15,"guo");
```

```
        myfunc(5.3,42L);
        myfunc("li","yang");
}
```
程序运行结果为：
```
x=15,y=guo
x=5.3,y=42
x=li,y=yang
```
此程序中，根据函数模板的调用生成了三个模板函数：void myfunc(int,char*)、void myfunc(double,long)和 void myfunc(char*,char*)。

(3) 函数模板的参数除了包含类型参数外，还可以包含具体的已存在的数据类型的参数。

【例 6.3】 求数组元数的和的函数模板。
```
#include<iostream.h>
template <class T>
T sum(T *array,int size=0)
{
    T total=0;
    for (int i=0;i<size;i++)
        total+=array[i];
    return total;
}
void main()
{
    int iarray[]={1,2,3,4,5,6,7,8,9,10};
    double darray[]={1.1,2.2,3.3,4.4,5.5,6.6,7.7,8.8,9.9,10.10};
    cout<<sum(iarray,10)<<endl;          //生成模板函数 int sum(int *,int)
    cout<<sum(darray,10)<<endl;          //生成模板函数 double sum(double *,int)
}
```
(4) 函数模板可以重载，但要求参数的个数不同。

【例 6.4】 函数模板的重载。定义两个同名的函数模板，分别求一个数组前 size 个元素的和与两个数组的前 size 个元素的和。
```
#include <iostream.h>
template <class Type>                    //求数组前 size 个元素的和
Type sum(Type* a,int size)
{
    Type total=0;
    for(int i=0;i<size;i++)
        total+=a[i];
    return total;
```

```
        template <class Type>                    //求两个数组前 size 个元素的和
        Type sum(Type* a,Type* b,int size)
        {
            Type total=0;
            for(int i=0;i<size;i++)
                total+=a[i]+b[i];
            return total;
        }
        void main()
        {
            int a1[10]={1,2,3,4,5,6,7,8,9,10};
            int a2[8]={2,4,6,8,10,12,14,16};
            double d[]={1.1,2.2,3.3,4.4,5.5,6.6,7.7,8.8,9.9,10.10};
            cout<<sum(a1,10)<<endl;              //生成模板函数 int sum(int *,int)
            cout<<sum(d,10)<<endl;               //生成模板函数 double sum(double *,int)
            cout<<sum(a1,a2,8)<<endl;            //生成模板函数 int sum(int *,int *,int)
        }
```
程序运行结果如下：
```
55
59.6
108
```
(5) 由函数模板生成的模板函数没有数据类型转换的功能，实例化类型参数的各模板实参之间必须保持完全一致的类型，否则会产生错误。

【例6.5】 函数模板的错误调用示例。
```
        #include <iostream.h>
        template <class T>
        void swap(T &a,T &b)
        {
            T temp;
            temp=a;
            a=b;
            b=temp;
        }
        void main()
        {
            int i=10,j=20;
            double x=4.5,y=8.3;
            char a='x',b='y';
```

```
        cout<<"original i,j:"<<i<<' '<<j<<endl;
        swap(i,j);                //正确，生成模板函数 void swap(int,int)
        cout<<"swapped i,j:"<<i<<' '<<j<<endl;
        cout<<"original x,y:"<<x<<' '<<y<<endl;
        swap(x,y);                //正确，生成模板函数 void swap(double,double)
        cout<<"swapped x,y:"<<x<<' '<<y<<endl;
        cout<<"original a,b:"<<a<<' '<<b<<endl;
        swap(a,b);                //正确，生成模板函数 void swap(char,char)
        cout<<"swapped a,b:"<<a<<' '<<b<<endl;
        cout<<"original i,a:"<<i<<' '<<a<<endl;
        swap(i,a);                //错误
        cout<<"swapped i,a:"<<i<<' '<<a<<endl;
    }
```

程序中对函数模板的调用 swap(i,a)产生了错误，因为编译器不能确定函数模板中类型参数 T 是 int 还是 char，这里没有类型的自动转换，因而产生了二义性。

为了解决这种二义性错误，可以采用两种方法：一是采用强制类型转换(见例 6.6)，二是采用非模板函数重载函数模板(见例 6.7)。

【例 6.6】
```
    #include <iostream.h>
    template <class T>
    T max(T x,T y)
    {   return x>y?x:y;   }
    void main()
    {
        int i=8;
        char c='a';
        cout<<max(i,int(c))<<endl;      //正确，生成模板函数 int max(int,int)
        cout<<max(char(i),c)<<endl;     //正确，生成模板函数 char max(char,char)
    }
```

【例 6.7】 用普通函数重载函数模板解决例 6.5 中的错误。
```
    #include <iostream.h>
    template <class T>
    void swap(T &a,T &b)
    {
        T temp;
        temp=a;
        a=b;
        b=temp;
    }
```

```
void swap(int& a,char& b)
{
    int temp;
    temp=a;
    a=b;
    b=temp;
    cout<<"overloaded swap"<<endl;
}
void main()
{
    int i=70,j=80;
    double x=4.5,y=8.3;
    char a='x',b='y';
    cout<<"original i,j:"<<i<<' '<<j<<endl;
    swap(i,j);                    //生成模板函数 void swap(int,int)
    cout<<"swapped i,j:"<<i<<' '<<j<<endl;
    cout<<"original x,y:"<<x<<' '<<y<<endl;
    swap(x,y);                    //生成模板函数 void swap(double,double)
    cout<<"swapped x,y:"<<x<<' '<<y<<endl;
    cout<<"original a,b:"<<a<<' '<<b<<endl;
    swap(a,b);                    //生成模板函数 void swap(char,char)
    cout<<"swapped a,b:"<<a<<' '<<b<<endl;
    cout<<"original i,a:"<<i<<' '<<a<<endl;
    swap(i,a);                    //正确，调用普通函数 void swap(int,char)
    cout<<"swapped i,a:"<<i<<' '<<a<<endl;
}
```

程序运行结果如下：

original i,j:70 80

swapped i,j:80 70

original x,y:4.5 8.3

swapped x,y:8.3 4.5

original a,b:x y

swapped a,b:y x

original i,a:80 y

overloaded swap

swapped i,a:121 P

用普通函数重载函数模板时，普通函数的参数可以与函数模板生成的模板函数不同。例如本例中，函数模板不可能生成模板函数 void swap(int ,char)；普通函数的参数也可以与生成的模板函数的参数相同，但此时，重载的普通函数失去了类型转换的功能。例如在例

6.6 中可以用函数 int max(int,int)对函数模板进行重载。由于函数模板 T max(T,T)也可以生成模板函数 int max(int,int)，因此，重载的普通函数不能进行参数类型的转换。

在 C++中，函数模板的调用与同名函数的调用方式相同，系统按如下顺序进行处理：
(1) 搜索程序中参数表与函数调用完全相同的函数，如果找到就调用它。
(2) 检查函数模板经实例化后是否有相匹配的模板函数，若有就调用它。
(3) 检查是否有函数可经参数的自动类型转换后实现参数匹配，若有则调用它。

如果在以上三种情况下都没有找到匹配的函数，则按出错处理。

6.2 类模板

函数模板只能定义非成员函数。使用类模板可以使得类中的某些数据成员和成员函数的参数及返回值取任意数据类型。

例如，我们设计一个堆栈类，用来对某种数据类型的数据进行堆栈的操作。无论堆栈操作的数据是什么类型的值，它的操作方式都是相同的，只不过所操作的数据的类型不同。这时，就可以将要操作数据的类型进行参数化，定义一个类模板。

类模板定义的格式如下：
```
template <class 类型参数>
class 类名
{
    //类的说明部分
};
```

例如，下面是一个简单类模板的示例。
```
template <class T>
class MyClass
{
    private:
        T x;
    public:
        void SetX(T a)
        {   x=a;   }
        T GetX()
        {   return x;   }
};
```

上面定义的类模板中，所有成员函数的定义都在类模板的说明部分。如果在类的实现部分定义成员函数，则应使用以下形式：
```
template <class 类型参数>
函数返回类型 类名<类型参数>::函数名(参数表)
{   函数体   }
```

其中，函数的返回类型、参数表中参数的类型和函数体内变量的类型都可以是 template 后说明的"类型参数"。

类模板不代表一个具体的类，而是代表一组类。当使用类模板定义对象时，系统用指定的数据类型代替类型参数，从而将类模板实例化为某个具体的类，这称为模板类。

使用类模板定义对象的格式如下：

    类名<类型实参> 对象名;

其中，"类型实参"是任何已存在的数据类型，如果类模板带有多个类型参数，则必须为每一个类型参数指定相应的类型实参。

【例6.8】 用于对堆栈进行操作的类模板。

```
#include <iostream.h>
template <class Type>
class Stack
{
    private:
        int top,length;
        Type* s;
    public:
        Stack(int);
        ~Stack()
        {    delete []s;    }
        void Push(Type);
        Type Pop();
};
template <class Type>
Stack<Type>::Stack(int n)
{
    s=new Type[n];
    length=n;
    top=0;
}
template <class Type>
void Stack<Type>::Push(Type a)
{
    if (top==length)
    {
        cout<<"Stack is full!"<<endl;
        return;
    }
    s[top]=a;
```

```cpp
            top++;
    }
    template <class Type>
    Type Stack<Type>::Pop()
    {
        if (top==0)
        {
            cout<<"stack is empty!"<<endl;
            return 0;
        }
        top--;
        return s[top];
    }
    void main()
    {
        Stack<int> s1(10);
        Stack<double> s2(10);
        Stack<char> s3(10);
        s1.Push(11);
        s2.Push(1.1);
        s1.Push(22);
        s2.Push(2.2);
        s1.Push(33);
        s2.Push(3.3);
        cout<<"pop s1:";
        for(int i=0;i<3;i++)
            cout<<s1.Pop()<<' ';
        cout<<endl;
        cout<<"pop s2:";
        for(i=0;i<3;i++)
            cout<<s2.Pop()<<' ';
        cout<<endl;
        for(i=0;i<10;i++)
            s3.Push('A'+i);
        cout<<"pop s3:";
        for(i=0;i<10;i++)
            cout<<s3.Pop();
        cout<<endl;
    }
```

程序运行结果如下：
　　pop s1:33 22 11
　　pop s2:3.3 2.2 1.1
　　pop s3:JIHGFEDCBA

程序中定义了一个类模板 Stack。其中，数据成员 length 用来记录堆栈中数据的个数，top 用来指示栈顶位置，数组 s 用来存放堆栈中的数据。使用 Push()函数将数据压入堆栈，使用 Pop()函数弹出栈顶的数据。

在主函数中利用类模板定义了三个对象，分别用来对 int、double 和 char 类型的数据进行操作。

类模板可以有多个模板参数，在关键字 template 后，多个类型参数间用逗号分隔，且每个类型参数前都必须有关键字 class。例如，下面的示例创建使用两个类型参数的类模板。

【例 6.9】　使用两个类型参数的类模板示例。

```
#include <iostream.h>
template <class T1,class T2>
class MyClass
{
    private:
        T1 x;
        T2 y;
    public:
        MyClass(T1 a,T2 b)
        {   x=a;y=b;   }
        void Show()
        {
            cout<<"x="<<x<<",y="<<y<<endl;
        }
};
void main()
{
    MyClass<int,double> obj1(10,5.3);
    obj1.Show();
    MyClass<int,char> obj2(25,'W');
    obj2.Show();
    MyClass<char,char*> obj3('M',"this is a template");
    obj3.Show();
}
```

程序运行结果为：
　　x=10,y=5.3
　　x=25,y=W

x=M,y=this is a template

在定义类模板时，关键字 template 后的模板参数除了可以是 class 引导的类型参数外，还可以是已知数据类型的参数。例如，如下的类模板定义中，使用了一个类型参数 T 和一个普通参数 i：

```
template <class T,int i>
class TestClass
{
    T buffer[i];    //T 类型的数组大小随普通参数 i 的大小而变化
    ⋮
};
```

使用类模板 TestClass 定义对象如下：

```
TestClass<double,10> obj1;
TestClass<char,8> obj2;
```

其中，类型参数的相应实参应为类型名，普通形参的相应实参必须为一个常量。

习　题

1. C++中模板分为哪几种类型？
2. 简述函数模板的定义和使用方法。
3. 模板函数调用时，系统是否进行实参到形参类型的自动转换？
4. 是否允许函数模板与另一个函数取相同的名字？允许两个函数模板同名吗？使用这种重载时应注意些什么？
5. 类模板和函数模板是否只允许使用类型参数？
6. 在类的实现部分如何定义类模板的成员函数？如何使用类模板定义对象？
7. 编写一个对一维数组进行排序的函数模板。在主函数中使用设计的函数模板对 int 数组、double 数组和 char 数组进行排序。
8. 编写一个函数模板，求数组中元素的最大值、最小值和平均值。
9. 设计一个队列类模板 Queue，实现不同数据类型数据的队列操作。

第二篇　MFC Windows 程序设计

第 7 章　Windows 编程基础

迄今为止，我们给出的所有程序都是基于字符界面的 DOS 程序或控制台应用程序，没有图形界面。Windows 应用程序的结构与 DOS 程序不同，编写 Windows 应用程序与编写 DOS 程序的思维模式有很大的区别，因此，从编写 DOS 程序到编写 Windows 应用程序，需要从编程思想上做一个比较大的调整。从本章开始，介绍 Windows 应用程序的设计。

7.1　Windows 编程基础知识

与编写基于字符界面的 DOS 程序相比，Windows 编程包含许多新的概念。在开始编写 Windows 程序之前，需要了解这些概念。

7.1.1　Windows 编程模型

1. 事件驱动

编写 DOS 程序时使用的是过程化的模型，程序的入口函数是主函数 main。运行一个 DOS 程序时，程序取得系统的控制权，从 main 函数的第一条语句开始执行直到主函数返回时结束，程序自身控制代码的执行顺序，即程序执行的先后顺序是由在主函数中编写的代码决定的。虽然主函数中可能调用其它的函数，而这些函数可能会调用更多的函数，根据运行时的条件，程序可能有不同的执行路径，但路径本身是可以预测的。

Windows 程序采用事件驱动的编程模型。事件可能是点击了鼠标、按下了键盘上的一个键或改变了应用程序窗口的大小以及其它的事情。当事件发生时，系统产生一条描述事件发生的信息的消息，操作系统将消息转发给应用程序，调用应用程序相应的消息处理程序对此消息进程处理，完成应用程序的某种功能。

当执行应用程序时，系统为每一个应用程序生成并维护一个消息队列，操作系统将转发给应用程序的消息都送入其消息队列，应用程序从消息队列里按顺序取出消息进行处理。应用程序接收到的消息可能非常多，一般只在应用程序中为必要的消息添加消息处理程序，对于其它消息没有必要添加处理代码。如果应用程序为某个消息添加了处理程序，则当产生此消息时便调用其处理程序；如果应用程序没有添加此消息的处理程序，则转交系统进行缺省处理。

应用程序启动后，处于等待消息的状态，它自己不知道下一步应该做什么，除了等待消息的到达，它几乎什么都不做。由于事件的产生是没有规律和顺序的，因此，应用程序的执行路径也是不可预测的。

因此，在 Windows 系统中，是由系统通过向应用程序发送消息来调用应用程序的相应处理程序的。

在编写 Windows 程序时，程序员所要做的主要工作是决定应用程序需要对哪些消息进行响应并为这些消息编写消息处理程序，然后由操作系统向应用程序发送消息，调用这些代码。

图 7-1 描述了 Windows 的编程模型。图中列出了两个应用程序。系统接收到用户输入产生的消息、系统产生的消息、应用程序自身或其它应用程序产生的消息后，放入系统消息队列，然后转发给相应的应用程序，进入应用程序的消息队列。应用程序通过主函数 WinMain 中的消息循环不断检索自己消息队列中是否有消息，如果有消息则调用相应的消息处理程序，如果没有此消息的处理程序，则调用 DefWindowProc 进行缺省处理。

当应用程序的消息循环检索到 WM_QUIT 消息时，消息循环停止，此时应用程序结束。

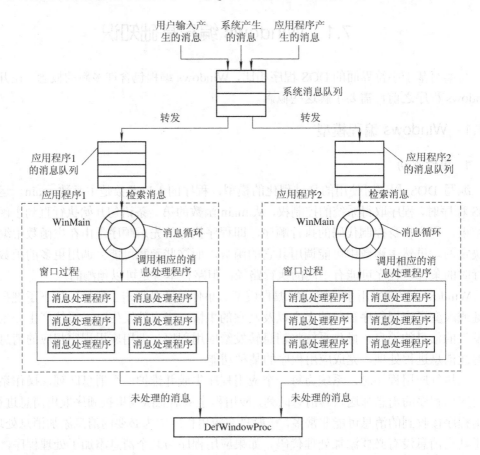

图 7-1 Windows 的编程模型

2. 设备无关的图形接口

在 DOS 程序中，如果程序需要使用某种硬件进行输入或输出，则程序员需要为每一种可能使用的设备编写相应的驱动程序。例如，为了使 DOS 程序能在任何一种打印机上输出，程序员必须为每一个厂商和型号的打印机提供不同的驱动程序。显然，这不利于程序的使用，同时增加了程序员的负担。

Windows 应用程序不直接访问屏幕和打印机等硬件设备。Windows 提供了一个图形设备接口(GDI)的抽象层，Windows 应用程序只需要调用 GDI 函数，访问 GDI 提供的接口即可，由系统将访问 GDI 接口的指令转换为适当的硬件设备指令。因此，只要系统中安装有某种硬件的驱动程序，应用程序就可以使用统一的 GDI 接口对这些设备进行操作，这就提高了应用程序的通用性，减轻了程序员的负担。

3．动态链接库(DLL)

在 DOS 环境下，一个程序的所有模块都通过静态链接的方式被链接到程序中，这样，当不同的应用程序中包含相同的模块时，内存中就存在此模块的多份拷贝。而 Windows 系统允许进行动态链接，其动态链接库中包含了一些预定义的函数或资源，它们可以在一个应用程序执行时动态地与之进行链接，多个应用程序可以共享同一个动态链接库，这样可以有效地节省内存和磁盘空间。

另外，动态链接库提高了程序的模块性，可以单独编译和测试动态链接库。

7.1.2 Windows 编程基础知识

1．句柄

在编写 Windows 应用程序时经常使用句柄。一个句柄是一个唯一的 32 位无符号整数值，用于标识应用程序中的不同对象，如窗口、各种控件、菜单、图标、画笔和画刷等。一个应用程序中的任何组成元素都有一个唯一的句柄，在程序中通过句柄来引用相应的对象。在 Windows 中，同一个应用程序可以同时运行多次，程序的每个运行拷贝叫作实例，每个实例都有一个唯一的实例句柄。

Windows 程序中，不同类型对象的句柄由不同的句柄类型来定义。表 7-1 给出了 Windows 编程中常用的句柄类型。

表 7-1　常用句柄类型及其说明

句柄类型	说　　明	句柄类型	说　　明
HBITMAP	位图句柄	HICON	图标句柄
HBRUSH	画刷句柄	HINSTANCE	实例句柄
HCURSOR	光标句柄	HMENU	菜单句柄
HDC	设备环境句柄	HPEN	画笔句柄
HFILE	文件句柄	HWND	窗口句柄
HFONT	字体句柄	HANDLE	对象句柄

2．消息

Windows 应用程序是由事件驱动的，当事件发生时，系统产生一条描述事件发生的信息的消息。用户通过消息与应用程序进行交互，同时应用程序之间及应用程序与系统之间通过消息进行信息交换。

Windows 定义了成百上千个不同类型的消息，同时，用户还可以自己定义消息。不管是什么类型的消息，它们都包含四个部分的信息：

(1) 窗口句柄，即接收消息的窗口的句柄。

(2) 消息号，即用来标识消息类型的一个数值。在 windows.h 文件中及其包含的其它头文件中定义了一些标识符，用来表示消息号，如 WM_CREATE、WM_PAINT 等。

(3) 字参数(wParam)。

(4) 长字参数(lParam)。

参数 wParam 和 lParam 包含了关于特定消息的附加信息，它们的值随着消息号的不同而不同。例如，对于消息 WM_LBUTTONDOUN，wParam 保存一系列位标志，用以标识 Ctrl 键和 Shift 键以及鼠标按钮的状态，lParam 保存产生此消息时鼠标指针的位置。

在 Windows 中，消息用一个结构体 MSG 来表示。结构体 MSG 的定义如下：

```
typedef struct tagMSG {
    HWND    hwnd;
    UINT    message;
    WPARAM  wParam;
    LPARAM  lParam;
    DWORD   time;
    POINT   pt;
} MSG;
```

其中：

hwnd：接收消息的窗口的句柄。

message：消息号。

wParam 和 lParam：消息的附加信息，它们的值随着消息号的不同而不同。

time：消息发送时的时间。

pt：消息发送时光标在屏幕上的位置。

表 7-2 给出了 Windows 编程中常用的几个消息及其产生的条件。

表 7-2 Windows 编程中常用的消息及其产生的条件

消　　息	产生的条件
WM_CHAR	当函数 TranslateMessage 对消息 WM_KEYDOWN 转换时
WM_COMMAND	用户选择菜单命令或控件给其父窗口发送一个通知时
WM_CREATE	创建窗口时
WM_DESTROY	撤销窗口时
WM_LBUTTONDOWN	按下鼠标左键时
WM_LBUTTONUP	释放鼠标左键时
WM_MOUSEMOVE	移动鼠标指针时
WM_PAINT	窗口需要重新绘制时
WM_QUIT	退出应用程序时(由 PostQuitMessage 函数发出)
WM_SIZE	窗口被改变大小时

提示：各个消息的 wParam 和 lParam 的值可以通过在 MSDN 的索引中输入消息号来进行查询。

3. Windows 编程中定义的新的数据类型

为了方便 Windows 程序员编写应用软件,Windows 中定义了许多新的数据类型,其中有一些数据类型与标准 C/C++数据类型相同,只不过使用 typedef 进行了重新定义,而另一些数据类型比较特殊,这些数据类型在 Windows.h 头文件中定义。

表 7-3 列出了 Windows 程序设计中常用的一些数据类型。它们的使用方法与标准 C/C++中的数据类型的使用方法一样。

表 7-3 Windows 中常用的数据类型

数据类型	说 明
BOOL	布尔类型,其值有 TRUE 和 FALSE
BYTE	8 位无符号整数
COLORREF	用来存放 24 位 RGB 颜色值的 32 位值
DWORD	32 位无符号整数
LONG	32 位整数
LPARAM	作为参数传递给窗口过程或回调函数的 32 位值
LPCSTR	指向常量字符串的 32 位指针
LPSTR	指向字符串的 32 位指针
LPVOID	无类型 32 位指针(void*)
LRESULT	从窗口过程或回调函数返回的 32 位值
UINT	在 Win16 中是一个 16 位无符号整数,在 Win32 中是一个 32 位无符号整数
WNDPROC	指向窗口过程的 32 位指针
WORD	16 位无符号整数
WPARAM	作为参数传递给窗口过程或回调函数的 32 位值(在 Win32 中)

另外,前面介绍的句柄类型也可作为数据类型使用。

在 Windows 中还定义了大量的结构类型,如 MSG、POINT 等。

提示: Win32 中定义的简单数据类型,可以通过在 MSDN 的索引中输入关键字"Win32 Simple Data Types"来进行查询。

4. 匈牙利表示法

Windows 编程中经常使用一种叫做"匈牙利表示法"的变量命名约定。变量命名时,以一个或多个小写字符开始,用以表示变量的数据类型。如 iCmdShow 中的 i 前缀表示"整数"。在命名结构变量名时,用结构名(或结构名的缩写)的小写作为变量名的前缀,或用作整个变量名。例如,msg 变量是 MSG 结构类型的变量。

表 7-4 列出了一些常用的变量前缀。

表 7-4 常用的变量前缀

前缀	数据类型	前缀	数据类型
c	char	w	WORD
by	BYTE	l	LONG
n	short 或 int	dw	DWORD
i	int	s	string
x, y	short(用于坐标)	sz	以 "\0" 结尾的字符串
cx, cy	short(用于长度)	h	句柄
b	BOOL	p	指针
fn	function 函数		

7.2 Windows 应用程序的基本结构

7.2.1 实例

一般的 Windows 应用程序都有一个窗口，用户通过这个窗口与应用程序进行交互。下面通过一个带窗口的程序来说明 Windows 应用程序的基本结构。程序运行时，窗口中央显示文本 "欢迎学习 Visual C++"，在窗口内单击鼠标左键，则以鼠标指针为中心画一个圆。

请按如下步骤建立应用程序：

(1) 执行 "File" → "New" 菜单命令，在打开的 "New" 对话框中选择 "Projects" 标签。

(2) 选中 "Win32 Application"，然后在 "Project Name" 文本框中输入一个工程名。如果需要，可以在 "Location" 文本框中更改存储工程及其文件的文件夹。然后单击 "OK"。

(3) 在 "Win32 Application" 对话框中，选择 "An empty project"，单击 "Finish" 按钮，在弹出的对话框中单击 "OK"。

(4) 执行 "File" → "New" 菜单命令，选择 "C++ Source File"，在 "文件" 文本框中输入文件名，输入文件名时需添加文件名后缀 .c。选中 "Add to project"，单击 "OK"，然后可以输入源代码。

如果源代码文件已经存在，要将现有源代码文件添加到工程中，则可执行 "Project" → "Add To Project" → "Files" 菜单命令，在对话框中选择要添加的文件。

【例 7.1】 Windows 应用程序示例。

```
#include <windows.h>
//窗口过程函数原型说明
LRESULT CALLBACK WndProc(HWND, UINT, WPARAM, LPARAM);
//主函数，程序入口
int WINAPI WinMain(HINSTANCE hInstance, HINSTANCE hPrevInstance,
                   LPSTR lpszCmdLine, int iCmdShow)
{
```

```c
    static char szAppName[] = "HelloWin";              //应用程序名
    HWND            hwnd;                              //窗口句柄
    MSG             msg;                               //消息
    WNDCLASSEX      wndclass;                          //窗口类
    wndclass.cbSize= sizeof(wndclass);                 //窗口类结构的大小
    wndclass.style=CS_HREDRAW | CS_VREDRAW;            //类风格：水平和垂直方向重画
    wndclass.lpfnWndProc= WndProc;                     //窗口过程
    wndclass.cbClsExtra=0;
    wndclass.cbWndExtra=0;
    wndclass.hInstance=hInstance;                      //应用程序实例句柄
    wndclass.hIcon= LoadIcon(NULL, IDI_APPLICATION);   //类图标，缺省应用程序图标
    wndclass.hCursor=LoadCursor(NULL, IDC_ARROW);      //类光标，缺省箭头光标
    wndclass.hbrBackground=(HBRUSH)GetStockObject(WHITE_BRUSH);
    wndclass.lpszMenuName=NULL;                        //菜单名为空
    wndclass.lpszClassName=szAppName;                  //类名，这里与应用程序名相同
    wndclass.hIconSm=LoadIcon(NULL, IDI_APPLICATION);  //小图标

    RegisterClassEx (&wndclass);                       //注册窗口类
    //创建窗口，将窗口句柄保存
    hwnd = CreateWindow (szAppName,                    //注册的窗口类名
                "The Hello Program",                   //窗口名，在窗口标题栏显示
                WS_OVERLAPPEDWINDOW,                   //窗口风格
                CW_USEDEFAULT,                         //初始 X 位置
                CW_USEDEFAULT,                         //初始 Y 位置
                CW_USEDEFAULT,                         //初始 X 大小
                CW_USEDEFAULT,                         //初始 Y 大小
                NULL,                                  //父窗口句柄
                NULL,                                  //窗口菜单句柄
                hInstance,                             //程序实例句柄
                NULL);                                 //创建参数
    ShowWindow(hwnd, iCmdShow);                        //显示窗口
    UpdateWindow(hwnd);                                //发送 WM_PAINT 消息，更新窗口
    //进入消息循环
    while (GetMessage(&msg, NULL, 0, 0)){
        TranslateMessage(&msg);
        DispatchMessage(&msg);
    }
    return msg.wParam;
}
```

```
//窗口过程
LRESULT CALLBACK WndProc(HWND hwnd, UINT iMsg,
                WPARAM wParam, LPARAM lParam)
{
    HDC hdc;                    //设备环境句柄
    PAINTSTRUCT ps;             //PAINTSTRUCT 结构包含了应用程序的一些信息
                                //这些信息用来绘制程序窗口的客户区域
    RECT   rect;                //矩形区域，定义了矩形的左上角和右下角坐标
    POINT  point;
    switch(iMsg)
    {
    case WM_PAINT :
        hdc = BeginPaint(hwnd, &ps);
        GetClientRect(hwnd, &rect);
        DrawText(hdc, "欢迎学习 Visual C++!", -1, &rect,
                DT_SINGLELINE | DT_CENTER | DT_VCENTER);
        EndPaint(hwnd, &ps);
        return 0;
    case WM_DESTROY :
        PostQuitMessage(0);
        return 0;
    case WM_LBUTTONDOWN:
        hdc=GetDC(hwnd);
        point.x=LOWORD(lParam);
        point.y=HIWORD(lParam);
        Ellipse(hdc,point.x-50,point.y-50,point.x+50,point.y+50);
        ReleaseDC(hwnd,hdc);
        return 0;
    }
    return DefWindowProc(hwnd, iMsg, wParam, lParam);
}
```

程序运行结果如图 7-2 所示。

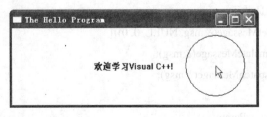

图 7-2　例 7.1 程序的运行结果

7.2.2 Windows 应用程序的基本结构

Windows 应用程序具有相对固定的结构，一般典型的 Windows 应用程序由主函数 WinMain 和窗口过程函数构成程序的主体，如果程序中使用了菜单、对话框等资源，则源程序中还应包含资源文件 .RC。

1. WinMain 函数

WinMain 函数是 Windows 程序的入口函数，一个 Windows 程序有且只有一个主函数 WinMain。主函数 WinMain 主要对应用程序进行一系列的初始化工作，并进入消息循环，主要完成以下功能：

(1) 注册窗口类。
(2) 创建并显示窗口。
(3) 进入消息循环，从应用程序的消息队列中接收消息。如果消息循环接收到消息 WM_QUIT，则终止程序运行。

WinMain 函数的原型如下所示：

```
int WINAPI WinMain(
    HINSTANCE hInstance,        //应用程序当前实例句柄
    HINSTANCE hPrevInstance,    //程序前一个实例的句柄，在 Win32 中始终为 NULL
    LPSTR lpCmdLine,            //指向命令行参数字符串的指针
    int nCmdShow);              //程序运行时窗口的显示方式
```

Windows 是一个多任务的操作系统，允许一个应用程序同时运行多次，每次运行都将产生一个应用程序的实例，在系统中使用一个唯一的实例句柄来标识它。

1) 注册窗口类

在 Windows 系统中，应用程序的窗口总是在窗口类的基础上创建，窗口类定义了基于此类的窗口用于处理消息的窗口过程和窗口的其它一些特征。在一个窗口类的基础上可以创建多个窗口，这些窗口具有某些相似的特征，如窗口中光标的形状、窗口的颜色等。另外，基于同一个窗口类的不同窗口又可以有不同的特征，如窗口的大小、位置等，这些在具体创建窗口时指定。

在 Windows 系统中已经预定义了一些窗口类，同时，在应用程序中还可以注册自己的窗口类。要注册窗口类，首先要进行窗口类的定义，然后进行注册。

窗口类的定义通过给窗口类数据结构 WNDCLASSEX 的各个成员赋值来完成。结构 WNDCLASSEX 的定义如下：

```
typedef struct _WNDCLASSEX {
    UINT        cbSize;         //本结构的大小字节数
    UINT        style;          //窗口类的风格
    WNDPROC     lpfnWndProc;    //指向窗口过程的指针
    int         cbClsExtra;     //为类结构预留的额外空间，一般赋值为 0
    int         cbWndExtra;     //为窗口预留的额外空间，一般赋值为 0
    HANDLE      hInstance;      //程序的实例句柄
```

```
    HICON         hIcon;              //窗口类图标,为基于这个类建立的窗口设置图标
    HCURSOR hCursor;                  //类光标
    HBRUSH    hbrBackground;          //指定基于此类创建的窗口的背景颜色
    LPCTSTR lpszMenuName;             //窗口类菜单名
    LPCTSTR lpszClassName;            //类名
    HICON        hIconSm;             //窗口类小图标
}WNDCLASSEX;
```

在定义窗口类时,常用到以下函数:

(1) LoadIcon 函数:其作用为从应用程序实例的可执行文件中加载指定的图标。其函数原型为:

```
HICON LoadIcon(
    HINSTANCE hInstance,     //图标资源所在的模块句柄,当装载系统图标时必须为 NULL
    LPCTSTR lpIconName);     //图标资源名或系统预定义图标标识名
```

(2) LoadCursor 函数:其作用为从应用程序实例的可执行文件中加载指定的光标。函数原型为:

```
HCURSOR LoadCursor(
    HINSTANCE hInstance,     //光标资源所在的模块句柄,当使用系统光标时必须为 NULL
    LPCTSTR lpCursorName);   //光标资源名或系统预定义光标标识名
```

(3) GetStockObject 函数:用于获取系统预定义的画笔、画刷、字体或调色板。函数原型为:

```
HGDIOBJ GetStockObject(
    int fnObject        //预定义对象的类型
);
```

当窗口类定义后,应调用函数 RegisterClassEx 进行注册。函数 RegisterClassEx 只需要一个参数,即一个指向结构 WNDCLASSEX 的指针,例如:

```
    RegisterClassEx(&wndclass);
```

2) 创建并显示窗口

窗口类定义了窗口的一般特征,因此可以使用同一窗口类创建许多不同的窗口。在创建具体的窗口时需要指定窗口的具体特征。创建窗口使用函数 CreateWindow 实现,其函数原型为:

```
HWND CreateWindow(
    LPCTSTR lpClassName,        //注册窗口类的名称
    LPCTSTR lpWindowName,       //窗口名
    DWORD dwStyle,              //窗口风格
    int x,                      //窗口的水平位置,窗口左上角相对于屏幕左上角的位置
    int y,                      //窗口的纵向位置,窗口左上角相对于屏幕左上角的位置
    int nWidth,                 //窗口宽度
    int nHeight,                //窗口高度
    HWND hWndParent,            //父窗口的句柄
```

```
        HMENU hMenu,            //菜单句柄
        HANDLE hInstance,       //应用程序实例句柄
        LPVOID lpParam          //窗口创建参数
    );
```

提示：创建窗口的风格，可以通过在 MSDN 的索引中输入关键字"CreateWindow"来进行查询。

在函数 CreateWindow 调用返回后，在 Windows 内部已经创建了这个窗口，但窗口并不能在屏幕上显示出来。这时，需要调用函数 ShowWindow 来显示窗口，例如：

```
        ShowWindow(hwnd, iCmdShow);
```

其中，第一个参数是用 CreateWindow 创建的窗口句柄，第二个参数是从 WinMain 中传递过来的，用来决定如何在屏幕上显示窗口。

窗口显示后，应用程序常常调用 UpdateWindow 函数发送一条 WM_PAINT 消息来更新窗口并绘制窗口客户区域。例如：

```
        UpdateWindow(hwnd);
```

3) 消息循环

Windows 为每一个运行的应用程序实例创建并维护一个消息队列。当窗口显示后，应用程序等待用户输入，系统将输入事件转换为消息并放入程序的消息队列中，程序从其消息队列中依次取出消息并调用窗口过程中相应的代码进行处理。

程序通过 WinMain 中的消息循环从消息队列中读取消息：

```
        while (GetMessage(&msg, NULL, 0, 0))
        {
            TranslateMessage(&msg);
            DispatchMessage(&msg);
        }
```

其中，函数 GetMessage 从消息队列中读取一条消息，并将消息中的信息保存在结构 MSG 的变量中。其函数原型为：

```
        BOOL GetMessage(
            LPMSG lpMsg,            //指向结构 MSG 的指针
            HWND hWnd,              //窗口句柄
            UINT wMsgFilterMin,     //读取消息的最小值
            UINT wMsgFilterMax      //读取消息的最大值
        );
```

函数 GetMessage 读取指定窗口中从 wMsgFilterMin 到 wMsgFilterMax 之间的消息。可以利用 wMsgFilterMin 到 wMsgFilterMax 实现消息的过滤。如果其第二、第三和第四个参数分别设置为 NULL，0 和 0，则表示程序读取它自己创建的所有窗口的所有消息。

只要从消息队列中读取的消息不是 WM_QUIT，GetMessage 就返回一个非零值。若消息为 WM_QUIT，则将导致程序退出消息循环，然后使程序终止，返回 MSG 结构的 wParam 参数。

函数 TranslateMessage 将消息的虚拟键信息转换为字符信息，如果用户按下了键盘上的非系统键，则此函数将产生一条 WM_CHAR 消息。

函数 DispatchMessage 将消息发送给适当的窗口过程进行处理。在例 7.1 中，这个窗口过程就是 WndProc 函数。

因此，应用程序启动后便进入消息循环，等待用户输入，通过系统转发的消息来调用相应的消息处理过程。如果程序消息队列中没有消息，则程序什么也不做。

2. 窗口过程函数

窗口过程函数是应用程序处理接收到的消息的函数，其中包含了应用程序对各种可能接收到的消息的处理代码。

通常，窗口过程函数包含一条或多条 switch 语句，每一个 case 对应一个消息，当应用程序接收到一个消息时，系统调用相应的 case 语句对消息进行处理。

窗口过程函数的定义形式如下：

```
LRESULT CALLBACK WindowProc(
    HWND hwnd,           //接收消息的窗口的句柄
    UINT uMsg,           //消息的标识符，是一个 32 位无符号整数
    WPARAM wParam,       //消息的附加信息，内容与具体的消息相关
    LPARAM lParam        //消息的附加信息，内容与具体的消息相关
);
```

窗口过程函数的名称可以自行定义，只要不和其它名称发生冲突即可。在例 7.1 中，窗口过程函数命名为 WndProc。

一个 Windows 程序可以包含多个窗口过程。一个窗口过程总是与调用 RegisterClassEx 注册的特定窗口类相关联。例如，例 7.1 中通过语句

```
wndclass.lpfnWndProc= WndProc;
```

将窗口过程函数与窗口类相关联。

一般地，程序主窗口的窗口类在 WinMain 中注册，其它窗口的窗口类可以在程序的任何地方注册。

窗口过程的主体是对消息进行处理的语句，其形式如下：

```
switch(iMsg)
{
case WM_PAINT :
    [处理 WM_PAINT 消息的语句]
    return 0;
case WM_DESTROY :
    [处理 WM_DESTROY 消息的语句]
    return 0;
case WM_LBUTTONDOWN:
    [处理 WM_LBUTTONDOWN 消息的语句]
    return 0;
```

}
　　　　return DefWindowProc(hwnd, iMsg, wParam, lParam);

因此，程序员只需要在窗口过程函数中对应用程序需要处理的消息在 case 中编写相应的处理代码即可。对于应用程序不予处理的所有消息，调用 DefWindowProc 进行缺省处理。

一般在窗口过程函数中需要对如下消息进行处理：

(1) WM_CREATE：当应用程序调用 CreateWindowEx 或 CreateWindow 函数创建窗口时发送此消息。新窗口的窗口过程在窗口创建之后、可见之前接收此消息。

(2) WM_PAINT：当窗口客户区域的一部分或全部变为"无效"而必须进行刷新时，发送此消息；另外，当应用程序中调用 UpdateWindow 或 RedrawWindow 函数时也发送此消息。

当窗口最初创建时整个客户区都是无效时、当改变窗口大小后整个客户区重新变得无效时、当窗口最小化后又重新恢复时或者当窗口被其它窗口部分或全部覆盖又重新显示时都将产生 WM_PAINT 消息。

对 WM_PAINT 消息的处理，一般总是首先调用 BeginPaint 以获得客户区域的环境句柄：

　　　　hdc = BeginPaint(hwnd, &ps);

然后调用 GDI 函数重新绘制客户区域，最后调用 EndPaint 结束：

　　　　EndPaint(hwnd, &ps);

在例 7.1 中，通过调用函数 GetClientRect 来获取窗口客户区域，然后调用函数 DrawText 在客户区域中央输出文本字符串。

(3) WM_DESTROY：当应用程序窗口被关闭时发送此消息。一般情况下，对此消息的响应是调用函数 PostQuitMessage 发送一条 WM_QUIT 消息，使 WinMain 退出消息循环，并终止程序。

在例 7.1 中还对 WM_LBUTTONDOWN 消息进行了响应。当用户在窗口中单击鼠标左键时，以鼠标指针所在的点为中心在客户区域绘制一个圆。

为了在窗口的客户区域输出，首先要获得客户区域的设备环境句柄。在响应 WM_PAINT 消息时，使用 BeginPaint 函数获得设备环境句柄，用 EndPaint 释放设备环境句柄，但这种获得设备环境句柄的方法只能在响应 WM_PAINT 消息时使用。如果想在处理非 WM_PAINT 消息时绘制客户区域或需要将设备环境句柄用于其它目的，应调用 GetDC 函数获得设备环境句柄，并在使用它之后调用 ReleaseDC 函数释放。与 BeginPaint 和 EndPaint 一样，GetDC 和 ReleaseDC 函数必须成对使用。

WM_LBUTTONDOWN 消息的 lParam 附加参数中保存了产生此消息时鼠标光标的坐标，低位字包含当前光标的 X 坐标，高位字包含当前光标的 Y 坐标。可以分别使用宏 LOWORD 和 HIWORD 获得 32 位长整数中的低位字和高位字。

7.3　MFC 程序设计基础

使用 Visual C++编写 Windows 应用程序主要有两种方法：一是使用 C 或 C++直接调用 Windows API 函数；二是使用微软提供的 MFC(Microsoft Foundation Class，微软基础类库)。

API 是应用程序编程接口(Application Programming Interface)的缩写。Windows API 是 Windows 系统和应用程序间的标准程序接口。API 为应用程序提供系统的各种特殊函数及数据结构定义,应用程序可以利用上千个标准 API 函数调用系统功能。直接利用 Windows API 开发应用程序需要程序员对 Windows 编程的原理有深刻的理解,同时还要手工编写冗长的代码。Windows 应用程序的结构基本上是相同的,在不同应用程序中都需要重复编写一些相同的代码,所以使用这种方式即使是开发一个很简单的程序也需要做大量的工作。直接使用 API 进行编程需要有极大的耐心和丰富的编程经验。

7.3.1 MFC 概述

1. MFC 简介及优点

MFC 是微软公司提供的用来编写 Windows 应用程序的 C++类库,它对 Windows API 进行了面向对象的封装。MFC 包含了 200 多个类,封装了 Windows 的大部分编程对象以及与它们相关的操作,涉及到 Windows 操作系统的各个方面。MFC 提供了大量的经过良好设计和测试的类来表示基本对象,如窗口类 CWnd、框架窗口类 CFrame、对话框类 CDialog、按钮类 CButton、菜单类 CMenu、画刷类 CBrush 等。它们中的一些类可以直接被使用,另一些类用来作为基类,以派生程序员自己的类。当应用程序中需要使用这些对象时,只需要使用这些类创建对象,然后调用相应的成员函数对它进行操作即可。因此,使用 MFC 节省了程序员大量的编程时间。

MFC 还是一个应用程序的框架结构。MFC 不仅仅是一个类的集合,它还定义了应用程序的结构并为应用程序处理许多杂务。例如,CWinApp 类代表应用程序自身,它提供的代码可以完成以下功能:应用程序初始化、创建主窗口、处理消息循环、退出应用程序等。当我们使用 MFC 编写应用程序时,这些基础性的工作交由 CWinApp 来完成。另外,MFC 的文档/视图体系结构为应用程序提供了一个功能强大的基础结构,它将程序中的数据与数据的显示分离开,其内部提供了体系结构中相关类的联系。

使用 MFC 编程具有以下一些优点:

(1) 具有面向对象程序设计的特性。MFC 是 Windows API 面向对象的封装,可以充分利用面向对象的封装性、继承性和多态性。

(2) MFC 生成的应用程序使用了标准的结构。MFC 应用程序框架主要由应用程序对象、框架窗口、文档对象以及视图对象等构成,MFC 利用自己标准的代码结构将这些类的对象联系起来,构成一个完整的应用程序。这种标准结构便于程序员之间的交流。

(3) Visual C++为 MFC 提供了大量的工具支持,降低了编码的复杂性,提高了编程效率。例如,Visual C++资源编辑器可以以可视化的方式创建程序中的资源并生成代码,AppWizard 向导可以创建整个应用程序框架代码,ClassWizard 为消息处理程序生成函数原型和函数体、创建新类的框架结构。

(4) MFC 应用程序的执行效率较高。MFC 程序的执行效率与传统的 C 语言调用 API 的 Windows 应用程序的效率几乎一样。

(5) MFC 编程灵活。在使用 MFC 编程时,可以直接调用 Windows API 函数。

(6) 使用与 Windows API 相同的命名约定,方便使用 API 的程序员转变为 MFC 程序员。

(7) MFC 应用程序框架有丰富的特性，例如，支持打印以及打印预览，使用并创建 ActiveX 控件，支持数据库，支持 Internet(TCP/IP)编程，支持复合文档等。

2. MFC 体系结构

MFC 类库主要由类、宏和全局函数等三个部分组成。

MFC 类库中的类以层次结构的方式组织起来，主要分为两大类：一类是直接或间接从根类 CObject 派生而来的，包含了 MFC 类库中的绝大多数类；另一类不从 CObject 派生，主要是一些辅助类。

提示：MFC 类完整的层次结构可以通过在 MSDN 的索引中输入关键字"Hierarchy Chart"来进行查询。

CObject 类是 MFC 的抽象类，是 MFC 中多数类的根类，它为程序员提供了许多编程所需的公共操作，例如，对象的建立和删除、序列化支持、对象诊断输出、运行时(Run-time)信息及与集合类的兼容等。

从 CObject 派生的每一个层次几乎都与一个具体的 Windows 实体相对应，如应用程序类、文档类、窗口类和视图类等。

根据派生关系和实际应用情况，还可以将 MFC 中的类分为以下几类：根类、应用程序结构类(包括命令发送类、应用程序类、线程类、文档类和文档模板类等)、窗口支持类(包括窗口类、框架窗口类、视图类、对话框类、各种控件类和工具栏类等)、菜单类、设备环境类和绘图类、数据类型类(包括字符串类、时间类、集合类、数组类和列表类等)、文件和数据库类(包括文件 I/O 类、ODBC 类和 DAO 类等)、调试和异常处理类、Internet 和网络支持类、OLE 类等。

提示：MFC 类库完整的类及其继承关系请参见附录。

MFC 提供的宏很多，主要用来提供消息映射、运行时对象类型服务、诊断调试和异常处理等功能。表 7-5 列出了 MFC 中常见的宏及其功能。

表 7-5 常见的 MFC 宏

宏 名 称	功 能
RUNTIME_CLASS	获得运行时类的 CRuntimeClass 结构的指针
DECLARE_DYNAMIC	提供基本的运行时类型识别(声明)
IMPLEMENT_DYNAMIC	提供基本的运行时类型识别(实现)
DECLARE_DYNCREATE	使 CObject 派生类的对象在运行时动态创建(声明)
IMPLEMENT_DYNCREATE	使 CObject 派生类的对象在运行时动态创建(实现)
DECLARE_SERIAL	使 CObject 派生类具有序列化功能(声明)
IMPLEMENT_SERIAL	使 CObject 派生类具有序列化功能(实现)
DECLARE_MESSAGE_MAP	声明消息映射表
BEGIN_MESSAGE_MAP	开始消息映射定义
END_MESSAGE_MAP	结束消息映射定义
ON_COMMAND	命令消息映射宏
ON_MESSAGE	自定义消息映射宏
ON_WM_…	MFC 预定义消息映射宏
ON_BN…, ON_CBN_…, ON_EN_…等	控件通知(Notification)消息映射宏

MFC 中提供的函数并非都是类的成员函数。MFC 以全局函数的形式提供了自己的各种 API 函数，函数名以 Afx 为前缀，它们可以在 MFC 源程序的任何地方调用。

表 7-6 列出了一些常用的 MFC 全局函数。AfxMessageBox 和 API 函数 MessageBox 是等价的。AfxGetApp 和 AfxGetMainWnd 返回指向应用程序对象和应用程序主窗口的指针，当要访问这些对象的某个成员函数或数据成员，但又没有合适的指针时，使用这两个函数。在使用 MFC 编程时，仍然要经常使用 Windows API 函数，在 API 函数中大量使用句柄，AfxGetInstanceHandle 用于将实例句柄传递给 Windows API 函数。

表 7-6 常用的 MFC 全局函数

函 数 名	说 明
AfxAbort	无条件地终止应用程序(通常在发生不可恢复错误时调用)
AfxBeginThread	创建新的线程并开始执行它
AfxEndThread	终止当前执行的线程
AfxMessageBox	显示 Windows 消息框
AfxGetApp	返回指向应用程序对象的指针
AfxGetAppName	返回应用程序的名称
AfxGetMainWnd	返回指向应用程序主窗口的指针
AfxGetInstanceHandle	返回当前应用程序实例的句柄
AfxRegisterWndClass	为 MFC 应用程序注册自定义的 WNDCLASS 类

7.3.2 MFC Windows 程序的基本结构

1. 实例

利用 MFC 编写与例 7.1 功能相同的程序。通过此例说明利用 MFC 编写 Windows 应用程序的基本原则和程序结构。

【例 7.2】 MFC 应用程序示例。

```
//文件 EX7_2.h
class CMyApp : public CWinApp
{
public:
    virtual BOOL InitInstance();
};
class CMainWindow : public CFrameWnd
{
public:
    CMainWindow();
protected:
    afx_msg void OnPaint();
    afx_msg void OnLButtonDown(UINT nFlags,CPoint point);
    DECLARE_MESSAGE_MAP()
```

```
};
//EX7_2.cpp
#include <afxwin.h>
#include "EX7_2.h"
CMyApp myApp;                              //全局的应用程序对象
//类 CMyApp 的成员函数
BOOL CMyApp::InitInstance()
{
    m_pMainWnd = new CMainWindow;
    m_pMainWnd->ShowWindow(m_nCmdShow);
    m_pMainWnd->UpdateWindow();
    return TRUE;
}
//类 CMainWindow 的消息映射和成员函数
BEGIN_MESSAGE_MAP(CMainWindow, CFrameWnd)
    ON_WM_PAINT()
    ON_WM_LBUTTONDOWN()
END_MESSAGE_MAP()
CMainWindow::CMainWindow()
{
    Create(NULL, _T("The MFC Application"));
}
void CMainWindow::OnPaint()
{
    CPaintDC dc(this);
    CRect rect;
    GetClientRect(&rect);
    dc.DrawText(_T ("欢迎学习 MFC!"), -1, &rect,
        DT_SINGLELINE | DT_CENTER | DT_VCENTER);
}
void CMainWindow::OnLButtonDown(UINT nFlags,CPoint point)
{
    CClientDC dc(this);
    CRect rect(point.x-50,point.y-50,point.x+50,point.y+50);
    dc.Ellipse(rect);
}
```

习惯上将类的说明部分放在 .h 头文件中,将类的实现部分放在 .cpp 文件中。在文件 EX7_2.h 中包含两个派生类的声明,EX7_2.cpp 包含这两个类的实现。

在 Visual C++中建立此应用程序的步骤如下:

（1）执行"File"→"New"菜单命令，在打开的"New"对话框中选择"Projects"标签。

（2）选中"Win32 Application"，然后在"Project Name"文本框中输入一个工程名。如果需要，可以在"Location"文本框中更改存储工程及其文件的文件夹。然后单击"OK"。

（3）在"Win32 Application"对话框中选择"An empty project"，单击"Finish"按钮，在弹出的对话框中单击"OK"。

（4）执行"Project"→"Add To Project"→"New"菜单命令，选择"C/C++ Header File"，在"File"文本框中输入文件名 EX7_2.h，单击"OK"。然后可以输入源代码。

（5）执行"Project"→"Add To Project"→"New"菜单命令，选择"C++ Source File"，在"File"文本框中输入文件名 EX7_2(可以输入后缀 .cpp，也可以省略)，单击"OK"。然后可以输入源代码。

（6）对于此程序，必须进行相应的设置。执行"Project"→"Settings…"菜单命令，在"Project Settings"对话框中，要确保在左边窗口中选择了该工程名，选中"General"标签。在"Microsoft Foundation Classes"的下拉列表中选择"Use MFC In a Shared DLL"，然后单击"OK"。

2. MFC 应用程序的基本结构

一个典型的 MFC Windows 应用程序包含类 CWinApp 的应用程序对象、框架窗口和消息映射等。

1）应用程序对象

从例 7.2 的源代码中可以发现，程序中除了定义两个类外，只包含了一条定义全局对象的语句：

  CMyApp myApp;

程序中并没有包含程序入口函数 WinMain，也没有消息循环。那么，应用程序是如何执行的呢？这一切都隐藏在 MFC 应用程序框架内部，MFC 已经为我们完成了主函数 WinMain 和消息循环。

MFC 应用程序的核心就是基于 CWinApp 类的应用程序对象。CWinApp 提供了消息循环来检索消息并将消息调度给应用程序的窗口。它还包括可被重载的、用来自定义应用程序行为的主要虚函数。

一个 MFC 应用程序必须有且仅有一个应用程序对象，此对象必须声明为在全局范围内有效，以便它在程序开始时即在内存中被实例化。

应用程序的初始化、运行和结束工作都是由应用程序类完成的。

由于应用程序对象被声明为全局对象，因此 MFC 应用程序启动时，首先创建应用程序对象 myApp，调用应用程序类的构造函数初始化 myApp，然后由应用程序框架调用 MFC 提供的 AfxWinMain()主函数。在 MFC 应用程序中，AfxWinMain()相当于 API 应用程序中的主函数 WinMain()，只不过 MFC 已经为我们完成了函数 AfxWinMain。

在 AfxWinMain 中使用了应用程序对象，因此，应用程序对象 myApp 必须声明为全局对象。

当安装 Visual C++后，同时也安装了 MFC 提供的源代码。其中在文件 winmain.cpp 中包含了 AfxWinMain 的定义。函数 AfxWinMain 的主体如下：

```
int AFXAPI AfxWinMain(HINSTANCE hInstance, HINSTANCE hPrevInstance,
    LPTSTR lpCmdLine, int nCmdShow)
{
    ：
    CWinThread* pThread = AfxGetThread();
    CWinApp* pApp = AfxGetApp();
    // AFX internal initialization
    if (!AfxWinInit(hInstance, hPrevInstance, lpCmdLine, nCmdShow))
        goto InitFailure;
    // App global initializations (rare)
    if (pApp != NULL && !pApp->InitApplication())
        goto InitFailure;
    // Perform specific initializations
    if (!pThread->InitInstance())
    {
        if (pThread->m_pMainWnd != NULL)
        {
            TRACE0("Warning: Destroying non-NULL m_pMainWnd\n");
            pThread->m_pMainWnd->DestroyWindow();
        }
        nReturnCode = pThread->ExitInstance();
        goto InitFailure;
    }
    nReturnCode = pThread->Run();

InitFailure:
    ：
}
```

提示：函数 AfxWinMain 的完整定义可以查看 "X\VC98\MFC\SRC\WINMAIN.CPP" 文件，其中，"X" 为安装 VC6.0 的路径，缺省为 "C:\Microsoft Visual Studio"。

在主函数 AfxWinMain 中，首先调用全局函数 AfxGetThread 获取当前应用程序主线程的指针，调用 AfxGetApp 获取应用程序对象 myApp 的指针。如果应用程序只有一个线程，则这两个指针相同，都是全局应用程序对象 myApp 的指针。然后 AfxWinMain 调用 AfxWinInit 函数来初始化主框架，并将 hInstance、nCmdShow 以及其它 AfxWinMain 函数参数复制给应用程序对象的数据成员，再调用 InitApplication。在 Win32 环境下，AfxWinMain 的 hPrevInstance 参数总是 NULL，因此主框架并不执行 InitApplication。最后调用应用程序对象的 InitInstance 初始化应用程序。

当应用程序初始化完成后，AfxWinMain 执行语句

  pThread->Run();

调用应用程序对象的 Run 函数，该函数执行消息循环并开始向应用程序窗口发送消息，以便通过 MFC 的消息映射调用指定对象的消息处理函数。如果检索到消息 WM_QUIT，则结束消息循环，并调用 ExitInstance，退出 Run，返回到 AfxWinMain 中。上述工作主要由 CWinThread::Run()完成。类 CWinThread 是应用程序类 CWinApp 的基类。在执行了最后的一些清除工作之后，AfxWinMain 执行 return 语句结束应用程序。

因此，MFC 应用程序的执行过程如图 7-3 所示。

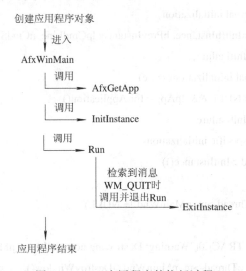

图 7-3 MFC 应用程序的执行过程

提示：函数 Run 的完整定义可以查看 "X\VC98\MFC\SRC\THRDCORE.CPP" 文件，其中，"X" 为安装 VC6.0 的路径，缺省为 "C:\Microsoft Visual Studio"。

例 7.2 中，类 CMyApp 只是重载了类 CWinApp 中的虚函数 InitInstance。此函数负责应用程序的初始化工作。重载此函数的典型应用是在此函数中创建应用程序主窗口，并将数据成员 CWinThread::m_pMainWnd 指向此窗口。

在应用程序类 CWinApp 的所有成员函数中，只有 InitInstance()函数是派生类唯一需要重载的函数。InitInstance 是用来执行程序每次开始时都需要进行的初始化工作的最好地方。

在例 7.2 中，CMyApp 的 InitInstance 通过调用类 CMainWindow 的构造函数来创建程序主窗口：

  m_pMainWnd = new CMainWindow;

并将此对象的指针保存到 m_pMainWnd 中。在创建窗口后，通过指针调用 CMainWindow 的 ShowWindow 和 UpdateWindow 函数显示和更新主窗口。

由于 InitInstance 在 CWinApp 中定义为虚函数，而在 AfxWinMain 中是通过指针调用此函数的，因此实现了动态的多态性。程序运行时，AfxWinMain 中调用的是 CWinApp 派生类重载的 InitInstance。

除了 InitInstance 外，CWinApp 还有其它可重载的虚函数，如 ExitInstance，它被应用程序框架调用以退出应用程序实例。可以重载此函数以便在应用程序退出前做一些清理工

作，例如如果在 InitInstance 中分配了内存或其它资源，就可以在 ExitInstance 中释放这些资源。

2) 框架窗口

在例 7.2 中，从类 CFrameWnd 派生出窗口类 CMainWindow，而类 CFrameWnd 又从类 CWnd 派生。类 CWnd 是 MFC 程序中所有窗口的基类。

在类 CMainWindow 的构造函数中，通过调用其 Creat 或 CreateEx 函数创建窗口。CFrameWnd::Create 的原型如下：

  BOOL Create(LPCTSTR lpszClassName, LPCTSTR lpszWindowName,
     DWORD dwStyle = WS_OVERLAPPEDWINDOW,
     const RECT& rect = rectDefault, CWnd* pParentWnd = NULL,
     LPCTSTR lpszMenuName = NULL, DWORD dwExStyle = 0,
     CCreateContext* pContext = NULL);

Create 的 8 个参数中有 6 个带有默认值。参数 lpszClassName 指定创建窗口的窗口类 WNDCLASS 的名称，若为 NULL，则创建一个基于由 MFC 框架注册的 WNDCLASS 类的默认框架窗口。参数 lpszWindowName 指定窗口名，若窗口有标题栏，则此字符串在标题栏显示。例 7.2 中其它参数都使用了默认值。

例 7.2 中程序主窗口对消息 WM_PAINT 和 WM_LBUTTONDOWN 进行了响应，因此在类 CMainWindow 中添加了两个消息处理函数 OnPaint()和 OnLButtonDown()。它们的工作过程都是首先创建设备环境对象，然后调用设备环境对象的输出函数绘制窗口的客户区域。

3) 消息映射

MFC 应用程序的消息处理方式与 API 应用程序有所不同。在 MFC 应用程序中，使用消息映射机制来处理消息。消息映射是一个将消息和成员函数相互关联的表。MFC 的消息映射通过一组宏来实现。所有从类 CCmdTarget 派生的类都可以包含消息映射。

将消息映射添加到一个类中需要做以下工作：

(1) 在类定义的末尾添加宏 DECLARE_MESSAGE_MAP()，声明使用消息映射。

(2) 在类的实现代码文件中放置消息映射命令宏 BEGIN_MESSAGE_MAP() 和 END_MESSAGE_MAP()，并在中间添加相应的消息映射项。

如在例 7.2 中的消息映射如下：

  BEGIN_MESSAGE_MAP(CMainWindow, CFrameWnd)
    ON_WM_PAINT()
    ON_WM_LBUTTONDOWN()
  END_MESSAGE_MAP ()

由 BEGIN_MESSAGE_MAP()开始消息映射，并标识了消息映射所属的类和该类的基类。消息映射就像其它的类成员那样，可以通过继承来传递。其中需要有基类名，这样框架就可以在必要时查找基类的消息映射。END_MESSAGE_MAP()结束了消息映射。在 BEGIN_MESSAGE_MAP 和 END_MESSAGE_MAP 之间是消息映射项。消息映射项 ON_WM_PAINT()对应消息 WM_PAINT，消息映射项 ON_WM_LBUTTONDOWN()对应消息 WM_LBUTTONDOWN。

(3) 在类中添加消息处理成员函数来处理消息，包括在类中添加消息处理函数原型及其实现。

例 7.2 中，消息 WM_PAINT 和 WM_LBUTTONDOWN 的处理函数原型分别如下：

    afx_msg void OnPaint();

    afx_msg void OnLButtonDown(UINT nFlags,CPoint point);

其中，afx_msg 标识此函数是一个消息处理函数，在函数定义时省略。

如何知道每一个消息对应的消息映射项？如何知道消息处理函数的原型？这些都需要参考 MFC 文档。对于某些特定的消息，需要手工添加消息映射项和编写消息处理函数。Visual C++提供了一个工具 ClassWizard，它能自动对大多数 Windows 消息添加消息映射项、消息处理函数原型并编写消息处理函数框架。

提示： 在 MSDN 的 "索引" 框中输入关键字 "WM_messages"，可以找到所有窗口消息的消息映射项和消息处理函数原型。对于 WM_COMMAND 消息、子窗口通知消息和各种控件的通知消息，只要在 "索引" 框中输入相应的消息名，即可查询到消息的消息映射项和消息处理函数原型。

习　题

1. Windows 应用程序与 DOS 程序的主要区别是什么？
2. 请查阅相关资料了解表 7-2 中常用消息的 wParam 和 lParam 参数的含义。
3. 一个典型的 Windows 程序由哪几部分构成？
4. 主函数 WinMain 主要完成哪些功能？
5. 如何将主函数中注册的窗口类与窗口过程相联系？
6. 在 Windows 中，消息用什么结构来表示？说明该结构中主要成员的含义。
7. 传统的用 API 编写的 Windows 程序和 MFC 应用程序的入口函数分别是什么？
8. MFC 由哪几部分组成？
9. 简述 MFC 应用程序的启动和退出过程。
10. 在例 7.2 中如何创建窗口？
11. 简述 MFC 的消息映射机制。如何在 MFC 应用程序中进行消息映射？
12. 查阅资料了解 CFrameWnd::Create 函数各参数的含义。

第 8 章 创建应用程序框架

使用 MFC 开发 Windows 应用程序，可以像例 7.2 一样，手工从 MFC 类库中相应的类派生出自己的类，构成应用程序。同时，Visual C++提供了相应的工具帮助我们快速建立应用程序的框架，自动生成程序通用的源代码。这样可以大大减少手工编写代码的工作量，使程序设计人员将注意力主要集中在程序具体功能代码的编写上。

8.1 应用程序向导 AppWizard

Visual C++提供了创建 MFC 应用程序框架的应用程序向导 MFC AppWizard。MFC AppWizard 提供了一系列的对话框，在对话框中提供了一些不同的选项，程序员通过不同的选项，可以建立不同类型和风格的 MFC 应用程序(可执行文件程序或动态链接库)。在完成这一系列对话框设置后，MFC AppWizard 自动生成应用程序的源代码，包括头文件、类的实现文件、资源文件和项目文件等，并使这些文件与 ClassWizard 兼容。

8.1.1 MFC AppWizard[exe]的使用

下面以建立一个单文档应用程序为例，说明 MFC AppWizard[exe]应用程序向导的使用。

【例 8.1】 建立与例 7.2 功能相似的 MFC 应用程序。

使用 MFC AppWizard[exe]建立应用程序的步骤如下：

(1) 执行"File"→"New"菜单命令，打开"New"对话框，如图 8-1 所示。

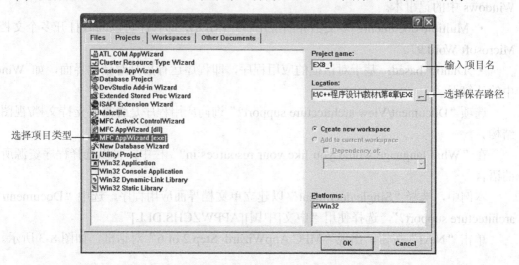

图 8-1 New 对话框的"Projects"页面

(2) 选定"Projects"标签，在左侧项目类型列表框中选择项目类型"MFC AppWizard[exe]"。在"Project name"文本框中输入项目名，本例为 EX8_1。在"Location"文本框中输入保存项目的路径和文件夹名，或单击右侧的"浏览"按钮，在打开的对话框中选择保存项目的文件夹。向导将在该文件夹下建立一个以项目名为名称的子文件夹，用于保存此项目的所有文件。设置完成后，单击"OK"按钮，出现"MFC AppWizard-Step 1"对话框，如图 8-2 所示。

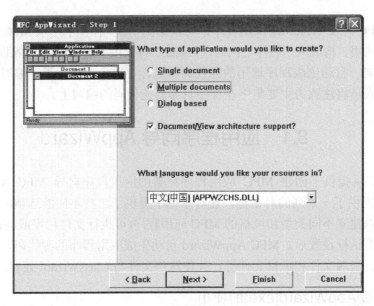

图 8-2　MFC AppWizard – Step 1 对话框

(3) 在"MFC AppWizard-Step1"对话框中，可以选择应用程序的类型和资源所使用的语言。使用 MFC AppWizard[exe]向导可以建立三种类型的应用程序：

• Single document：单文档界面应用程序(SDI)，即程序一次只能打开一个文档，如 Windows 中的记事本。

• Multiple document：多文档界面应用程序(MDI)，即程序可以同时打开多个文档，如 Microsoft Word 97。

• Dialog based：基于对话框的应用程序，即程序运行后是对话框界面，如 Windows 中的计算器。

选项"Document/View architecture support?"询问应用程序是否需要支持文档/视图体系结构。

在"What language would you like your resources in?"栏中，可以选择程序资源所使用的语言。

本例中，选择"Single document"以建立单文档界面应用程序，选中"Document/View architecture support?"，选择使用"中文[中国][APPWZCHS.DLL]"。

单击"Next"按钮，出现"MFC AppWizard-Step 2 of 6"对话框，如图 8-3 所示。

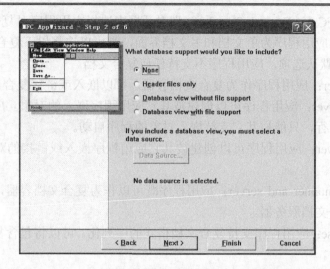

图 8-3　MFC AppWizard – Step 2 of 6 对话框

(4) 在 "MFC AppWizard–Step 2 of 6" 对话框中选择对数据库的支持方式，其中包括以下选项：

• None：不包括任何对数据库的支持，但以后可以手工添加对数据库的操作代码。如果应用程序不使用数据库，则选择该项将建立比较小的应用程序。

• Header files only：提供最简单的数据库支持，在项目中包含数据库头文件，但不创建任何与数据库相关的类，需要时必须自己创建。

• Database view without file support：包含所有的数据库头文件，并创建相关的数据库类和视图类，但不包括文档的序列化。

• Database view with file support：包含所有的数据库头文件，创建相关的数据库类和视图类，并支持文档的序列化。

需要注意的是，若在上一步没有选择 "Document/View architecture support?"，则后两个选项无效。另外，若选择后两个选项之一，还必须通过单击 "Data Source" 设置数据源。

本例应用程序不使用数据库，选择 "None"。单击 "Next" 按钮，出现 "MFC AppWizard–Step 3 of 6" 对话框，如图 8-4 所示。

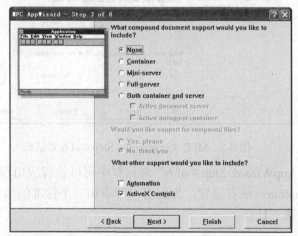

图 8-4　MFC AppWizard – Step 3 of 6 对话框

(5) 在"MFC AppWizard–Step 3 of 6"对话框中选择应用程序对复合文档的支持类型。如果建立的应用程序为单文档和多文档界面，则可以选择以下复合文档支持选项：
- None：默认选项，应用程序不支持任何复合文档。
- Container：应用程序作为复合文档容器，可以嵌入或链接复合文档对象。
- Mini-server：应用程序可以创建被其它应用程序嵌入的对象。应用程序不能作为一个独立的程序运行，只能被其它支持嵌入对象的程序启动。
- Full-server：应用程序可以创建被其它应用程序嵌入或链接的对象，并能作为一个独立的程序运行。
- Both container and server：应用程序既可以作为复合文档容器，又可以作为一个可单独运行的复合文档服务器。
- Yes,please：应用程序支持复合文档格式的序列化，可以将包含复合文档对象的文档保存为一个文件。
- No,thank you：不支持复合文档格式的序列化，必须一次性将包含复合文档对象的文档装入内存。
- Automation：使应用程序支持自动化，这样应用程序就可以被其它自动化客户(如 Microsoft Excel)访问。
- ActiveX Controls：使应用程序可以使用 ActiveX 控件。如果不选择该项，以后要使应用程序可以插入 ActiveX 控件，就必须自己进行相应的初始化。

本例中使用所有缺省选项。单击"Next"按钮，出现"MFC AppWizard–Step 4 of 6"对话框，如图 8-5 所示。

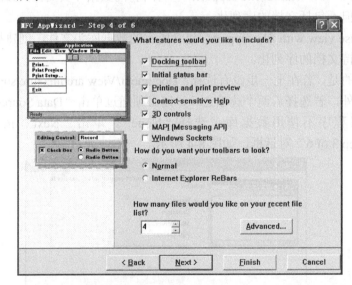

图 8-5　MFC AppWizard – Step 4 of 6 对话框

(6) 在"MFC AppWizard–Step 4 of 6"对话框中可以设置应用程序的界面特征。
- Docking toolbar：缺省设置，为应用程序添加一个标准的工具栏，且添加相应的菜单命令来显示或隐藏工具栏。

- Initial status bar：缺省设置，为应用程序添加一个标准的状态栏，且添加相应的菜单命令来显示或隐藏状态栏。
- Printing and print preview：缺省设置，为应用程序添加打印和打印预览功能。
- Context-sensitive Help：应用程序具有上下文相关联的帮助系统。
- 3D controls：缺省选项，应用程序界面具有三维立体外观。
- MAPI(Messaging API)：使应用程序可以创建、操作、传输和存储电子邮件。
- Windows Sockets：使应用程序可以使用 Sockets，支持 TCP/IP 协议。
- Normal：使用传统风格的工具栏。
- Internet Explorer ReBars：采用类似 IE 浏览器风格的工具栏。
- How many files would like on your recent file list?：在应用程序的"文件"菜单下列出最近使用过的文档的个数。

单击"Advanced"按钮可以进行更进一步的设置，可以修改缺省的文件名和扩展名，调整窗口的样式，确定是否使用分隔窗口等。

本例使用缺省设置。单击"Next"按钮，出现"MFC AppWizard–Step 5 of 6"对话框，如图 8-6 所示。

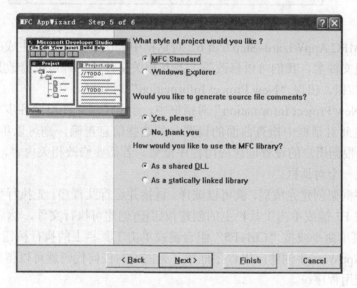

图 8-6　MFC AppWizard – Step 5 of 6 对话框

(7) 在"MFC AppWizard–Step 5 of 6"对话框中可以对项目进行相应的设置。

- MFC Standard：缺省设置，采用 MFC 标准风格。
- Windows Explorer：采用 Windows 资源管理器风格，应用程序窗口分为左右两部分，左边是一个树型视图，右边是一个列表视图。
- Yes, please：缺省选项，向导在源程序代码内插入相应的注释。
- No,thank you：在源程序内不插入注释。
- As a shared DLL：将 MFC 类库作为应用程序的共享动态链接库。
- As a statically linked library：采用静态链接方式，将应用程序中需要用到的 MFC 库作为静态库插入到应用程序中。这样生成的应用程序是一个完整的应用程序，可以直接运行而不用考虑系统中是否安装了所需的 MFC 类库。

本例中使用缺省设置。单击"Next"按钮，出现"MFC AppWizard–Step 6 of 6"对话框，如图 8-7 所示。

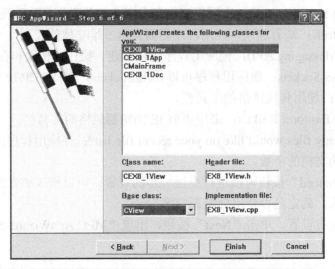

图 8-7　MFC AppWizard–Step 6 of 6 对话框

（8）在"MFC AppWizard–Step 6 of 6"对话框中列出了向导将要生成的类的缺省名及其头文件和实现文件名，我们可以修改类名及其相关文件，另外可以修改某些类的基类。单击"Finish"按钮，出现"New Project Information"对话框。

（9）在"New Project Information"对话框中，显示了用户在前面各步骤中所做的设置和选择。可以在此对话框中检查前面的设置，若这些信息正确，则可以单击"OK"按钮，AppWizard 将根据用户的设置创建应用程序框架。若需要修改相关内容，则单击"Cancel"按钮返回到上一个对话框。

应用程序框架创建完成后，就可以编译、链接并运行此程序。先执行"Build"→"Build"菜单命令或按 F7 键或单击工具栏上的创建按钮 创建可执行文件，然后执行"Build"→"Execute"菜单命令或按"Ctrl+F5"组合键或单击工具栏上的执行按钮 执行应用程序。因此，使用 AppWizard 创建应用程序框架，无需编写任何代码就可以得到一个具有一定功能的完整的应用程序。

例 8.1 运行结果如图 8-8 所示。

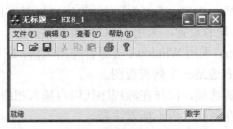

图 8-8　例 8.1 运行结果

【例 8.2】　使用 MFC AppWizard[exe]创建一个基于对话框的应用程序，程序运行时显示一个对话框。

利用 MFC AppWizard[exe]创建基于对话框的应用程序框架的步骤与创建单文档应用程序框架的步骤相似，即：

(1) 执行"File"→"New"菜单命令，打开如图 8-1 所示的"New"对话框。在"New"对话框中选择项目类型为"MFC AppWizard[exe]"，输入项目名为 EX8_2，确定保存项目的路径。单击"OK"按钮，出现如图 8-2 所示的"MFC AppWizard-Step 1"对话框。

(2) 在"MFC AppWizard-Step 1"对话框中选择"Dialog based"选项，单击"Next"按钮，出现如图 8-9 所示的"MFC AppWizard-Step 2 of 4"对话框。

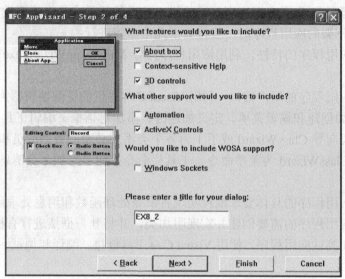

图 8-9　MFC AppWizard-Step 2 of 4 对话框

(3) 在"MFC AppWizard-Step 2 of 4"对话框中可以设置应用程序的特征，包括如下选项：

• About box：在程序中加入 About 对话框，显示程序的版本信息。在程序对话框的控制菜单中加入"关于"菜单。

• Please enter a title for your dialog：在下面的文本框中输入对话框的标题。

其它选项的含义与创建单文档应用程序时相同。

本例使用缺省设置。单击"Next"按钮，进入下一步。

(4) 创建对话框应用程序的后续步骤与创建单文档应用程序的 MFC AppWizard-Step 5 of 6 和 MFC AppWizard-Step 6 of 6 相同（如图 8-6 和图 8-7 所示）。

编译、链接并运行程序，程序运行结果如图 8-10 所示。

图 8-10　例 8.2 运行结果

应用程序框架创建后，程序员只需要向框架中添加特定的代码就可以实现应用程序的功能。

8.1.2 基于框架构造应用程序

利用 MFC 框架构造应用程序，就是在应用程序向导生成的 MFC 应用程序框架的基础上，加入特定的应用程序代码，添加新的资源，通过定义各个对象所响应的消息和命令将它们连接起来构成一个完整的应用程序。同时，用户利用 C++语言和标准 C++技术，从 MFC 类库所提供的类中派生出应用程序自己的类，并重载基类成员以增强性能。

开发基于框架的应用程序时一般按如下几个步骤进行：

(1) 根据应用程序的特性，利用应用程序向导 MFC AppWizard[exe]创建一个应用程序框架。

(2) 构造应用程序的用户接口。利用 Visual C++提供的资源编辑器为应用程序添加、编辑用户接口，如创建和编辑菜单、定义加速键、添加对话框、编辑工具栏以及其它资源。

(3) 利用类向导 ClassWizard 或手工为各个类添加必要的数据成员和成员函数。

(4) 利用 ClassWizard 为菜单命令、工具栏命令按钮等添加命令消息处理函数和其它消息处理函数。

(5) 根据应用程序的具体要求编程实现各命令处理函数和消息处理函数。

(6) 根据应用程序的需要创建并实现附加类，并将其与框架进行有机的连接。

(7) 调试和测试应用程序。使用 Visual C++工具链接、编译和调试应用程序，测试应用程序的功能。

8.2 AppWizard 生成的类和源文件

使用 MFC AppWizard[exe]创建应用程序框架时，首先创建一个程序员指定名称的项目，然后为此项目生成若干个类和一系列的文件，并保存在以项目名为名称的文件夹下。

程序员在图 8-2 中指定的应用程序的类型不同，由向导生成的类也有所不同。缺省情况下，如果指定的应用程序类型为单文档界面应用程序(SDI)，则生成四个主要类和一个关于对话框类；若指定的是多文档应用程序(MDI)，则生成五个主要类和一个关于对话框类；若指定的是基于对话框的应用程序，则生成两个主要类和一个关于对话框类。AppWizard 生成的类名缺省时以字符"C"开头，后接项目名，最后是类的种类标识。

应用程序的功能主要分布在这些类中实现，类之间通过公有成员函数来传递消息并进行相互间的通信和数据交换。

下面以例 8.1 中生成的单文档应用程序"EX8_1"为例进行说明。

8.2.1 应用程序类

应用程序类 CEX8_1App 从 CWinApp 派生，其头文件为 EX8_1.h，实现文件为 EX8_1.cpp。应用程序类控制应用程序的所有对象(文档、视图和框架窗口)，并负责完成应用程序的初始化、程序的启动和程序运行结束时的清理工作。每个基于 MFC 的 Windows

应用程序都必须有且只有一个从类 CWinApp 派生的派生类的全局对象，通过这个对象进入应用程序主函数 WinMain 并创建文档、视图和框架窗口对象。

在应用程序类 CEX8_1App 中重载了 CWinApp 类的虚函数 InitInstance，由第 7 章已经知道，在派生的应用程序类中必须重载 InitInstance 函数。缺省时，由 AppWizard 生成的 InitInstance 函数主要完成以下工作：

(1) 在注册表中注册应用程序。通过调用函数 SetRegistryKey 完成注册。

(2) 创建并注册文档模板。文档模板用于存放与应用程序的文档、视图和边框窗口有关的信息。创建或打开文档时，应用程序使用文档模板创建文档类对象来存放文档，创建视图类对象来显示文档，创建框架窗口类对象来容纳标题栏、菜单栏、工具栏和视图窗口。

(3) 处理命令行参数。应用程序运行时，可以在命令行中指定参数，例如指定打开的文件等。

(4) 通过调用 ShowWindow 和 UpdateWindow 函数显示和更新框架窗口。

在此函数中，可以根据应用程序的需要添加其它的初始化代码。

在应用程序类中还有菜单"帮助"→"关于"命令的消息处理函数 OnAppAbout，用于打开关于对话框。

在文件 EX8_1.cpp 中定义了与关于对话框相关联的对话框类 CAboutDlg。

8.2.2 框架窗口类

框架窗口类 CMainFrame 从 CFrameWnd 类派生，其头文件为 MainFrm.h，实现文件为 MainFrm.cpp。它主要负责管理应用程序窗口，创建并显示标题栏、菜单栏、工具栏和状态栏。

AppWizard 生成的框架窗口类中添加了对框架窗口创建时发送的消息 WM_CREATE 的处理函数 OnCreate，在此函数中首先调用基类的 OnCreate 函数，基类的 OnCreate 通过调用 OnCreateClient 创建视图窗口对象，然后创建工具栏和状态栏，并使工具栏成为可移动的。

在 CMainFrame 类中还重载了虚函数 PreCreateWindow，此函数在创建框架窗口前由应用程序框架调用。可以通过修改 CREATESTRUCT 结构参数 cs 的值来改变窗口的默认风格，例如改变窗口大小和位置，修改窗口背景、光标和图标等。

8.2.3 文档类

文档类 CEX8_1Doc 从 CDocument 类派生，其头文件为 EX8_1Doc.h，实现文件为 EX8_1Doc.cpp。它主要负责应用程序数据的保存和装载，实现文档的序列化功能。

文档类 CEX8_1Doc 主要包含两个成员函数，一个是 OnNewDocument，另一个是 Serialize。当用户执行"文件"→"新建"命令时，MFC 应用程序框架会自动调用 OnNewDocument 函数；另外，在应用程序启动时也会调用此函数。OnNewDocument 函数主要用于初始化文档。函数 Serialize 用来负责文档数据的保存和读取。

8.2.4 视图类

视图类 CEX8_1View 是从 CView 派生的，其头文件为 EX8_1View.h，实现文件为 EX8_1View.cpp。视图类用于处理客户区窗口，是框架窗口的一个子窗口，负责应用程序数据的显示以及如何进行人机交互。

在视图类 CEX8_1View 中重载了基类 CView 的成员函数 GetDocument，通过此函数可以获取与此视图窗口关联的文档类的指针 m_pDocument。由于视图窗口主要用来显示文档内的数据，因此通过此指针就可以访问文档类的数据成员和成员函数。

在视图类 CEX8_1View 中还重载了基类 CView 的虚函数 OnDraw。此函数被应用程序框架调用，负责文档数据在视图窗口中的输出。当产生屏幕更新、打印和打印预览消息时，框架自动调用此函数。实际上，在 CView 类的 WM_PAINT 消息处理函数 OnPaint 中调用了 OnDraw 函数，因此，每当视图窗口需要更新时都会自动调用 OnDraw。如果用户在应用程序的视图类中添加了对 WM_PAINT 的处理函数，则用户可以选择是否调用 OnDraw。例如例 8.1 中在 OnDraw 函数中添加了显示文字的代码。

另外，在视图类 CEX8_1View 中还重载了基类 CView 的三个虚函数 OnPreparePrinting、OnBeginPrinting 和 OnEndPrinting，用来负责处理与打印预览和打印有关的事务。三个函数中，只在 OnPreparePrinting 中调用了基类的同名函数，其它两个函数为空，需要用户添加附加的初始化代码和打印结束后的清理代码。

8.2.5 对话框类

对话框类 CAboutDlg 从 CDialog 派生，其定义和实现都在 EX8_1.cpp 文件中，当执行"帮助"→"关于"菜单命令时，显示关于程序版本信息的对话框。

8.2.6 其它文件

除了生成主要类的源代码文件外，AppWizard 还生成为建立应用程序所必需的其它文件：

(1) Resource.h：资源头文件，用于定义项目中所有资源的标识符，给资源 ID 分配一个整数值。

(2) StdAfx.h 和 StdAfx.cpp：标准包含文件，用于生成项目的预编译头文件(EX8_1.pch)和预编译类型信息文件(StdAfx.obj)。预编译文件用于提高项目的编译速度。

(3) EX8_1.clw：类向导文件，存放由 MFC ClassWizard 使用的信息。利用 ClassWizard 类向导添加新类、为类添加数据成员和成员函数时要使用该文件，利用 ClassWizard 建立和编辑消息映射时也需要存储在该文件中的信息。

(4) EX8_1.rc：包含资源描述信息的资源文件。资源文件列出了应用程序所有的资源，包括存储在子目录\res 中的图标、位图和光标。一般利用 Visual C++ IDE 的资源编辑器对资源进行可视化编辑，也可以通过 Open 命令以文本方式打开一个资源文件进行编辑。

(5) res\EX8_1.rc2：包含不是由 Visual C++资源编辑器编辑的资源。可以将所有不能由资源编辑器编辑的资源放置到该文件中。

(6) res\EX8_1Doc.ico：文档图标文件，一般显示在多文档界面程序的子窗口上，在 SDI 程序中不显示该图标。

(7) res\EX8_1.ico：应用程序图标文件。在资源管理器中用此图标作为应用程序的图形标识，在程序运行后此图标将出现在主窗口标题栏的最左端。

(8) res\Toolbar.bmp：用于创建工具栏按钮的位图文件，该位图是拥用程序工具栏中所有图标的图形表示。可利用工具栏编辑器对该位图进行编辑。

(9) EX8_1.dsp：项目文件，保存该项目有关源代码文件、资源文件以及项目设置的有关信息。

(10) EX8_1.dsw：项目工作区文件，保存上一次操作结束时 Visual C++窗口的状态、位置以及针对该项目工作区所做的设置信息。当用户需要打开某个项目时，只需要利用 Visual C++打开此文件即可。

(11) Readme.txt：项目自述文件，该文件介绍了 AppWizard 所创建文件的内容和功能，并告诉程序员在什么位置添加自己的代码以及如何更改程序所用的语言。

8.3 项目和项目工作区

在 Visual C++中以项目(Project)的方式管理应用程序的各个元素，一个程序对应一个项目，项目通常位于项目工作区(Workspace)中。Visual C++的项目工作区可以容纳多个项目。例如，如果你正在编写一个动态链接库(Dynamic Link Library，DLL)，则可以在项目工作区中为 DLL 创建一个项目，然后在同一项目工作区创建另一个项目来测试这个动态链接库。对于初学者，一般在一个项目工作区中只包含一个项目，在创建一个新的项目时，如果 Visual C++项目工作区窗口中有打开的项目，可以执行"File"→"Close Workspace"菜单命令关闭当前项目工作区，或在创建新项目时，在图 8-1 所示的 New 对话框中选中"Create new workspace"选项。

8.3.1 项目

在 Visual C++的集成开发环境中，可以通过"File"→"New"菜单命令来创建一个新的项目。在图 8-1 中可以发现，Visual C++可以创建各种类型的项目，创建的每一个项目都会自动生成一个项目文件，其后缀名为 .DSP。项目名是项目中其它文件命名的基础。

项目文件保存了该项目有关源代码文件、资源文件以及项目设置的有关信息。

项目是一些相互关联的文件的集合，如类定义和实现的源代码文件、资源文件等，这些文件被编译、链接后，形成 Windows 应用程序。

8.3.2 项目工作区

项目工作区代表了特定项目的集合，每个工作区可以包含一个或多个项目。通过"Project"→"Insert Project into Workspace"菜单命令，可以将不同的项目加入到同一个项目工作区。本书不涉及具有多个项目的项目工作区。

每个项目工作区有一个项目工作区文件(文件名后缀为 .DSW)，它负责组织项目中的文件，保存项目描述内容和设置信息。可以利用项目工作区窗口去查看和访问项目中的各种组件。

创建一个项目的同时，Visual C++为这个项目创建了一个缺省的项目工作区，项目工作区可以采用如下方法进行修改：

- 通过"Project"→"Settings"菜单命令来对项目进行设置。
- 通过"Tools"菜单的"Options"或"Customize"命令来改变项目工作区的设置。

利用"Options"对话框中的"Workspace"标签,可以定制不同的窗口、状态栏以及项目工作区的其它部件。利用"Editor"标签,可以指定源代码编辑器的有关设置。利用"Customize"对话框,可以重新布局、增加、减少工具栏按钮以及菜单命令、键盘快捷键等。

提示:关于项目工作区的详细设置,可以通过在 MSDN 的索引中输入关键字"Customizing"来查询。

8.3.3 项目工作区窗口的使用

当创建一个新的项目或打开一个项目时,这个项目成为当前项目。在 Visual C++的集成开发环境窗口中,缺省时会打开一个项目工作区窗口,如图 8-11 所示。对于 Win32 控制台应用程序项目,项目工作区窗口下有"ClassView"和"FileView"两个标签;对于 Windows 应用程序项目,窗口下多一个"ResourceView"标签。

可以通过以下方式控制项目工作区窗口:

- 如果在 Visual C++集成开发环境中没有项目工作区窗口,可以执行"View"→"Workspace"菜单命令。
- 单击项目工作区窗口右上角的关闭按钮"×",可以关闭项目工作区窗口。
- 单击工具栏上的 Workspace 按钮 ,可以让窗口在可见与不可见之间转换。

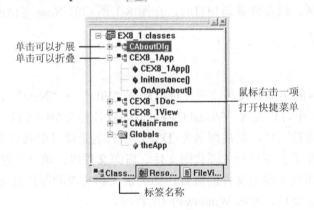

图 8-11 项目工作区窗口

1. ClassView 的使用

单击项目工作区窗口的"ClassView"标签,窗口中将以树型结构显示项目中所包含的C++类及类成员的列表,如图 8-11 所示。在每个类的成员(数据成员和成员函数)左侧都有一个小图标,这个图标给出了成员类型(数据成员和成员函数)以及访问权限。

各种图标的含义如表 8-1 所示。

表 8-1 ClassView 中各图标的含义

图标(方块为蓝色)	含 义	图标(方块为紫色)	含 义
◆	公有数据成员	◆	公有成员函数
⚿	保护数据成员	⚿	保护成员函数
🔒	私有数据成员	🔒	私有成员函数

通过ClassView，可以方便地查看和编辑源代码文件，给类添加数据成员和成员函数以及在项目中添加新类。操作方法如下：
- 单击每个类名前的⊞可以展开类，查看类的成员，单击类名前的⊟可以折叠。
- 双击类名可以打开类定义的头文件(.h)，光标停留在类声明开始处。
- 双击成员函数可以打开程序代码，光标定位于类的成员函数的实现代码处。
- 在ClassView中添加新类的方法：右击项目工作区窗口顶部的项目名，在弹出的快捷菜单中选择"New Class"命令，在"New Class"对话框中指定类名和基类，单击"OK"按钮。
- 右击类名，弹出如图8-12所示的快捷菜单，可以在类中添加数据成员、成员函数，重载虚函数和添加消息处理等。
- 右击成员函数，弹出如图8-13所示的快捷菜单，可以删除函数，查看函数的定义和声明等。

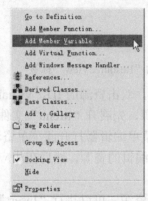 

图8-12 右击类的快捷菜单　　　　图8-13 右击成员函数的快捷菜单

2. FileView 的使用

单击项目工作区窗口下的"FileView"标签，项目工作区窗口将以树形结构分类显示项目中的文件，如图8-14所示。"FileView"的使用方法如下：
- 双击文件名可以打开此文件。
- 右击文件名，弹出快捷菜单，可以进行项目设置、编译文件和查看文件属性等。

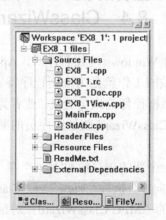

图8-14 项目工作区窗口的"FileView"标签

3. ResourceView 的使用

单击项目工作区窗口下的"ResourceView"标签,项目工作区窗口中显示一个由不同类型的资源文件组成的树形结构,如图 8-15 所示。使用 ResourceView 不仅可以查看已经存在的资源,还可以实现对资源的编辑、创建新的资源和导入资源。

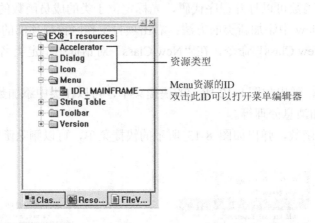

图 8-15 项目工作区窗口的"ResourceView"标签

- 查看资源。展开需要查看资源的文件夹,双击资源的 ID,Visual C++自动以合适的编辑器打开这项资源。例如,想要查看菜单资源,先展开"Menu"文件夹,双击菜单资源的 ID(IDR_MAINFRAME),Visual C++自动用菜单编辑器打开此菜单资源。
- 资源的编辑。按查看资源的步骤打开欲编辑的资源,然后在相应的资源编辑器中编辑和修改。
- 资源的创建。要在项目中添加一个新的资源,可以执行"Insert"→"Resource"菜单命令,在弹出的"Insert Resource"对话框中,双击需要创建的资源。另外,在项目工作区窗口的"ResourceView"标签中,右击项目名或文件夹名,会出现快捷菜单,执行"Insert"命令也会打开"Insert Resource"对话框。
- 资源的删除。在"ResourceView"标签中选中要删除的资源,按下"Delete"键,即可删除这个资源。

8.4 ClassWizard

在开发一个基于 MFC 的 Windows 应用程序时,AppWizard 只使用一次。当创建完应用程序框架后,程序员所要做的工作就是为应用程序特定的功能添加代码。当需要为应用程序添加消息处理函数和对话框控件的成员变量,或者为程序添加新的 MFC 派生类时,需要使用 ClassWizard 类向导。ClassWizard 就像程序员的助手,是进行 MFC 应用程序设计时必不可少的工具。

当打开一个项目或创建一个新的项目后,"View"菜单中会出现"ClassWizard"菜单项,这时才能使用 ClassWizard 类向导。执行"View"→"ClassWizard"菜单命令或按"Ctrl+W"快捷键,打开如图 8-16 所示的"MFC ClassWizard"对话框。

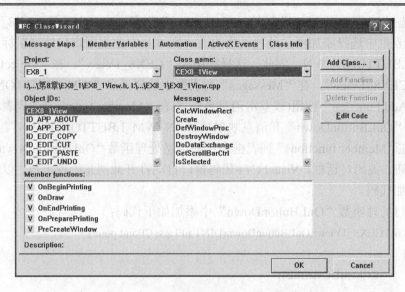

图 8-16 ClassWizard 类向导对话框

"MFC ClassWizard"对话框共有五个标签:"Message Maps"用来处理消息映射,为消息添加或删除处理函数,查看已被处理的消息并定位消息处理函数代码;"Member Variables"标签用来给对话框控件添加或删除变量;"Automation"标签提供了OLE自动化的属性和方法的管理;"ActiveX Events"标签用于管理ActiveX类所支持的ActiveX事件;"Class Info"标签显示应用程序中所包含类的信息,如类的头文件、实现文件和基类信息等。

在"MFC ClassWizard"对话框中,经常使用的是"Message Maps"和"Member Variables"标签。

"MFC ClassWizard"对话框中的"Message Maps"标签主要用于消息映射和为类重载虚函数。"Message Maps"标签下,"Project"列表框列出了当前项目工作区中项目的名称;"Class name"下拉列表框列出了当前项目中的类;"Object IDs"列表框列出了能产生消息的对象的ID,这些消息能在当前类中进行消息处理,如菜单项、对话框控件等,一般第一项为当前类的类名;"Messages"列表框列出了在"Object IDs"框中选择的对象可处理的消息和可重载的MFC虚函数;"Member functions"框列出了所选择类中已添加的消息处理函数和已重载的虚函数,函数前的"V"标记表示该函数为虚函数,"W"标记表示该函数为消息处理函数。

8.4.1 添加消息处理函数

下面结合例8.1,学习利用ClassWizard类向导添加消息处理函数的方法。当例8.1启动时,在视图窗口的客户区域中央显示一字符串,在客户区域单击鼠标左键,以鼠标指针点为中心,画一个圆。

(1) 若例8.1的项目不是当前项目,则应先打开此项目。执行"File"→"Open"菜单命令,在"打开"对话框中查找到项目工作空间文件"EX8_1.dsw",单击"打开"按钮。

(2) 执行"View"→"ClassWizard"菜单命令,弹出"MFC ClassWizard"对话框。

(3) 选择"Message Maps"标签，在"Project"列表框中选中项目"EX8_1"，在"Class name"列表框中选择添加消息处理函数的类。例 8.1 中由视图窗口处理鼠标左键按下的消息 WM_LBUTTONDOWN，因此，选择视图类"CEX8_1View"。在"Object IDs"列表框中选择"CEX8_1View"，在"Messages"列表框中选择消息"WM_LBUTTONDOWN"，然后单击"Add Function"按钮（或双击消息名），则在"Member functions"列表框中添加相应的函数名"OnLButtonDown"和消息映射项"ON_WM_LBUTTONDOWN"。

(4) 在"Member functions"列表框中选择消息处理函数"OnLButtonDown"，单击"Edit Code"按钮，关闭对话框，Visual C++代码窗口自动打开此消息处理函数，以便在消息处理函数中添加代码。

在消息处理函数"OnLButtonDown"中添加如下代码：

```
void CEX8_1View::OnLButtonDown(UINT nFlags, CPoint point)
{
    CClientDC dc(this);
    CRect rect(point.x-50,point.y-50,point.x+50,point.y+50);
    dc.Ellipse(rect);
    CView::OnLButtonDown(nFlags, point);
}
```

说明：其中的黑体为手工添加的代码，其它为 ClassWizard 自动生成的函数结构和注释。在本书后面也一样，黑体为手工添加的代码，其它为 AppWizard 或 ClassWizard 等向导自动生成的。

8.4.2 编辑消息处理函数

在例 7.2 中，为了使应用程序启动时自动在窗口客户区域显示字符串，在框架窗口类中添加了消息 WM_PAINT 的处理函数。在 AppWizard 生成的应用程序框架中，框架窗口作为菜单、工具栏、状态栏和视图窗口的容器，框架窗口的客户区域被它们所覆盖，用户一般直接与视图窗口进行交互。在 MFC 的视图类 CView 中，已经添加了消息 WM_PAINT 的处理函数，如下所示：

```
void CView::OnPaint()
{
    CPaintDC dc(this);
    OnPrepareDC(&dc);
    OnDraw(&dc);
}
```

该函数缺省调用了 CView 类的虚函数 OnDraw。OnDraw 除了支持显示器外，还支持打印机。因此，在 AppWizard 生成的应用程序框架中，一般不再重载 OnPaint 消息处理函数，只需要在重载的 OnDraw 中添加相应的代码即可。当产生 WM_PAINT 消息时，系统会自动调用 OnDraw 函数。

在例 8.1 的视图类 CEX8_1View 的函数 OnDraw 中添加代码，当应用程序启动时，在视图窗口中央显示字符串"欢迎学习 MFC!"，操作步骤如下：

(1) 执行 "View" → "ClassWizard" 菜单命令, 打开 "MFC ClassWizard" 对话框。
(2) 在 "Class name" 下选中消息处理函数所在的类(例 8.1 中函数 OnDraw 在类 CEX8_1View 中, 选中 CEX8_1View); 在 "Member functions" 列表框中选择要编辑的消息处理函数, 单击 "Edit Code" 按钮(或直接双击消息处理函数), 则自动跳转到消息处理函数的开始处, 可以直接添加相应的代码。

在例 8.1 的 CEX8_1View::OnDraw 函数中添加如下代码(黑体代码):

```
void CEX8_1View::OnDraw(CDC* pDC)
{
    CEX8_1Doc* pDoc = GetDocument();
    ASSERT_VALID(pDoc);
    // TODO: add draw code for native data here
    CRect rect;
    GetClientRect(&rect);
    pDC->DrawText(_T ("欢迎学习 MFC!"), -1, &rect,
        DT_SINGLELINE | DT_CENTER | DT_VCENTER);
}
```

执行 "Buld" → "Buld" 菜单命令(或按 F7 快捷键)编译、链接程序。例 8.1 运行的结果如图 8-17 所示。

图 8-17 例 8.1 的运行结果

编辑消息处理函数也可以使用项目工作区窗口的 "ClassView" 标签, 展开消息处理函数所在的类, 双击函数名, 则 Visual C++自动打开消息处理函数, 光标定位在函数上。

8.4.3 删除消息处理函数

利用 ClassWizard 删除消息处理函数的过程如下:
(1) 在 "MFC ClassWizard" 对话框中选择 "Message Maps" 标签。
(2) 在 "Class name" 下拉列表框中选择要删除的消息处理函数所在的类。
(3) 在 "Member functions" 列表框中选择要删除的成员函数名。
(4) 单击 "Delete Functions" 按钮。

应注意的是, ClassWizard 只删除消息处理函数在头文件中的函数原型和实现文件中对应的消息处理映射项, 并不删除函数的函数体, 函数体必须手工删除, 同时需要删除在程序中对此函数的调用。否则, 编译时会给出错误提示。

8.4.4 重载虚函数

使用 ClassWizard 可以重载基类中定义的虚函数，具体方法和步骤如下：
(1) 在"MFC ClassWizard"对话框中选择"Message Maps"标签。
(2) 在"Class name"下拉列表框中选择重载的虚函数所在类的类名。
(3) 在"Object IDs"列表框中再次选择该类名，系统在"Messages"列表框中列出所有可在该类重载的虚函数及可在该类中处理的标准 Windows 消息。
(4) 在"Messages"列表框中选择要重载的虚函数名。
(5) 单击"Add Function"按钮，添加重载函数。
(6) 单击"Edit Code"按钮，Visual C++自动关闭对话框，并在代码窗口中打开此函数，光标自动定位于重载函数内，此时可以添加代码，编辑函数。

8.4.5 为项目添加新类

使用 ClassWizard 可以为项目添加新的类。ClassWizard 只能为项目添加一个 MFC 类的派生类。其具体步骤如下：
(1) 在"MFC ClassWizard"对话框中单击"Add Class"按钮，在弹出的菜单中选择"New"命令，弹出"New Class"对话框，如图 8-18 所示。

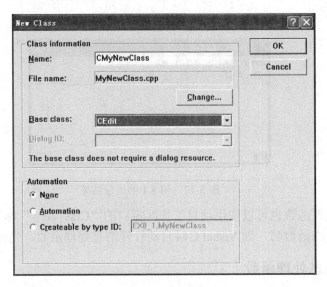

图 8-18　用 ClassWizard 打开的"New Class"对话框

(2) 在"Name"文本框中输入新类名称，从"Base class"下拉列表框中选择用于派生新类的基类。
(3) 对于派生基于对话框的类，可从"Dialog ID"下拉列表框中选择一个对话框资源；对于其它类，此列表框无效。
(4) 单击"Change"按钮，在弹出的对话框中可以更改类的头文件和实现文件，或选择已存在的文件保存此类。

(5) 单击"OK"按钮，ClassWizard 就为项目添加了一个新类，并生成与类对应的头文件和实现文件。

若要为项目添加一个其它 MFC 类的派生类或非 MFC 类的派生类或普通类，则应执行"Insert"→"New Class"菜单命令，并出现如图 8-19 所示的对话框。在"Class type"中选择添加类的种类，在"Name"框中输入类名，在"Base class"选择基类名。若在"Class type"中选择了"Generic Class"，则在"Base class"下输入基类名和派生方式。若在"Class type"中选择的项不同，此对话框的操作则稍有不同。

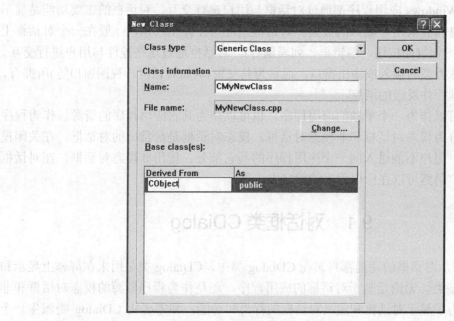

图 8-19 执行"Insert"→"New Class"打开的对话框

习　题

1. 利用 AppWizard 生成一个多文档界面应用程序，并编译和运行。
2. 利用 AppWizard 生成单文档界面应用程序，通过选择不同的设置观察应用程序的外观和功能的差异。
3. 通过项目工作区窗口的 ClassView 标签查看生成的视图类成员函数 OnDraw。
4. 通过项目工作区窗口的 ResourceView 标签查看 AppWizard 为单文档界面应用程序生成了哪些资源。双击各个资源，了解相应的资源编辑器。
5. 通过项目工作区窗口的 ResourceView 标签为单文档界面应用程序添加一个对话框资源。
6. 利用 ClassWizard 为例 8.1 在视图类中添加对消息 WM_RBUTTONDOWN 的处理函数，当在客户区右击鼠标时，在客户区域画一个长方形。
7. 在例 8.1 的文档类中添加一字符串数据成员并初始化，在视图类的 OnDraw 中添加代码显示此字符串。

第 9 章 对话框和控件

绝大多数 Windows 应用程序都通过对话框与用户进行交互。对话框的主要功能是显示应用程序的信息和获取用户输入的数据。对话框始终与控件相联系，一般在一个对话框上都有一个或多个控件(如按钮、编辑框、列表框等)，对话框通过这些控件与用户进行交互。控件是一种特殊类型的输入或输出窗口，通常为其父窗口(如对话框、视图窗口等)所拥有，在父窗口中处理控件发送的消息。

对话框既可以作为一个单独的应用程序，也可以作为其它应用程序的资源。作为程序资源的对话框分为模态对话框和非模态对话框。模态对话框是最常用的对话框，在关闭模态对话框之前，用户不能进入同一个应用程序的其它部分。使用非模态对话框，在对话框关闭之前，用户仍然可以在应用程序的窗口中工作。

9.1 对话框类 CDialog

在 MFC 中，对话框的功能都封装在 CDialog 类中，CDialog 类是用来在屏幕上显示和管理对话框的基类。无论是基于对话框的应用程序，还是作为程序资源的模态对话框和非模态对话框，为了显示对话框和定义对话框的行为和功能，都需要从 CDialog 类派生一个对话框类。

一个对话框对象是一个对话框模板资源和一个 CDialog 派生类的结合。要创建一个对话框，首先要创建一个对话框模板资源，可以使用对话框编辑器创建对话框模板资源并存储在资源文件中，然后利用 ClassWizard 创建一个基于对话框模板资源的从 CDialog 派生的对话框类。对话框模板资源指定了对话框本身的属性(如大小、位置、风格、类型等)和对话框中的控件及属性，对话框类规定了对话框和对话框中每个控件的行为。通过对话框模板资源才能创建对话框类和对象。

CDialog 类是 CWnd 类的派生类，继承了 CWnd 类的成员。因此，对话框具有窗口的一切功能。CDialog 类的派生关系如图 9-1 所示。

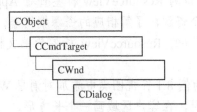

图 9-1 CDialog 类的派生关系

CDialog 类提供了管理对话框的成员函数，同时，CWnd 类也提供了管理对话框和控件的成员函数和管理一般窗口的函数,可以在对话框类的消息处理函数中调用这些成员函数。

CDialog 类中有关对话框处理的常用函数如下:

(1) CDialog:通过派生类构造函数调用,根据对话框模板资源定义一个对话框对象。函数原型为:

  CDialog(LPCTSTR lpszTemplateName, CWnd* pParentWnd = NULL);
  CDialog(UINT nIDTemplate, CWnd* pParentWnd = NULL);
  CDialog( );

其中,参数"lpszTemplateName"为对话框模板资源名,"nIDTemplate"为对话框模板资源 ID。

(2) Create:根据对话框模板资源创建非模态对话框窗口。如果对话框模板资源不具有 Visible 属性,则需要调用 CWnd::ShowWindow()函数才能显示对话框。函数原型为:

  BOOL Create(LPCTSTR lpszTemplateName, CWnd* pParentWnd = NULL);
  BOOL Create(UINT nIDTemplate, CWnd* pParentWnd = NULL);

其中,参数"lpszTemplateName"为对话框模板资源名,"nIDTemplate"为对话框模板资源 ID。

(3) DoModal:激活模态对话框,并显示对话框窗口。当对话框关闭时函数才返回对话框结果。函数原型为:

  virtual int DoModal( );

(4) EndDialog:关闭模态对话框。函数原型为:

  void EndDialog(int nResult);

其中,参数"nResult"为 DoModal 关闭对话框时的返回值。

(5) OnInitDialog:WM_INITDIALOG 消息的处理函数。在调用 DoModal 或 Create 函数时系统发送 WM_INITDIALOG 消息。当创建对话框后、显示之前调用该函数进行初始化工作。函数原型为:

  virtual BOOL OnInitDialog( );

(6) OnOK:单击对话框的 OK 按钮(ID 为 IDOK)时调用。在派生对话框类中重载该函数可执行 OK 按钮命令。如果对话框包含自动的数据检验和交换,则该函数缺省实现对应用程序的某些变量进行数据检验和交换。在非模态对话框中实现 OK 按钮,必须重载 OnOK 函数,并在其中调用 CWnd::DestroyWindow,但不能调用基类的 OnOK 函数,否则将会调用 EndDialog,不能销毁对话框但使其不可见。函数原型为:

  virtual void OnOK( );

(7) OnCancel:单击 Cancel 按钮或按 ESC 键时调用该函数。在派生对话框类中重载该函数可执行 Cancel 按钮命令。该函数缺省实现调用 EndDialog 终止模态对话框,并使 DoModal 返回 IDCANCEL。在非模态对话框中实现 Cancel 按钮,必须重载 OnCancel 函数,并在其中调用 CWnd::DestroyWindow,但不能调用基类的 OnCancel 函数,否则将会调用 EndDialog,不能销毁对话框但使其不可见。函数原型为:

  virtual void OnCancel( );

另外,CDialog 类还提供了对缺省按钮进行操作和在控件间移动输入焦点的函数。函数 GetDefID 返回对话框中缺省按钮的控件 ID,通常为 OK 按钮。函数 GotoDlgCtrl 将输入焦点移到指定的控件上。函数 NextDlgCtrl 将输入焦点移动到下一个控件上。函数 PrevDlgCtrl 将输入焦点移动到前一个控件上。函数 SetDefID 将缺省按钮设置为指定 ID 的按钮。

CWnd 类中有关窗口处理和对话框处理的常用函数如下：

(1) DestroyWindow：关闭并销毁由 CDialog::Create 创建的对话框窗口。函数原型为：

  virtual BOOL DestroyWindow( );

(2) DoDataExchange：被 UpdateData 函数调用以实现对话框数据交换，不能直接调用。

(3) GetWindowText：获取对话框标题或控件内的文本。函数原型为：

  int GetWindowText(LPTSTR lpszStringBuf, int nMaxCount) const;

  void GetWindowText(CString& rString) const;

其中，参数"lpszStringBuf"为指向接收对话框标题字符串的指针，"nMaxCount"指定接收字符串的长度，"rString"为保存对话框标题的 CString 对象。

(4) GetDlgItemText：获取对话框控件的标题或文本。函数原型为：

  int GetDlgItemText(int nID, LPTSTR lpStr, int nMaxCount) const;

  int GetDlgItemText(int nID, CString& rString) const;

其中，参数 nID 为获取文本的控件 ID，控件内的标题或文本由"lpStr"或"rString"返回。

(5) GetDlgItem：获取对话框控件或其它窗口的指针。函数原型为：

  CWnd* GetDlgItem(int nID) const;

  void CWnd::GetDlgItem(int nID, HWND* phWnd) const;

其中，参数"nID"为指定控件的 ID 值，指向控件的指针由参数"phWnd"或函数返回。

(6) SetWindowText：用指定文本设置对话框的标题，对于控件则设置控件内文本。函数原型为：

  void SetWindowText(LPCTSTR lpszString);

其中，参数"lpszString"为一个指向 CString 对象或以"\0"结尾的字符串的指针，此字符串将作为对话框标题或控件内的文本。

(7) SetDlgItemText：设置对话框控件的标题或文本内容。函数原型为：

  void SetDlgItemText(int nID, LPCTSTR lpszString);

其中，参数"nID"为指定控件的 ID 值，"lpszString"为设置的字符串。

(8) MoveWindow：改变对话框的大小和位置。函数原型为：

  void MoveWindow(int x, int y, int nWidth, int nHeight, BOOL bRepaint = TRUE);

  void MoveWindow(LPCRECT lpRect, BOOL bRepaint = TRUE);

其中，参数"x"和"y"指定对话框左上角坐标，"nWidth"和"nHeight"指定对话框的宽度和高度，"lpRect"指定对话框新的位置和大小。

(9) EnableWindow：使对话框为禁用或可用状态。函数原型为：

  BOOL EnableWindow(BOOL bEnable = TRUE);

若参数为"FALSE"，则对话框将被禁止使用；若参数为"TRUE"，则对话框允许使用。

(10) UpdateData：通过调用 DoDataExchange 函数设置或获取对话框控件的数据。函数原型为：

  BOOL UpdateData(BOOL bSaveAndValidate = TRUE);

其中，参数"bSaveAndValidate"指明是用变量设置对话框控件(FALSE)还是获取对话框数据(TRUE)的标志。

在 CDialog::OnInitDialog 函数的缺省实现中,以 FALSE 为参数调用 UpdateData 初始化对话框;在 CDialog::OnOK 函数的缺省实现中,以 TRUE 为参数调用 UpdateData 获取对话框数据。如果点击 Cancel 按钮,并不调用此函数,只关闭对话框,并不获取数据。

(11) ShowWindow:显示或隐藏对话框窗口。函数原型为:

  BOOL ShowWindow(int nCmdShow);

其中,参数"nCmdShow"指定窗口显示的方式。

(12) SetDlgItemInt:将整数转换为字符串并设置为控件的文本。函数原型为:

  void SetDlgItemInt(int nID, UINT nValue, BOOL bSigned = TRUE);

其中,参数"nID"为要设置文本的控件的 ID 值,"nValue"为要转换为字符串的整数。

(13) GetDlgItemInt:将指定控件的文本转换成整数并返回。转换时,跳过文本开始的空格,当到达文本的末尾或遇到非数字字符时停止转换。函数原型为:

  UINT GetDlgItemInt(int nID, BOOL* lpTrans = NULL, BOOL bSigned = TRUE) const;

9.2 基于对话框的应用程序

基于对话框的应用程序运行时就是一个对话框窗口。相对于其它结构的 Windows 程序要简单的多。可以利用 AppWizard 应用程序向导和 ClassWizard 类向导轻松地创建一个对话框应用程序。

创建一个基于对话框的应用程序可以分为以下几步:

(1) 利用 AppWizard 创建一个基于对话框的应用程序框架。

(2) 利用对话框编辑器以可视化的方法编辑对话框,放置各种控件并设置控件的属性。

(3) 使用 ClassWizard 在对话框类中添加数据成员、交换函数和有效性验证函数,为控件添加关联的成员变量。

(4) 使用 ClassWizard 为对话框的按钮和其它控件产生的事件添加消息处理函数。

(5) 对特殊控件进行初始化,为消息处理函数添加代码。

9.2.1 简单应用程序实例

下面通过一个简单的实例来说明创建对话框应用程序的方法和过程。

【例 9.1】 编写一个如图 9-2 所示的对话框应用程序,完成简单的算术运算。

程序的创建过程如下:

(1) 利用 AppWizard 创建应用程序框架。

执行"File"→"New"菜单命令,打开"New"对话框(见图 8-1)。选定"Projects"标签,选择项目类型"MFC AppWizard[exe]",在"Project name"文本框中输入项目名 EX9_1,在"Location"文本框中输入保存项目的路径和文件夹名,单击"OK"按钮。在随后出现的"MFC AppWizard–Step1"对话框(见图 8-2)中选

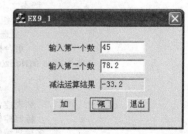

图 9-2 例 9.1 用户界面

择"Dialog based",单击"Finish"按钮,就以缺省选项建立了应用程序框架,并在 Visual C++ 的集成开发环境下打开对话框编辑器和控件工具栏,如图 9-3 所示。

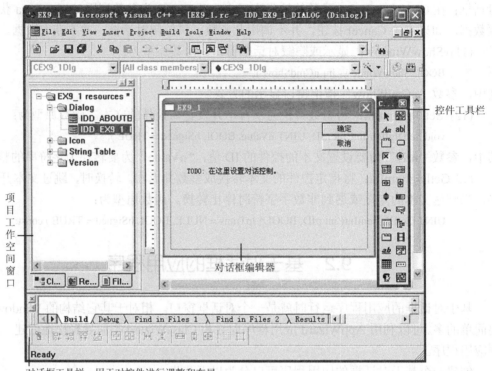

图 9-3 对话框编辑窗口

(2) 添加控件并设置控件属性。

一个对话框总是与控件相关联的,对话框的功能主要由各种控件来实现,因此,为了实现对话框的功能,必须利用对话框编辑器为对话框模板资源添加相应的控件。

添加控件需要利用控件工具栏,如图 9-4 所示。控件工具栏上的每一个图标代表一种控件。若 Visual C++窗口中没有出现控件工具栏,则只需在菜单栏或工具栏的空白处右击鼠标,在弹出的快捷菜单中选择"Controls"项即可。

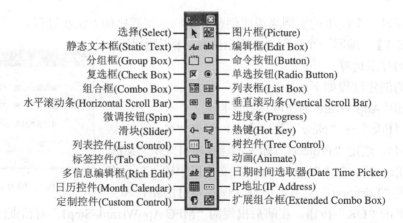

图 9-4 控件工具栏及控件说明

在对话框模板资源上添加控件的方法：在控件工具栏上单击要添加的控件图标，选择所需的控件，然后在对话框上按住鼠标左键在适当位置画出所需大小的控件。也可以在控件工具栏中选择所需控件后，在对话框指定位置处单击鼠标，则该控件被添加到对话框中指定的位置。

本例中，先删除原有的控件，按图 9-2 所示，添加三个静态文本框、三个编辑框和三个命令按钮。

若想改变控件的大小，对齐控件，删除或移动控件等，必须首先选择相应的控件。单击某个控件即可选中该控件。若要同时选择多个控件，一种方法是在对话框内按住鼠标左键不放，拖动鼠标画出一个虚线框，然后释放鼠标，则被该虚线框包围的控件都将被同时选中；另一种方法是按住 Shift(或 Ctrl)键不放，然后用鼠标分别单击需要选中的控件。

当有多个控件被同时选中时，其中有一个控件周围带有实心标志，其它为空心标志。当需要同时改变多个控件的大小或对齐多个控件时，对话框编辑器以带实心的控件来决定其它控件的大小和对齐方式。按住 Ctrl 键不放，单击某个控件，即可将实心标志移到该控件上。按住 Shift 键不放，单击被选中的控件，则可取消该控件的选中。

为了调整对话框中控件的位置、大小和对齐控件等，可以使用如图 9-5 所示的对话框工具栏(一般位于 Visual C++集成开发环境的底部)或使用 "Layout" 菜单来布局控件。只有当打开对话框编辑器时，才会出现 Layout 菜单。

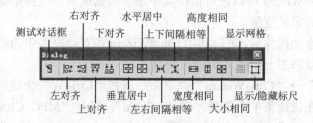

图 9-5 对话框工具栏

在调整控件布局时可以随时单击"测试对话框"按钮观察对话框的运行结果。

控件的属性决定了控件的外观和功能。可以在添加控件的同时设置控件的属性，或者在控件添加结束后再设置属性。在对话框模板资源中右击需要设置属性的控件，在弹出的快捷菜单中选择 "Properties"，或选中控件按回车键，则弹出如图 9-6 所示的控件的属性对话框。在对话框中可以选中某选项以设置该属性，或取消选中以清除该属性。若要设置多个控件的属性，可以按下属性窗口对话框左上角的图钉按钮，则属性对话框始终保持打开状态。

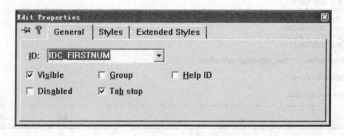

图 9-6 控件的属性对话框

本例中,对第一个编辑框,在"General"标签下设置控件 ID 值为 IDC_FIRSTNUM,其它属性采用缺省设置。表 9-1 列出了本例中所有控件的属性设置和添加的成员变量。

表 9-1 例 9.1 中控件的属性设置和添加的成员变量

控件类型	控件 ID	设置的非缺省属性	成员变量名及类型
静态文本框	IDC_STATIC	Caption:输入第一个数	
静态文本框	IDC_STATIC	Caption:输入第二个数	
静态文本框	IDC_STATICRESULT	Caption:运算结果	m_staticResult,CStatic
编辑框	IDC_FIRSTNUM		m_floatFirstNum,float m_editFirstNum,CEdit
编辑框	IDC_SECONDNUM		m_floatSecondNum,float m_editSecondNum,CEdit
编辑框	IDC_RESULT	Read-only	m_floatResult,float m_editResult,CEdit
命令按钮	IDC_ADD	Caption:加	
命令按钮	IDC_SUBTRACT	Caption:减	
命令按钮	IDC_EXIT	Caption:退出	

(3) 利用 ClassWizard 可以在对话框类中添加数据成员、交换函数和有效性验证函数,为控件添加关联的成员变量。

在对话框中添加控件后,可以利用 ClassWizard 在对话框类中为控件添加对应的成员变量,一个控件可以添加一个或多个成员变量。

执行"View"→"ClassWizard"菜单命令或按"Ctrl+W"快捷键或右击需要关联的成员变量的控件,在快捷菜单中选择"ClassWizard",打开"MFC ClassWizard"对话框,选中"Member Variables"标签,如图 9-7 所示。在"Member Variables"标签下,可以在对话框类中为对话框中的控件添加关联的成员变量和删除变量。

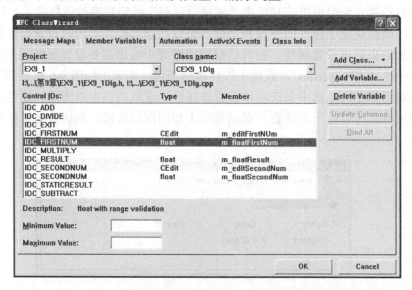

图 9-7 ClassWizard 类向导的"Member Variables"标签

在"Member Variables"标签的 Class name 下拉列表框中选择要添加成员变量的对话框类，本例为 CEX9_1Dlg。"Control IDs"列表框中列出了该对话框中所有控件的 ID 值。对话框中每一个控件都必须有一个 ID 值，每一个 ID 值唯一地代表一个控件。

在"Control IDs"下选定需要关联的变量的控件 ID，单击"Add Variable"按钮，将弹出如图 9-8 所示的"Add Member Variable"对话框。在"Member variable name"框中输入成员变量名，ClassWizard 缺省以"m_"作为成员变量名的前缀。在"Category"下拉列表框中选择成员变量的类别，可以为 Control 或 Value，在"Variable type"下拉列表框中选择成员变量的数据类型。

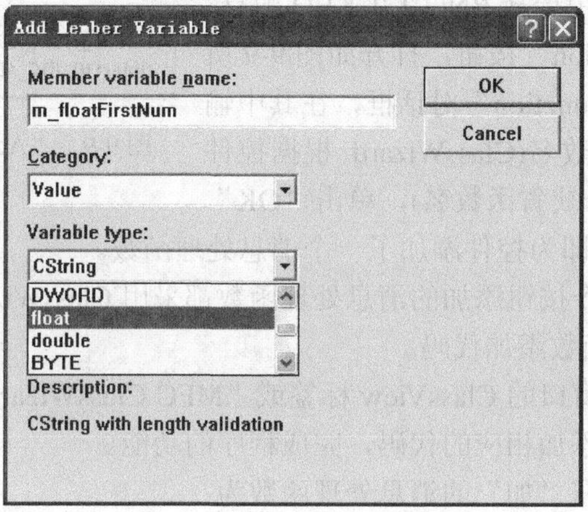

图 9-8 添加成员变量对话框

若选择成员变量的类别为 Value，则添加的成员变量用来保存控件的值或给控件赋值，这时可以在 Variable type 下拉列表框中为变量选择不同的数据类型。不同控件的成员变量可以选择的数据类型有所不同。若选择成员变量的类别为 Control，则添加的成员变量就是代表控件本身的一个控件对象，其数据类型为控件所对应的 MFC 控件类。通过此控件对象可以访问控件类的成员函数，实现对控件的管理和控制。例如，对于编辑框，Control 类别的成员变量的数据类型为类 CEdit。可以为一个控件同时定义一个 Value 类别的变量和一个 Control 类别的变量，但有些控件只能定义 Control 类别的变量，如命令按钮控件。添加的成员变量的访问控制权限都为 Public。

在"MFC ClassWizard"对话框的"Member Variables"标签下，如果选中的控件已经添加了成员变量，则单击"Delete Variable"按钮可以删除相应的成员变量。

在添加 Value 类别成员变量的同时，还可以为此变量添加有效性验证数据，如变量的最大值和最小值、字符串的最大长度等。例如在图 9-7 中，可以在对话框的最下面两个文本框中输入变量的最大值和最小值。这时，ClassWizard 将根据用户的指定生成相应的有效性验证函数，以确保在使用过程中数据的合法性。

本例中，为各控件添加的成员变量及数据类型见表 9-1 所示。

(4) 使用 ClassWizard 为对话框控件添加消息处理函数。

在建立了用户界面、设置好控件属性和连接成员变量后，就要考虑为哪些控件编写什么样的消息处理函数了。

本例中，当用户在编辑框中输入两个操作数后，单击"加"或"减"命令按钮对这两个操作数作相应的运算，因此，应为各命令按钮添加鼠标单击的消息处理函数，在函数中作相应的运算并输出结果。

执行"View"→"ClassWizard"菜单命令或按"Ctrl+W"快捷键或右击需要添加消息处理函数的控件，在快捷菜单中选择"ClassWizard"，打开"MFC ClassWizard"对话框。在"Message Maps"标签下，选择Class name为"CEX9_1Dlg"，在"Object IDs"列表框中选定需要添加消息处理函数的控件ID，如IDC_ADD，在"Messages"列表框中选择BN_CLICKED消息，然后单击"Add Function"按钮，打开如图9-9所示的"Add Member Function"对话框，在其中输入消息处理函数的函数名(ClassWizard根据控件的ID符号给出了一个缺省函数名)，单击"OK"按钮后，ClassWizard即为控件添加了一个消息处理函数。

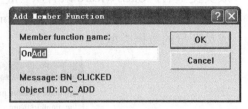

图9-9 "Add Member Function"对话框

本例中为三个命令按钮添加的消息处理函数都采用ClassWizard给出的缺省函数名。

(5) 为消息处理函数添加代码。

利用项目工作区窗口的ClassView标签或"MFC ClassWizard"对话框定位到添加的消息处理函数，在其中添加相应的代码，完成程序的功能。

本例中，单击按钮"加"的消息处理函数为：

```
void CEX9_1Dlg::OnAdd()
{
    // TODO: Add your control notification handler code here
    UpdateData();
    m_floatResult=m_floatFirstNum+m_floatSecondNum;
    UpdateData(FALSE);
    m_staticResult.SetWindowText("加法运算结果");    //更新结果的提示文字
}
```

首先以TRUE为参数调用UpdateData()，将用户在编辑框中输入的数据保存到相应的成员变量中。进行加法运算后，以FALSE为参数调用UpdateData()，用成员变量的值更新控件，显示运算结果，并更新提示信息。

单击按钮"减"的消息处理函数可以与消息处理函数OnAdd()相似。下面给出另一种不同的实现方法。

```
void CEX9_1Dlg::OnSubtract()
{
    // TODO: Add your control notification handler code here
    CString strTemp;
    float firstnum,secondnum,result;
    m_editFirstNum.GetWindowText(strTemp);      //获取编辑框内的输入
    firstnum=atof(strTemp);                     //将数字字符串转换为数值
```

```
            m_editSecondNum.GetWindowText(strTemp);
            secondnum=atof(strTemp);
            result=firstnum-secondnum;
            strTemp.Format("%g",result);                    //用运算结果格式化字符串
            m_editResult.SetWindowText(strTemp);            //显示结果
            m_staticResult.SetWindowText("减法运算结果");
        }
```

函数中利用各控件对应的 Control 类别的成员变量(即对象名)，调用其成员函数获取编辑框中的输入文本，然后转换为数值进行计算。

单击"退出"按钮的消息处理函数为：

```
        void CEX9_1Dlg::OnExit()
        {
            // TODO: Add your control notification handler code here
            OnOK();
        }
```

9.2.2 理解应用程序框架

由 AppWizard 生成的基于对话框应用程序的框架主要有两个类，一个是应用程序类，如 CEX9_1App 类，另一个是类 CDialog 的派生类，如 CEX9_1Dlg 类。

应用程序类主要完成程序的初始化、启动和消息循环。同其它 MFC 应用程序相同，基于对话框的应用程序也有一个全局的应用程序对象，它代表应用程序自身。

应用程序类中最关键的是 AppWizard 生成的 CEX9_1App::InitInstance 函数。一般的 MFC 应用程序的 InitInstance 函数生成一个框架窗口并返回 TRUE，然后进入应用程序的消息循环(参见 7.3.2 小节中函数 AfxWinMain 的代码)。而基于对话框应用程序中的 InitInstance 函数，通过调用函数 DoModal 创建模态对话框，然后返回 FALSE，并不执行 Run。例 9.1 中 InitInstance 函数的主体如下所示：

```
        BOOL CEX9_1App::InitInstance()
        {
            ⋮
            CEX9_1Dlg dlg;
            m_pMainWnd = &dlg;
            int nResponse = dlg.DoModal();
            if (nResponse == IDOK)
            {
                // TODO: Place code here to handle when the dialog is dismissed with OK
            }
            else if (nResponse == IDCANCEL)
            {
                // TODO: Place code here to handle when the dialog is dismissed with Cancel
```

```
        }
        ⋮
        return FALSE;
    }
```

对话框有自己的消息循环，由 DoModal 函数启动对话框的消息循环。当用户退出对话框后，DoModal 函数返回，应用程序就结束了。

派生的对话框类用来定义对话框的行为、管理对话框控件和对控件的消息进行处理，其中包含四个关键函数：DoModal、OnInitDialog、OnOK 和 OnCancel。当应用程序对象调用函数 InitInstance 初始化对话框应用程序时，通过调用 DoModal 创建对话框，该函数只有在关闭对话框后才返回。

对话框创建后，对话框接收 WM_CREATE 消息，Windows 用来处理对话框消息的内部窗口函数会响应 WM_CREATE 消息，创建对话框控件。创建控件后，对话框接收到一个 WM_INITDIALOG 消息。此时，对话框及其控件都已经创建完成但在屏幕上并不显示，因此，可以在响应此消息时对对话框进行必要的初始化，包括初始化控件。在 CDialog 的派生类中，对 WM_INITDIALOG 消息的响应函数为 OnInitDialog。其函数原型为：

```
    virtual BOOL OnInitDialog( );
```

在派生类中重载的 OnInitDialog 函数，首先调用基类 CDialog 的 OnInitDialog 函数，此函数的缺省实现中以参数 FALSE 调用 CWnd::UpdateData 函数，通过 UpdateData 函数调用派生对话框类的 DoDataExchange 函数，将与控件相关联的成员变量的值传递给控件，即初始化控件。

提示：函数 DoModal、OnInitDialog、OnOK 和 OnCancel 的完整定义可以查看"X\VC98\MFC\SRC\DLGCORE.CPP"文件。函数 CWnd::UpdateData 的完整定义可以查看文件"X\VC98\MFC\SRC\WINCORE.CPP"。其中，"X"为安装 VC6.0 的路径，缺省为"C:\Microsoft Visual Studio"。

当用户关闭并退出对话框时，函数 DoModal 返回。DoModal 返回传递给 EndDialog 函数的参数。当通过 OnOK 关闭对话框时，DoModal 返回 IDOK；当通过 OnCancel 关闭对话框时，返回 IDCANCEL。

CDialog::OnOK 函数以 TRUE 为参数调用 CWnd::UpdateData 函数，将控件的值保存到相关联的成员变量中，然后以 IDOK 为参数调用 CDialog::EndDialog 函数，关闭对话框。CDialog::OnCancel 函数直接以 IDCANCEL 为参数调用 CDialog::EndDialog 函数，关闭对话框。

对话框运行过程中的函数调用关系如图 9-10 所示(以例 9.1 进行说明)。

```
CDialog::DoModal
    CEX9_1Dlg::OnInitDialog
        CDialog::OnInitDialog
            CWnd::UpdateData(FALSE)
                CEX9_1Dlg::DoDataExchange
        其它初始化代码
    用户操作对话框
    用户单击OK按钮
    CEX9_1Dlg::OnOK
        其它确认处理
        CDialog::OnOK
            CWnd::UpdateData(TRUE)
                CEX9_1Dlg::DoDataExchange
            CDialog::EndDialog(IDOK)
（CDialog::DoModal返回，关闭对话框）
```

图 9-10　对话框运行过程中的函数调用关系

9.2.3 对话框数据交换和验证

在例 9.1 的命令按钮"减"的消息处理函数 OnSubtract 中，通过调用 CWnd::GetWindowText 函数获取编辑框中的数据，通过调用 CWnd::SetWindowText 函数将成员变量的值写入编辑框中。虽然通过调用这些成员函数可以访问和更新对话框控件中的数据，但在对话框中实现数据输入和输出的更一般的方法是建立成员变量与相关控件的"数据映射表"，像 OnAdd 函数一样，利用对话框提供的对话框数据交换(DDX)和对话框数据验证(DDV)机制实现数据的输入和输出。

在上一小节已经知道，当调用 DoModal 创建对话框时，框架会自动调用 DoDataExchange 函数将成员变量的值传递给控件。当调用 OnOK 时，也要调用此函数将控件的值保存到成员变量中。函数 DoDataExchange 是 CWnd 类中的一个虚函数，在派生对话框类中重载此函数，可调用 MFC 提供的 DDX 函数实现对话框控件和成员变量间的数据传送。例 9-1 中派生类 CEX9_1Dlg 中重载的 DoDataExchange 函数如下：

```
void CEX9_1Dlg::DoDataExchange(CDataExchange* pDX)
{
    CDialog::DoDataExchange(pDX);
    //{{AFX_DATA_MAP(CEX9_1Dlg)
    DDX_Control(pDX, IDC_FIRSTNUM, m_editFirstNum);
    DDX_Control(pDX, IDC_SECONDNUM, m_editSecondNum);
    DDX_Control(pDX, IDC_STATICRESULT, m_staticResult);
    DDX_Control(pDX, IDC_RESULT, m_editResult);
    DDX_Text(pDX, IDC_FIRSTNUM, m_floatFirstNum);
    DDX_Text(pDX, IDC_RESULT, m_floatResult);
    DDV_MinMaxFloat(pDX, m_floatResult, -999999f, 999999f);
    DDX_Text(pDX, IDC_SECONDNUM, m_floatSecondNum);
    //}}AFX_DATA_MAP
}
```

函数 DoDataExchange 中调用的每一个 DDX 函数将一个成员变量与一个控件联系起来，实现该成员变量与控件之间的数据交换。DDX 函数是一个全局函数，其函数原型为：

　　　void AFXAPI DDX_type(CDataExchange* pDX, int nIDC, 数据类型& value);

其中，"type"表示进行数据交换的控件类型，如 DDX_Text 对编辑框控件进行数据交换。参数"pDX"是一个指向 CDataExchange 对象的指针，应用程序框架通过此对象建立数据交换的环境及数据交换的方向。"nIDC"是进行数据交换的控件的资源 ID 值。"value"是进行数据交换的成员变量的引用，用来保存控件的值和传递数据。表 9-2 中列出了 MFC 中常用的部分 DDX 函数。

表 9-2 对话框数据交换(DDX)函数

DDX 函数	说明
DDX_Text	在 int、UINT、long、DWORD、CString、float 或 double 类型的成员变量与编辑框间进行数据交换
DDX_Check	在 int 类型的成员变量与复选框间进行数据交换
DDX_Radio	在 int 类型的成员变量与单选按钮间进行数据交换
DDX_LBIndex	在 int 类型的成员变量与列表框间进行数据交换
DDX_LBString	在 CString 类型的成员变量与列表框间进行数据交换
DDX_CBIndex	在 int 类型的成员变量与组合框间进行数据交换
DDX_CBString	在 CString 类型的成员变量与组合框间进行数据交换
DDX_Scroll	在 int 类型的成员变量与滚动条间进行数据交换
DDX_Control	将控件对象与控件相关联

MFC 提供的数据验证函数 DDV 用于在进行数据交换时检查数据的有效性,校验数值是否在指定的范围内或字符串是否超过规定的长度。DDV 函数也被 DoDataExchange 函数调用。表 9-3 列出了 MFC 常用的 DDV 函数。

表 9-3 对话框数据验证函数

DDV 函数	说明
DDV_MinMaxByte	验证 BYTE 型成员变量值是否在指定的范围内
DDV_MinMaxDouble	验证 double 型成员变量值是否在指定的范围内
DDV_MinMaxDWord	验证 DWORD 型成员变量值是否在指定的范围内
DDV_MinMaxFloat	验证 float 型成员变量值是否在指定的范围内
DDV_MinMaxInt	验证 int 型成员变量值是否在指定的范围内
DDV_MinMaxLong	验证 long 型成员变量值是否在指定的范围内
DDV_MaxChars	验证控件内文本的字符数是否超过指定的字符数

可以通过手工编程方式将 DDX 和 DDV 函数添加到 DoDataExchange 函数中,也可以通过 ClassWizard 向导添加。当通过 ClassWizard 为控件添加成员变量时,ClassWizard 自动在 DoDataExchange 中插入相应的 DDX 和 DDV 函数。

需要注意的是,程序员不能在自己的程序中直接调用 DoDataExchange 函数,它一般由 CWnd::UpdateData 函数调用。除了在调用 DoModal 创建对话框和调用 OnOK 关闭对话框时会自动调用 DoDataExchange 进行数据交换和验证外,如果需要在程序运行中进行数据的交换,可以随时通过调用 UpdateData 函数来实现。当以 TRUE 为参数调用 UpdateData 函数(TRUE 为 UpdateData 函数参数的缺省值)时,将数据从控件传送给关联的成员变量;当调用 UpdateData(FALSE)时,将数据从成员变量传送给关联的控件。

9.3 模态对话框与非模态对话框

对话框除了可以作为一个应用程序外,在 Windows 中,对话框更多的是作为一个应用程序的资源。例如，执行"打开"菜单命令弹出一个打开文件的对话框。作为 Windows 应用程序资源的对话框分为模态对话框与非模态对话框。MFC 将模态对话框与非模态对话框的功能都封装在 CDialog 类中。

9.3.1 模态对话框

在 MFC Windows 应用程序中增加一个模态对话框的步骤如下：

(1) 使用对话框编辑器创建包含各种不同控件的对话框模板资源。

(2) 使用 ClassWizard 创建基于对话框模板资源的对话框类，该类从 CDialog 类派生。

(3) 使用 ClassWizard 在对话框类中添加与控件关联的成员变量、对话框数据交换函数和验证函数。

(4) 使用 ClassWizard 为对话框中的控件产生的事件添加消息处理函数。

(5) 在 OnInitDialog 函数中添加代码，对特殊控件进行初始化，为消息处理函数添加功能代码。

(6) 在应用程序中定义对话框类的对象，调用 DoModal 打开对话框。

下面通过实例说明在 Windows 应用程序中添加模态对话框的过程。

【例 9.2】 当用户单击单文档界面应用程序的视图窗口，可打开对话框，关闭对话框后在视图窗口中显示对话框的操作结果，如图 9-11 所示。

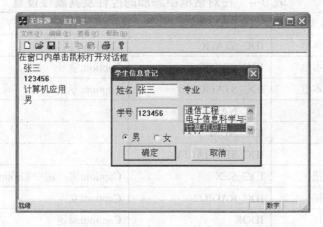

图 9-11 例 9.2 程序运行时的窗口和对话框

程序的实现过程与编程说明如下：

(1) 利用 AppWizard 生成一个名为 EX9_2 的单文档界面应用程序。执行"File"→"New"菜单命令，单击"Projects"标签，选择"MFC AppWizard[exe]"，输入项目名"EX9_2"，在下一步中选择"Single document"，其它接受缺省设置。

(2) 向应用程序中添加对话框资源，并用对话框编辑器添加控件，设置属性。

向应用程序中添加一个对话框资源，可以使用以下两种方法：一是在项目工作区中选择"Resource View"标签，用鼠标右击资源类型项"Dialog"，从弹出的快捷菜单中执行"Insert Dialog"命令，插入一个对话框资源。二是，执行"Insert"→"Resource"菜单命令，弹出"Insert Resource"对话框，如图 9-12 所示。在对话框中选中"Dialog"项，单击"New"按钮。在应用程序中插入一个对话框资源时，Visual C++同时打开对话框编辑器。

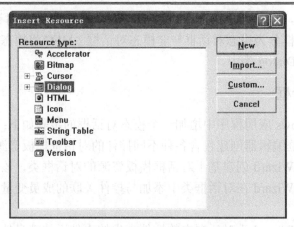

图 9-12 "Insert Resource"对话框

设置对话框的属性。右击对话框空白处,从快捷菜单中选择"Properties",将 ID 值设置为 IDD_STUDENTINFO,在 Caption 框中设置对话框标题为"学生信息登记",其它接受缺省设置。

按照图 9-11 所示向对话框中添加控件,并设置各控件的属性。程序中添加的控件及其属性设置如表 9-4 所示。

表 9-4 在对话框中添加的控件及其属性设置

控件类型	控件 ID	设置的非缺省属性
静态文本框	IDC_STATIC	Caption:姓名
静态文本框	IDC_STATIC	Caption:学号
静态文本框	IDC_STATIC	Caption:专业
编辑框	IDC_NAME	
编辑框	IDC_NUM	
列表框	IDC_SPECIALTY	
单选按钮	IDC_SEX	Caption:男,选中 Group
单选按钮	IDC_RADIO2	Caption:女
命令按钮	IDOK	Caption:确定
命令按钮	IDCANCEL	Caption:取消

(3) 使用 ClassWizard 创建基于对话框模板资源的对话框类。

创建对话框模板资源后,需要在此模板资源的基础上创建一个对话框类。对话框模板资源指定了对话框本身的属性(如大小、位置、风格、类型等)和对话框中的控件及属性,决定对话框的外观。对话框类规定了对话框和对话框中每个控件的行为和功能。

创建对话框类需要使用 ClassWizard,过程如下:

在对话框编辑器中打开新创建的 IDD_STUDENTINFO 对话框模板资源,执行"View"→"ClassWizard"菜单命令或右击对话框空白处,在弹出的快捷菜单中选择"ClassWizard"命令,ClassWizard 会检测到新添加的对话框模板资源没有关联的对话框类,将弹出如图 9-13 所示的"Adding a Class"对话框,询问是否需要利用该对话框资源创建一个对话框类。

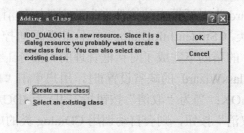

图 9-13 "Add a Class"对话框

保持"Create a new class"为选中状态,单击"OK"按钮,弹出如图 9-14 所示的"New Class"对话框。

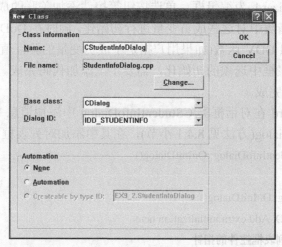

图 9-14 创建对话框类的"New Class"对话框

在"Name"编辑框中输入对话框类名,例 9.2 中为 CStudentInfoDialog,"File name"编辑框中列出了该类的文件名,可以单击"Change"按钮改变文件名。在"Base class"下拉列表框中选择对话框类的基类为 CDialog,在"Dialog ID"下拉列表框中选择对话框模板资源 ID 为 IDD_STUDENTINFO。

单击"OK"按钮,ClassWizard 即为对话框模板资源创建了关联的对话框类,并打开"MFC ClassWizard"对话框,再次单击"OK"按钮,退出 ClassWizard。

(4) 使用 ClassWizard 在对话框类中添加与控件关联的成员变量。

程序中需要返回对话框中输入的姓名、学号和对专业与性别的选择,因此,在对话框类中需要添加与此四个控件关联的成员变量。对于一组单选按钮,只需要一个关联的成员变量。程序中添加的成员变量如表 9-5 所示。

表 9-5 与控件关联的成员变量

控件 ID	成员变量名	数据类型
IDC_NAME	m_sName	CString
IDC_NUM	m_sNum	CString
IDC_SPECIALTY	m_sSpecialty	CString
IDC_SEX	m_nSex	int

(5) 使用 ClassWizard 为对话框中的控件产生的事件添加消息处理函数。

在本例的对话框类 CStudentInfoDialog 中不需要添加控件的消息处理函数，因为 CDialog 类在 Windows 的帮助下完成了对话框管理的大部分工作。例如，当为"确定"按钮指定 ID 为 IDOK(ClassWizard 的缺省设置)时，用户单击"确定"按钮，则会自动调用 CDialog 类的虚函数 OnOK；当为"取消"按钮指定 ID 为 IDCANCEL(ClassWizard 的缺省设置)时，用户单击"取消"按钮，则会自动调用 CDialog 类的虚函数 OnCancel。但是，对于其它按钮或控件的消息则需要添加消息处理函数。方法见 9.2.1 小节。

(6) 使用 ClassWizard 添加 OnInitDialog 消息处理函数，在其中添加相应的代码对一些特殊控件进行初始化。

当使用 ClassWizard 为编辑框、单选按钮等控件添加关联的成员变量时，ClassWizard 自动地在类的构造函数中对这些成员变量进行初始化，同时在 DoDataExchange 函数中添加相应的 DDX 函数和 DDV 函数(如果用户指定了成员变量的验证值)。但对一些控件的特殊初始化，例如对列表框中选项的初始化，需要手工添加代码完成。这些初始化工作可以在 OnInitDialog 函数中完成。

利用 ClassWizard 在对话框类 CStudentInfoDialog 中添加消息 WM_INITDIALOG 的消息处理函数 OnInitDialog(方法见 8.4.1 小节)，在其中添加对列表框的初始化代码如下：

```
BOOL CStudentInfoDialog::OnInitDialog()
{
    CDialog::OnInitDialog();
    // TODO: Add extra initialization here
    //获得列表框控件的指针
    CListBox *pLB=(CListBox*)GetDlgItem(IDC_SPECIALTY);
    pLB->InsertString(-1,"通信工程");              //插入一个列表选项
    pLB->InsertString(-1,"电子信息科学与技术");
    pLB->InsertString(-1,"计算机应用");
    pLB->InsertString(-1,"会计");
    pLB->InsertString(-1,"企业管理");
    return TRUE;
}
```

(7) 在应用程序中定义对话框类的对象，调用 DoModal 创建并打开对话框。

自此，已经完成了对话框模板资源和对话框类的设计，接着需要通过在应用程序中执行某种操作来打开对话框。一般情况下通过执行某个菜单命令来打开对话框。本例中利用鼠标在视图窗口中单击来打开对话框。

为了将对话框中输入的数据或选择结果传递到应用程序中，在应用程序中一般需要定义保存对话框数据的数据成员。

在视图类 CEX9_2View 的定义文件 EX9_2View.h 中添加如下的数据成员：

```
protected:
    CString strName;
    CString strNum;
```

第 9 章 对话框和控件

```
        CString strSpecialty;
        CString strSex;
```
在类 CEX9_2View 的构造函数中对数据成员进行初始化：
```
CEX9_2View::CEX9_2View()
{
    // TODO: add construction code here
    strName="";
    strNum="";
    strSex="";
    strSpecialty="";
}
```
在类 CEX9_2View 的实现文件 EX_2View.cpp 的开始位置加入包含对话框类的头文件的命令：
```
#include "EX9_2Doc.h"
#include "EX9_2View.h"
#include "studentinfodialog.h"
```
在视图类 CEX9_2View 中添加消息 WM_LBUTTONDOWN 的消息处理函数(方法见 8.4.1 小节)，并添加如下的黑体代码：
```
void CEX9_2View::OnLButtonDown(UINT nFlags, CPoint point)
{
    // TODO: Add your message handler code here and/or call default
    CStudentInfoDialog dlg;          //定义对话框类的对象
    int ret;
    ret=dlg.DoModal();               //调用 DoModal 打开对话框
    if (ret==IDOK)                   //当单击"确定"按钮关闭对话框时保存数据
    {
        strName=dlg.m_sName;
        strNum=dlg.m_sNum;
        strSpecialty=dlg.m_sSpecialty;
        if (dlg.m_nSex==0)   strSex="男";
        if (dlg.m_nSex==1)   strSex="女";
        Invalidate();
    }
    else
        strSex="";
}
```
在 CEX9_2View::OnDraw 函数中添加代码，以显示对话框中操作的结果：
```
void CEX9_2View::OnDraw(CDC* pDC)
{
```

```
        CEX9_2Doc* pDoc = GetDocument();
        ASSERT_VALID(pDoc);
        // TODO: add draw code for native data here
        pDC->TextOut(0,0,"在窗口内单击鼠标打开对话框");
        pDC->TextOut(10,20,strName);
        pDC->TextOut(10,40,strNum);
        pDC->TextOut(10,60,strSpecialty);
        pDC->TextOut(10,80,strSex);
}
```

(8) 编译、链接并运行程序。程序运行结果如图 9-11 所示。

在以上程序中，当单击对话框的"确定"按钮时，系统自动调用虚函数 CDialog::OnOK，触发数据交换并退出对话框。当按下回车键(Enter 键)时，发生同样的效果，例如，当在"姓名"编辑框中输入姓名并按下回车键时，对话框立即关闭。

当用户在对话框中按下回车键时，Windows 查看哪一个按钮具有输入焦点(有虚框包围的按钮)，有则执行该按钮的单击消息处理函数。如果没有按钮具有输入焦点，则 Windows 寻找对话框中缺省的按钮(缺省按钮有较粗的边框)，有则执行该按钮的单击消息处理函数。如果对话框没有缺省按钮，则调用虚函数 CDialog::OnOK，即使对话框中没有包含 OK 按钮也是这样。

下面通过修改对话框，可以使 Enter 无效。

(1) 使用 ClassWizard 在对话框类 CStudentInfoDialog 中添加 IDOK 的 BN_CLICKED 消息处理函数 OnOK，删除 OnOK 中对基类 CDialog 虚函数 OnOK 的调用：

```
        void CStudentInfoDialog::OnOK()
        {
        //    CDialog::OnOK();
        }
```

(2) 使用对话框编辑器改变"确定"按钮的 ID 值。选定"确定"按钮，将其 ID 修改为 IDC_OK，取消它的"Default Button"属性。

(3) 使用 ClassWizard 在对话框类 CStudentInfoDialog 中添加 IDC_OK 的 BN_CLICKED 消息处理函数 OnClickedOK，在其中调用 CDialog::OnOK 函数。

编译、链接并运行应用程序，当在编辑框中输入时按下回车键，对话框并不关闭。

9.3.2 非模态对话框

模态对话框在关闭前，不允许对应用程序进行其它操作；而非模态对话框在关闭前，允许用户在对话框和应用程序的其它窗口之间进行切换。常用的"查找"和"替换"对话框就是典型的非模态对话框。

非模态对话框在使用对话框编辑器创建对话框模板资源、使用 ClassWizard 创建对话框类、添加成员变量和消息处理函数方面与模态对话框相同，所不同的是显示和关闭对话框的方式有所不同。

显示模态对话框需要调用 CDialog::DoModal，DoModal 要等到对话框关闭后才返回，因此，在对话框关闭前不允许切换到应用程序的其它窗口进行操作。非模态对话框的创建和显示需要调用 CDialog::Create 函数，一旦建立对话框，Create 函数立即返回。因此，Create 返回时对话框还处于显示状态。

退出模态对话框时，系统自动调用 CDialog::EndDialog 函数来删除对话框；而清除非模态对话框则应调用 CWnd::DestroyWindow 函数。因此，在非模态对话框中禁止调用 CDialog::OnOK 和 CDialog::OnCancel，因为两者都要调用 EndDialog 函数。

调用 DoModal 创建的模态对话框的对象是一个局部对象，当 DoModal 返回时，对话框已经关闭，模态对话框对象无存在的必要。但非模态对话框创建后 Create 立即返回，因此，非模态对话框的实例不能是局部对象，应通过 new 实例化，在撤销非模态对话框时调用 delete 删除对话框实例。

非模态对话框允许在对话框和应用程序的其它窗口间进行切换，那么当关闭对话框时，应用程序如何才能知道对话框已经关闭呢？一般的解决方法是当关闭对话框时，由对话框向应用程序发送一条用户自定义的消息。当应用程序获得这个消息时，由应用程序删除非模态对话框。

下面通过实例来说明非模态对话框的使用。

【例 9.3】 修改例 9.2，将模态对话框转变为非模态对话框，完成同样的功能。

程序的实现过程与编程说明如下：

(1) 利用 AppWizard 生成一个名为 EX9_3 的单文档应用程序。

(2) 完成与例 9.2 步骤(2)～(6)完全相同的步骤，在应用程序中添加对话框模板资源、在对话框中添加控件并设置属性、创建对话框类、添加与控件关联的成员变量、添加消息 WM_INITDIALOG 的消息处理函数并添加与例 9.2 相同的代码。

(3) 在对话框类 CStudentInfoDialog 的头文件 StudentInfoDialog.h 的开始位置定义自定义消息 WM_MYMESSAGE：

  #define WM_MYMESSAGE WM_USER+5

Windows 常量 WM_USER 是用户自定义消息的第一个消息 ID，应用程序框架很少使用这种消息。用户可以使用常量 WM_USER 之后的整数来定义自定义消息。

(4) 利用 ClassWizard 为对话框中的 IDOK 和 IDCANCEL 按钮控件添加消息 BN_CLICKED 的消息处理函数。当用户单击"确定"按钮或"取消"按钮时，对话框向应用程序的视图窗口发送参数不同的自定义消息，通知视图更新数据或关闭对话框。

```
void CStudentInfoDialog::OnOK()
{
    // TODO: Add extra validation here
    UpdateData();                                    //将控件数据保存到成员变量中
    CFrameWnd *pFrame=GetParentFrame();              //获取父框架窗口的指针
    CView *pView=pFrame->GetActiveView();            //获取当前活动视图的指针
    pView->PostMessage(WM_MYMESSAGE,IDOK);           //向视图发送消息，参数为 IDOK
//  CDialog::OnOK();                                 //确保取消对基类 OnOK 的调用
}
void CStudentInfoDialog::OnCancel()
```

```
        {
            // TODO: Add extra cleanup here
            CFrameWnd *pFrame=GetParentFrame();         //获取父框架窗口的指针
            CView *pView=pFrame->GetActiveView();        //获取当前活动视图的指针
            //向视图发送自定义消息，参数为 IDCANCEL
            pView->PostMessage(WM_MYMESSAGE,IDCANCEL);
        //    CDialog::OnCancel();                      //确保取消对基类 OnCancel 的调用
        }
```

在非模态对话框的派生类中，必须重载 CDialog::OnOK 和 CDialog::OnCancel 虚函数，否则，当按下 Esc 键、Enter 键或者单击一个按钮时，便将会导致对基类函数的调用，而基类函数会调用 EndDialog 函数。但是 EndDialog 函数只适用于模态对话框。

(5) 编辑视图类 CEX9_3View 的定义 EX9_3View.h 文件。在 EX9_3View.h 的开始处增加如下的文件包含命令：

    #include "StudentInfoDialog.h"

在视图类 CEX9_3View 中添加类型为 CStudentInfoDialog 的指针和用于保存对话框输入数据的数据成员：

  protected:
    CString strName;
    CString strNum;
    CString strSpecialty;
    CString strSex;
    CStudentInfoDialog *m_pDlgless;

在视图类的构造函数中对指针进行初始化：

```
        CEX9_3View::CEX9_3View()
        {
            // TODO: add construction code here
            m_pDlgless=NULL;
        }
```

(6) 在视图类 CEX9_3View 中添加消息 WM_LBUTTONDOWN 的消息处理函数，并添加如下的黑体代码：

```
        void CEX9_3View::OnLButtonDown(UINT nFlags, CPoint point)
        {
            if (m_pDlgless==NULL)
            {
                m_pDlgless=new CStudentInfoDialog;      //创建对话框对象
                strName="";                              //设置对话框显示的初始值
                strNum="";
                strSex="";
                strSpecialty="";
```

```
            //以对话框模板资源 ID 创建非模态对话框
            m_pDlgless->Create(IDD_STUDENTINFO);
            m_pDlgless->ShowWindow(SW_SHOW);        //显示对话框
        }
        else                                        //若对话框已经存在，则激活
        {
            m_pDlgless->SetActiveWindow();
        }
        CView::OnLButtonDown(nFlags, point);
    }
```

为了避免创建对话框后对话框对象自动消失，应使用 new 运算符创建对话框对象。为了避免重复打开对话框，在视图类的构造函数中将 m_pDlgless 初始化为 NULL，在清除对话框时再将它重置为 NULL。因此，通过检查 m_pDlgless 是否为 NULL 可以来判断是否已经创建了对话框。如果对话框已经存在，只需激活它并使它获得输入焦点即可，否则应创建一个新的对话框并显示。

(7) 在视图类中为自定义消息添加消息处理函数。ClassWizard 不支持用户自定义的消息，因此，必须手工编写代码。

在 MFC Windows 应用程序中，手工添加消息处理函数只需要如下三步：

① 在视图类实现文件 EX9_3View.cpp 的消息映射宏 BEGIN_MESSAGE_MAP 和 END_MESSAGE_MAP 之间添加自定义消息映射项。注意，手工添加的消息映射项应添加在注释对 AFX_MSG_MAP 的外面。添加内容为：

```
    ON_MESSAGE(WM_MYMESSAGE,OnDialogMessage)
```

② 在视图类的定义文件 EX9_3View.h 的 DECLARE_MESSAGE_MAP 之前添加消息处理函数的原型。注意，自定义消息处理函数原型应添加在注释对 AFX_MSG 的外面。添加内容为：

```
    afx_msg LRESULT OnDialogMessage(WPARAM wParam,LPARAM lParam);
```

③ 在 EX9_3View.cpp 中添加自定义消息处理函数的实现代码：

```
    LRESULT CEX9_3View::OnDialogMessage(WPARAM wParam,
                                        LPARAM lParam)
    {
        switch(wParam)
        {
        case IDOK:
            strName=m_pDlgless->m_sName;            //获取对话框中控件的值
            strNum=m_pDlgless->m_sNum;
            strSpecialty=m_pDlgless->m_sSpecialty;
            if (m_pDlgless->m_nSex==0)    strSex="男";
            if (m_pDlgless->m_nSex==1)    strSex="女";
            Invalidate();                           //更新视图窗口
```

```
            break;
        case IDCANCEL:
            m_pDlgless->DestroyWindow();              //撤销对话框窗口
            delete m_pDlgless;                        //删除对话框对象
            m_pDlgless=NULL;
            break;
    }
    return 0;
}
```

对于 Win32，在消息中通过 wParam 和 lParam 参数传递数据是最常用的手段。用户自定义的消息必须使用 wParam 和 lParam 参数，因此，可以按照自己的需要使用这两个变量。在本例中，将按钮的 ID 值放入 wParam 中。应用程序接收到自定义消息时，根据此参数判断用户在对话框中单击的是哪一个按钮。单击"确定"按钮时，视图窗口接收对话框数据，并根据对话框数据更新视图，但并不关闭对话框；单击"取消"按钮时，关闭对话框。

(8) 在 CEX9_3View::OnDraw 函数中添加代码以显示对话框中操作的结果：

```
void CEX9_3View::OnDraw(CDC* pDC)
{
    CEX9_3Doc* pDoc = GetDocument();
    ASSERT_VALID(pDoc);
    // TODO: add draw code for native data here
    pDC->TextOut(0,0,"在窗口内单击鼠标打开对话框");
    pDC->TextOut(10,20,strName);
    pDC->TextOut(10,40,strNum);
    pDC->TextOut(10,60,strSpecialty);
    pDC->TextOut(10,80,strSex);
}
```

(9) 编译、链接和运行程序，当在视图窗口单击鼠标时，打开非模态对话框。

非模态对话框的工作流程如图 9-15 所示(以例 9.3 进行说明)。

```
利用new运算符创建对话框对象
调用CDialog::Create创建非模态对话框
    调用CStudentInfoDialog::OnInitDialog
        调用CDialog::OnInitDialog
            调用CWnd::UpdateData(FALSE)
                调用CStudentInfoDialog::DoDataExchange
    其它初始化代码
调用CWnd::ShowWindow显示对话框
用户操作对话框
用户单击OK按钮
    调用重载的CStudentInfoDialog::OnOK
        调用CWnd::UpdateData(TRUE)
    调用CEX9_3View::OnDialogMessage
        调用Invalidate更新视图窗口
用户单击Cancel按钮
    调用CEX9_3View::OnDialogMessage
        调用CWnd::DestroyWindow撤销非模态对话框
```

图 9-15 非模态对话框的工作流程

9.4 标准控件

控件是嵌入到对话框中或其它父窗口中的一个小窗口,是用户和应用程序之间进行交互的主要界面。它们用于完成用户数据的输入或程序数据的输出和显示。

对话框和控件都是窗口。作为窗口,它们与其它窗口一样具有窗口的一切功能,可以编写代码来移动它们,显示、隐藏、改变它们的属性,访问它们的设备环境等。在 MFC 中,类 CDialog 封装了对话框,同样,Windows 提供的每一个控件都有对应的 MFC 类,可以利用这些 MFC 控件类提供的成员函数对控件进行管理和操作。这些控件类都从 CWnd 类派生出来,因此它们继承了 CWnd 类的成员。表 9-6 列出了 Windows 中常用控件及其对应的 MFC 类。其中每个控件都具有消息映射和消息处理函数。

表 9-6 Windows 中常用控件及其对应的 MFC 类

控件	MFC 类	控件	MFC 类
静态文本框	CStatic	列表控件	CListCtrl
编辑框	CEdit	树控件	CTreeCtrl
分组框、命令按钮、复选框、单选按钮	CButton	标签控件	CTabCtrl
组合框	CComboBox	动画控件	CAnimateCtrl
列表框	CListBox	多信息编辑框	CRichEditCtrl
滚动条	CScrollBar	日期时间选取器	CDateTimeCtrl
微调按钮	CSpinButtonCtrl	日历控件	CMonthCalCtrl
进度条	CProgressCtrl	IP 地址控件	CIPAddressCtrl
滑块	CSliderCtrl	扩展组合框	CComboBoxEx

控件通常用在对话框中,在对话框模板资源中设置控件后,应用程序在创建对话框时会自动创建相应的控件。在对话框中添加控件的另一种方法是利用 MFC 控件类的成员函数 Create 创建控件。控件也可以用在其它窗口中,如在视图窗口中添加控件或在工具栏上添加控件。要在其它窗口中添加控件,需要定义相应 MFC 控件类的对象,然后调用 Create 创建控件,利用其它成员函数设置控件属性和显示控件。

Windows 提供的控件分为两大类:标准控件和通用控件。标准控件是自 Windows 问世以来就有的控件,保存在文件 user.exe 中,是 Windows 系统的一个组成部分,包括静态文本框、编辑框、命令按钮、单选按钮、复选框、分组框、列表框、组合框和滚动条。从 Windows 95 开始,Windows 系统中又引入了 15 个通用控件,它们保存在文件 ComCtl32.dll 中。

9.4.1 控件通用属性

每一个控件都有许多属性,这些属性决定了控件的外观和行为。不同控件具有不同的属性,但也具有许多相同的属性。在控件属性对话框的 "General" 标签下设置控件的通用属性(见图 9-6 所示)。

1. ID 标识

每一个控件都有一个 ID 标识。当使用对话框编辑器在对话框中添加控件时，系统自动为控件指定一个默认的 ID 标识。当在程序中通过代码动态添加控件时，也需要先为控件定义一个 ID 标识符。对于静态文本框(Static Text)、图片框(Picture)和分组框(Group Box)，系统指定的默认 ID 标识都为 IDC_STATIC。当在程序中不需要对这些控件进行操作时，可以使用这个相同的 ID 标识，但如果需要在程序中操作某个控件，则必须更改默认的 ID 标识，为其指定一个唯一的 ID 标识。例如，如果需要在程序执行中改变静态文本框中显示的内容，则应该更改其默认 ID 标识，如例 9.1 所示。对于其它控件，系统自动为每一个控件指定一个唯一的默认 ID 标识。

2. Caption

Caption 是控件标题属性，用于指定在控件上显示的文字信息。设置 Caption 属性时，如果在某个字符前添加"&"标记，则在此字符下添加下划线，此字符成为该控件的快捷字符。当同时按下 Alt 键+快捷字符的组合键时，相当于用鼠标单击此控件。

3. Visible

Visible 属性设置该控件初始时是否可见。在程序中可以使用 CWnd::ShowWindow 来显示或隐藏控件(窗口)。若为此函数指定参数为 SW_HIDE，则隐藏控件，参数 SW_SHOW 激活并显示控件。

4. Group

该属性用于对控件在逻辑上进行分组。根据 Tab 序号从小到大的顺序，设置 Group 属性的控件为该控件组的第一个控件，此控件后没有设置 Group 属性的控件被看成同一组，直到出现下一个设置 Group 属性的控件。Group 属性常用于对单选按钮进行分组，使每一组单选按钮每次只有一个被选中，各组之间互不影响。

5. Disabled

如果为控件设置该属性，则该控件初始时禁止使用。在程序运行中，可以通过调用 CWnd::EnableWindow 函数使控件(窗口)可用或禁用。若参数为 TRUE，则该控件允许使用；参数为 FALSE，则禁用该控件。

6. Tab stop

对话框运行时，使用 Tab 键可以将焦点按照指定的 Tab 键顺序在控件上移动。该属性用来决定是否能够使用 Tab 键将焦点移动到该控件上。

对话框上各控件的缺省 Tab 键顺序是各控件添加的先后顺序。当在对话框编辑器中打开对话框模板资源时，会出现"Layout"菜单。执行"Layout" → "Tab Order"菜单命令，则会在各控件上显示 Tab 键顺序，如图 9-16 所示。

若想改变控件的 Tab 键顺序，在执行"Layout"

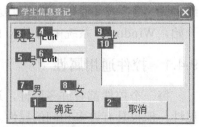

图 9-16 显示 Tab 键顺序

→ "Tab Order"菜单命令后，可按照需要的 Tab 键顺序依次用鼠标单击各个控件。如果只想改变部分控件的 Tab 键顺序，则应按下 Ctrl 键并单击最后一个正确排序的控件，松开 Ctrl 键后，后继的鼠标单击将从正确排序序号的下一个序号开始。

9.4.2 静态文本框

静态文本框(Static Text)用来输出文本信息，不能接收用户输入，因此，一般不需要添加关联的成员变量，也不需要消息处理函数。

缺省情况下，静态文本框中只能显示一行文字，若想在静态文本框中显示多行文字，需要设置其"No wrap"属性，并使用字符"\n"换行。

静态文本框一般不向其父窗口发送消息，如果想使静态文本框响应鼠标单击而发送消息，需要设置其"Notify"属性。

9.4.3 编辑框

编辑框(Edit Box)又称文本框，是一个文本编辑区域，用户可以在该区域输入、编辑和显示文本信息，它本身具有文本编辑的功能，如复制、剪切、粘贴、撤销等功能。

1. 属性设置

在编辑框属性对话框的"Styles"标签下，重要的属性如下：

(1) Multiline：设置编辑框为多行编辑框，在编辑框中可以按回车键换行。

(2) Number：设置在编辑框中只能输入 0~9 的数字。

(3) Horizontal scroll 和 Vertical scroll：当编辑框中的文字超出其水平宽度和高度时，自动出现水平滚动条和垂直滚动条。只有设置 Mutiline 属性后，才能设置这两个属性。

(4) Uppercase 和 Lowercase：输入编辑框中的所有字符都转换为大写或小写。

(5) Read-only：设置编辑框为只读，禁止用户输入文本，只能显示信息。

2. 发送的消息

当用户操作编辑框时，编辑框会向其父窗口发送消息。编辑框能够发送的重要消息有：

(1) EN_CHANGE：用户的操作改变编辑框中的文本。与消息 EN_UPDATE 不同，此消息是在 Windows 更新显示后传送的。

(2) EN_KILLFOCUS：编辑框失去输入焦点。

(3) EN_SETFOCUS：编辑框获得输入焦点。

(4) EN_UPDATE：编辑框即将显示被更改的文本。在控件对文本格式化之后、显示之前发送此消息，以便在必要时改变窗口尺寸。

3. 成员函数

用于管理编辑框的 MFC 类是 CEdit 类，它从类 CWnd 派生，因此，可以使用 CWnd 的成员函数操作编辑框，如使用 CWnd::SetWindowsText 设置编辑框的整个文本，用 CWnd::GetWindowsText 获取编辑框的文本等。类 CEdit 也提供了许多对编辑框操作的成员函数。类 CEdit 的常用成员函数如表 9-7 所示。

表 9-7　CEdit 常用的成员函数

成员函数	功　能
GetLineCount	获取多行编辑框的行数
GetModify	判断编辑框的内容是否已修改
SetModify	设置或清除编辑框的修改标志
SetLimitText	设置编辑框中可以输入的文本长度
GetLimitText	得到编辑框中可以输入的文本长度
GetLine	获取多行编辑框中指定的文本行
GetPasswordChar	当用户输入时获取显示在编辑框中的口令字符
SetPasswordChar	设置或清除用户输入口令时编辑框中的显示字符
SetSel	选择编辑框中某一范围的字符
GetSel	获取编辑框中当前选择的起始字符和结束字符位置
LineLength	获取编辑框中指定行的长度
SetReadOnly	设置编辑框为只读状态
Undo	撤销编辑框最近的操作
Clear	删除编辑框中当前选择的字符
Copy	以 CF_TEXT 格式将编辑框中当前选择的字符拷贝到剪贴板
Cut	以 CF_TEXT 格式删除编辑框中当前选择的字符并拷贝到剪贴板
Paste	将剪贴板中 CF_TEXT 格式的数据插入到编辑框中的当前位置
ReplaceSel	用指定的文本替换编辑框中当前的选择
LineScroll	滚动编辑框中的文本
GetRect	获取编辑框的格式化区域

9.4.4　命令按钮

几乎所有的对话框都具有命令按钮，若单击某个命令按钮则完成相应的功能。

1. 属性设置

在命令按钮的"Styles"标签下，常用的属性如下：

(1) Default button：设置命令按钮为缺省按钮。若某命令按钮是缺省按钮，则当对话框是当前窗口时按下 Enter 键将执行该按钮的命令。一个对话框只有一个缺省按钮，当将一个命令按钮设置为缺省按钮时，其它按钮的 Default button 属性自动取消。

(2) Owner draw：使得可以在对话框的 WM_DRAWITEM 消息处理函数 OnDrawItem() 中定制按钮的外观。

(3) Icon：设置在命令按钮上显示图标以代替原来的文本标题。

(4) Bitmap：设置在命令按钮上显示位图以代替原来的文本标题。

(5) Multiline：设置命令按钮的文本标题为多行。

(6) Flat：按钮不具有立体风格。

2. 发送的消息

命令按钮只向其父窗口发送 BN_CLICKED(单击按钮)和 BN_DOUBLECLICKED(双击按钮)消息。

3. 成员函数

封装命令按钮功能的 MFC 类是 CButton 类，它从类 CWnd 派生。CButton 类除了封装命令按钮外，还封装了单选按钮、复选框和分组框。CButton 类常用的成员函数如表 9-8 所示。

表 9-8　CButton 类常用的成员函数

成员函数	功　能
GetState	获取单选按钮或复选框的状态
GetCheck	获取单选按钮或复选框的选中状态
SetCheck	设置或重置单选按钮或复选框的状态
GetButtonStyle	返回按钮对象的 BS_风格
SetButtonStyle	改变按钮的风格
SetIcon	指定按钮上显示的图标
SetBitmap	设置按钮上显示的位图
SetCursor	设置按钮上显示的光标

9.4.5　单选按钮

单选按钮一般都是成组出现，提供给用户一组选项。在一组单选按钮中只能选择一项，当选中某个单选按钮后，自动清除其它单选按钮的选中状态。

同一组单选按钮的 Tab 键顺序应该连续，每组第一个单选按钮(组中 Tab 键顺序序号最小的)应该设置 Group 属性，而同组的其它单选按钮不可再设置 Group 属性。

每一组单选按钮只需要添加一个相关联的成员变量，与组中的第一个单选按钮关联。

单选按钮除了通用属性外，在其属性对话框的"Styles"标签下还有以下的常用属性：

(1) Left text：单选按钮的标题文本显示在左侧。
(2) Push-like：使单选按钮具有像命令按钮一样的外观。
(3) Multiline：使单选按钮的标题文本可以有多行。

单选按钮能发送的消息有 BN_CLICKED(单击按钮)和 BN_DOUBLECLICKED(双击按钮)消息。

9.4.6　复选框

复选框的左边或右边(设置 Left text 属性时)有一个空心方框，当它被选中时，空心方框中出现一个"√"。复选框列出了可供用户选择的选项，在一组复选框中，根据需要可以选中其中的一项或多项，各选项之间的状态互不影响。

复选框除了有选中和未选中两种状态外，还可以通过设置 Tri-state 属性具有第三种状态，此时选中标记为灰色，表示该选项不可以由用户选择。

每一个复选框都可以单独添加相关联的成员变量。当复选框具有 Tri-state 属性时，可以添加 int 类型的 Value 类别的成员变量，未选中时成员变量为 0，选中时成员变量为 1，第三种状态成员变量为 2。当复选框没有设置 Tri-state 属性时，可以添加 BOOL 类型的 Value 类别的成员变量，未选中时成员变量为 FALSE，选中时成员变量为 TRUE。

复选框能发送的消息有 BN_CLICKED(单击按钮)和 BN_DOUBLECLICKED(双击按钮)消息。

9.4.7 分组框

分组框用来将对话框上的控件进行视觉上的分组。当对话框上的控件较多时，可以使用分组框将一组相关的控件框起来，达到标识一组控件的作用，方便用户使用。

分组框一般不需要连接变量，也不需要处理消息。

【例 9.4】 编写一个基于对话框的应用程序，在对话框中可以选择字体、字号和字形。程序运行结果如图 9-17 所示。

图 9-17 例 9.4 运行结果

程序的实现过程与编程说明如下：

(1) 利用 AppWizard 创建一个基于对话框的应用程序，项目名称为"EX9_4"，并按照图 9-17 所示的格式向对话框模板资源中添加各控件，并按表 9-9 所示设置控件的属性。添加控件时，同一组单选按钮应按先后顺序添加，或者添加完控件后重新设置 Tab 键顺序，以便保持同组单选按钮的 Tab 键顺序连续。

由于一组单选按钮只需要添加一个相关联的成员变量，因此设置属性时只将每组的第一个单选按钮更改了控件 ID 值，其它使用缺省设置。

(2) 利用 ClassWizard 按表 9-9 所示为各控件添加关联的成员变量。

(3) 在对话框类 CEX9_4Dlg 的构造函数中，ClassWizard 在添加成员变量时已经对控件的成员变量进行了初始化，如将成员变量 m_nFontName 和 m_nFontSize 初始化为－1。为了在程序刚运行时选中每组单选按钮的第一项，将这两个变量的初始值改设为 0，即：

m_nFontName = 0;

m_nFontSize = 0;

表 9-9　在对话框中添加的控件及其属性设置

控件类型	控件 ID	Caption	其它非缺省属性	成员变量数据类型	成员变量
分组框	IDC_STATIC	字体			
单选按钮	IDC_FONTNAME	宋体	Group	int	m_nFontName
单选按钮	缺省 ID	楷体			
单选按钮	缺省 ID	黑体			
分组框	IDC_STATIC	字号			
单选按钮	IDC_FONTSIZE	8	Group	int	m_nFontSize
单选按钮	缺省 ID	10			
单选按钮	缺省 ID	12			
分组框	IDC_STATIC	字形及效果			
复选框	IDC_BOLD	加粗		BOOL	m_bBold
复选框	IDC_ITALIC	倾斜		BOOL	m_bItalic
复选框	IDC_UNDERLINE	下划线		BOOL	m_bUnderline
静态文本框	IDC_STATIC	设置结果			
静态文本框	IDC_SAMPLE	空字符串	Align text: 　Center 　Center Vertidally 　Border	CStatic CString	m_staticSample m_strSample
命令按钮	IDC_PREVIEW	预览			

(4) 在类 CEX9_4Dlg 中添加自定义成员函数 DisplaySam，用于在静态文本框 IDC_SAMPLE 中显示预览效果。

在文件 EX9_4Dlg.h 中添加函数原型：

  protected:

    void DisplaySam(CWnd *,CString,int,int,BYTE,BYTE,LPCTSTR);

在文件 EX9_4Dlg.cpp 中添加函数体：

  void CEX9_4Dlg::DisplaySam(CWnd *pWnd,CString strSample,
        int nHeight,int nWeight,BYTE bItalic,
        BYTE bUnderline,LPCTSTR lpszFacename)

  {

    CFont SampleFont;

    //创建字体

    SampleFont.CreateFont(nHeight*1.5,0,0,0,nWeight,bItalic,
        bUnderline,0,DEFAULT_CHARSET,OUT_DEFAULT_PRECIS,
        CLIP_DEFAULT_PRECIS,DEFAULT_QUALITY,
        DEFAULT_PITCH|FF_SWISS,lpszFacename);

```
            pWnd->SetFont(&SampleFont);              //设置静态文本框的字体
            pWnd->SetWindowText(strSample);
}
```
(5) 利用 ClassWizard 为按钮"预览"(IDC_PREVIEW)添加 BN_CLICKED 消息的处理函数。
```
        void CEX9_4Dlg::OnPreview()
        {
            UpdateData(TRUE);
            m_strSample="字体效果 AaBb";
            CString strFontName;
            switch (m_nFontName)
            {
            case 0:
                strFontName="宋体";
                break;
            case 1:
                strFontName="楷体_GB2312";
                break;
            case 2:
                strFontName="黑体";
            }
            int nFontSize;
            switch (m_nFontSize)
            {
            case 0:
                nFontSize=8;
                break;
            case 1:
                nFontSize=10;
                break;
            case 2:
                nFontSize=12;
            }
            int nBold;
            if (m_bBold==TRUE)
                nBold=FW_BOLD;
            else
                nBold=FW_DONTCARE;
            DisplaySam(&m_staticSample,m_strSample,nFontSize,nBold,
```

m_bItalic,m_bUnderline,strFontName);
}

在 DisplaySam 函数中调用 CreateFont 函数创建字体时的参数 bItalic 和 bUnderline 本身就是 BOOL 类型的实参,因此,对"倾斜"和"下划线"的选择直接利用控件关联的成员变量,不需进行转换。

(6) 编译、链接和运行程序。程序运行结果如图 9-17 所示。

9.4.8 列表框

列表框用于显示项目列表,供用户查看和选择,达到与用户交互的目的。当列表框中的选项较多,超出列表框的范围时,列表框会自动加入一个滚动条。列表框中的选项可以动态变化,可以往列表框中添加或删除某些选项。用户只能在列表框中进行选择,而不能进行输入。

1. 属性设置

在列表框属性对话框的"General"标签下设置通用属性,在"Styles"标签下还有一些常用的属性。

(1) Selection:设置用户可以一次选择选项的数目和方式。有以下四个选择:
• Single:单选列表框。用户一次只能选择一个选项
• Multiple:简单多选列表框。允许选择一项或多项,当按下 Ctrl 或 Shift 键的同时,利用鼠标单击选择多项。
• Extended:扩展多选列表框。允许选择一项或多项,当按下 Shift 键的同时,利用鼠标单击或方向键选择连续的多项,或者通过鼠标拖拽来选择连续的多个选项。当按下 Ctrl 键的同时单击鼠标可以选择不连续的多个选项。
• None:不能选择任何项。
(2) Sort:列表框中的选项按字母顺序排序。
(3) Multi-column:设置列表框为多列显示。当列表框中的选项较多,一列显示不下时,自动显示多列。
(4) Horizontal scroll:在多列显示时,如果选项超过列表框的宽度,则自动出现水平滚动条。
(5) Vertical scroll:单列显示时,如果选项超过列表框的高度,则自动出现垂直滚动条。
(6) Notify:当用户单击或双击选项时,列表框向父窗口发送通知消息。

2. 发送的消息

列表框向其父窗口发送的通知消息常用的有:
(1) LBN_DBLCLK:双击列表框中的选项,仅当列表框具有 LBS_NOTIFY 风格(设置 Notify 属性)才会传送此消息。
(2) LBN_KILLFOCUS:列表框失去输入焦点。
(3) LBN_SELCHANGE:列表框中的选择将要改变时发送。如果列表框的选择是由 CListBox::SetCurSel 更改的,则不发送此消息。仅当列表框具有 LBS_NOTIFY 风格才会传送此消息。

(4) LBN_SETFOCUS：列表框接收输入焦点。

3. 成员函数

封装列表框的 MFC 类是 CListBox 类，可以使用 CListBox 成员函数对列表框的选项进行操作，如添加、删除、修改和获取等。CListBox 类的常用成员函数如表 9-10 所示。

表 9-10　CListBox 类的常用成员函数

成员函数	功　能
GetCount	返回列表框中选项的数目
GetItemData	返回与列表框某个选项关联的 32 位数据
GetItemDataPtr	返回与列表框某个选项关联的指针
SetItemData	设置与列表框某个选项关联的 32 位数据
SetItemDataPtr	设置与列表框某个选项关联的指针
GetSel	返回列表框选项的选择状态
GetText	获取列表框选项的文本
GetTextLen	返回列表框选项的长度字节数
GetCurSel	返回列表框当前选项的位置序号，第一项序号为 0。单选操作
SetCurSel	设置列表框某选项为选中状态。单选操作
SetSel	设置或取消多选列表框中选项的选中状态
GetSelCount	返回多选列表框中当前被选中的选项数目
AddString	向列表框中增加选项。若列表框具有 Sort 属性，则添加的选项自动排序
DeleteString	从列表框中删除一个选项
InsertString	在列表框的指定位置插入一个选项
ResetContent	清除列表框的所有选项
FindString	在列表框中查找选项
SelectString	在单选列表框中查找匹配的选项，若查找到则选中该选项

【例 9.5】将例 9.4 中字体和字号的选择用列表框实现。程序运行结果如图 9-18 所示。

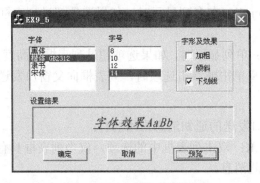

图 9-18　例 9.5 运行结果

程序的实现过程与编程说明如下：

(1) 利用 AppWizard 创建一个基于对话框的应用程序，项目名称为 "EX9_5"，按照图 9-18 所示的格式向对话框模板资源中添加各控件，并按表 9-11 所示设置控件的属性。

表 9-11 在对话框中添加的控件及其属性设置

控件类型	控件 ID	Caption	其它非缺省属性	成员变量数据类型	成员变量
静态文本框	IDC_STATIC	字体			
列表框	IDC_FONTNAME	无		CListBox	m_listFontName
静态文本框	IDC_STATIC	字号			
列表框	IDC_FONTSIZE	无	取消 Sort	CListBox	m_listFontSize
分组框	IDC_STATIC	字形及效果			
复选框	IDC_BOLD	加粗		BOOL	m_bBold
复选框	IDC_ITALIC	倾斜		BOOL	m_bItalic
复选框	IDC_UNDERLINE	下划线		BOOL	m_bUnderline
静态文本框	IDC_STATIC	设置结果			
静态文本框	IDC_SAMPLE	空字符串	Align text: Center Center Vertically Border	CStatic CString	m_StaticSample m_strSample
命令按钮	IDC_PREVIEW	预览			

(2) 利用 ClassWizard，按表 9-11 所示为各控件添加关联的成员变量。

(3) 在类 CEX9_5Dlg 的成员函数 OnInitDialog 中对列表框进行初始化。

由于列表框中的选项不能通过属性对话框输入，因此需要在 OnInitDialog 函数中利用 CListBox::AddString 向列表框中添加选项。

```
BOOL CEX9_5Dlg::OnInitDialog()
{
    ⋮
    // TODO: Add extra initialization here
    m_listFontName.AddString("宋体");
    m_listFontName.AddString("黑体");
    m_listFontName.AddString("楷体_GB2312");
    m_listFontName.AddString("隶书");
    m_listFontSize.AddString("8");
    m_listFontSize.AddString("10");
    m_listFontSize.AddString("12");
    m_listFontSize.AddString("14");
    return TRUE;   // return TRUE  unless you set the focus to a control
}
```

(4) 在类 CEX9_5Dlg 中添加自定义成员函数 DisplaySam，用于在静态文本框 IDC_SAMPLE 中显示预览效果。函数原型和函数体与例 9.4 相同。

(5) 利用 ClassWizard 为按钮"预览"(IDC_PREVIEW)添加 BN_CLICKED 消息的处理函数。

```
void CEX9_5Dlg::OnPreview()
{
    // TODO: Add your control notification handler code here
    UpdateData(TRUE);                          //获取用户的选择
    m_strSample="字体效果 AaBb";
    CString strFontName;
    int nIndex=m_listFontName.GetCurSel();     //获取当前选中选项的索引
    if (nIndex!=LB_ERR)                        //若当前没有选中某选项, 则 GetCurSel 返回 LB_ERR
    {
        //
        m_listFontName.GetText(nIndex,strFontName);
        strFontName.TrimLeft();                //删除 strFontName 左边空格
        strFontName.TrimRight();               //删除 strFontName 右边空格
    }
    else
    {
        MessageBox("请先选择字体！");
        return;
    }
    int nFontSize;
    CString strFontSize;
    nIndex=m_listFontSize.GetCurSel();
    if (nIndex!=LB_ERR)
    {
        m_listFontSize.GetText(nIndex,strFontSize);
        strFontSize.TrimLeft();
        strFontSize.TrimRight();
        nFontSize=atoi(LPCTSTR(strFontSize));
    }
    else
    {
        MessageBox("请先选择字号！");
        return;
    }
    int nBold;
    if (m_bBold==TRUE)                         //根据对加粗的选择设置创建字体的参数
        nBold=FW_BOLD;
```

```
        else
            nBold=FW_DONTCARE;
        DisplaySam(&m_staticSample,m_strSample,nFontSize,nBold,
                m_bItalic,m_bUnderline,strFontName);
}
```

(6) 编译、链接和运行程序。程序运行结果如图 9-18 所示。

9.4.9 组合框

组合框是由编辑框或静态文本框和列表框组成的，它既具有编辑框的特性，又具有列表框的特性。在组合框的列表框中显示列表选项供用户选择，同时允许用户在组合框的编辑框中输入和编辑新的选项，但在编辑框中输入的选项不能自动添加到列表中。在组合框中，用户一次只能选择一项，不允许多选。

组合框具有三种风格，可以在组合框的属性对话框的"Styles"标签下通过 Type 下拉列表进行设置。

(1) 简单组合框(Simple)：简单组合框由编辑框和列表框组成，其列表框总是可见的，在列表框中被选中的选项显示在编辑框中，同时允许用户在编辑框中输入新的选项，如图 9-19(a)所示。

(2) 下拉组合框(Dropdown)：下拉组合框由编辑框和列表框组成，程序运行时，下拉组合框显示为一个编辑框和一个下拉按钮，只有当用户单击下拉按钮时，列表框才显示出来，供用户选择，允许用户在编辑框中输入新的选项，如图 9-19(b)所示。

(3) 下拉列表框(Drop List)：下拉列表框由静态文本框和列表框组成，它的外观和功能与下拉组合框相同，但用户不能在组合框输入选项，如图 9-19(b)所示。

图 9-19 不同风格的组合框

(a) 简单组合框；(b)下拉组合框和下拉列表框

当用户利用对话框编辑器在对话框模板资源中添加下拉组合框和下拉列表框时，可以用鼠标单击控件右侧的下拉按钮，将鼠标指针指向下面的小黑方块，当箭头变为"↕"时，按下鼠标左键拖动，可以调整程序运行过程中列表框打开时显示的大小，如图 9-20 所示。当列表框中的选项超出其范围时，列表框中自动出现垂直滚动条。

图 9-20 调整下拉组合框打开列表的大小

在组合框的属性对话框的"Data"标签下可以输入组合框的初始列表选项，输入一项后，按下 Ctrl+Enter 组合键可以输入下一项。也可以在对话框的 OnInitDialog 函数中利用 CComboBox 类的成员函数 AddString 或 InsertString 初始化列表选项。在程序运行过程中，也可以利用这两个成员函数添加选项，或使用成员函数 DeleteString 删除选项。

如果要处理组合框发送给父窗口的通知消息，则必须为相应的通知消息添加消息处理函数。组合框的通知消息中，有些是编辑框发出的，有些是列表框发出的。组合框常用的通知消息有：

(1) CBN_CLOSEUP：关闭组合框的列表框。简单组合框不发送此消息。

(2) CBN_DBLCLK：双击组合框的列表项。下拉组合框和下拉列表框不发送此消息，因为单击组合框的选项时将隐藏列表框。

(3) CBN_DROPDOWN：打开组合框的列表框。简单组合框不发送此消息。

(4) CBN_EDITCHANGE：更改组合框的编辑框中的文本。与 CBN_EDITUPDATE 不同，此消息在 Windows 更新显示后发送。下拉列表框不发送此消息。

(5) CBN_EDITUPDATE：在编辑框中的文本被修改且新的文本未显示时发送。下拉列表框不发送此消息。

(6) CBN_SELENDOK：当用户选择一个列表选项并按下 Enter 键或单击下拉按钮隐藏列表框时发送。此消息在 CBN_CLOSEUP 之前发送，表明用户的选择是有效的。

(7) CBN_SELENDCANCEL：用户选择被取消。用户单击某一项，然后单击另一窗口或控件隐藏组合框的列表框。此消息在 CBN_CLOSEUP 之前发送，表明用户的选择将被忽略。

(8) CBN_KILLFOCUS：组合框失去输入焦点。

(9) CBN_SELCHANGE：用户在列表框中单击或利用箭头选择了另一个选项，从而引起选中项的改变。在处理此消息时，编辑框中的文本只能通过 CComboBox 的成员函数 GetLBText 或类似的函数获取，不能使用 GetWindowText 函数。

(10) CBN_SETFOCUS：组合框获得输入焦点。

封装组合框的 MFC 类是 CComboBox 类，可以使用 CComboBox 成员函数对组合框进行操作，这些操作分为对编辑框的操作和对列表框的操作。CComboBox 的成员函数的使用与编辑框类 CEdit 和列表框类 CListBox 类似。如 Clear、Copy、Cut、Paste、LimitText 等与 CEdit 类的成员函数相同，AddString、DeleteString、FindString、InsertString 等与 CListBox 类的成员函数相同。在组合框中，将 CListBox 的成员函数 GetText 和 GetTextLen 分别替换成 GetLBText 和 GetLBTextLen。

【例 9.6】 设计一对话框应用程序，可以在组合框中添加，修改和删除选项，运行结果如图 9-21 所示。

程序的实现过程与编程说明如下：

(1) 创建一个基于对话框的应用程序，项目名称为"EX9_6"，按照图 9-21 所示的格式向对话框模板资源中添加各控件，并按表 9-12 所示设置控件的属性。

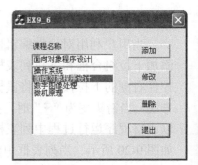

图 9-21 例 9.6 运行结果

表 9-12 在对话框中添加的控件及其属性设置

控件类型	控件 ID	Caption	其它非缺省属性	成员变量数据类型	成员变量
静态文本框	IDC_STATIC	课程名称			
组合框	IDC_SIMPLECOMBO		Type: Simple		
命令按钮	IDC_ADD	添加		CString CComboBox	m_strEditText m_cbSimple
命令按钮	IDC_MODIFY	修改			
命令按钮	IDC_DELETE	删除			
命令按钮	IDOK	退出			

(2) 在类 CEX9_6Dlg 中添加数据成员 m_nSelIndex，并在构造函数中将其初始化为-1。此成员函数用于记录用户在组合框中选中选项的序号。

(3) 利用 ClassWizard 在对话框类中为组合框 IDC_SIMPLECOMBO 添加消息 CBN_SELCHANGE 的处理函数。当用户选中某门课程时，记录下当前选项的序号和选项字符串。添加代码如下：

```
void CEX9_6Dlg::OnSelchangeSimplecombo()
{
    // TODO: Add your control notification handler code here
    m_nSelIndex=m_cbSimple.GetCurSel();            //保存当前选项序号
    m_cbSimple.GetLBText(m_nSelIndex,m_strEditText);   //获取当前选项字符串
}
```

(4) 利用 ClassWizard 为命令按钮"添加"、"修改"和"删除"添加消息 BN_CLICKED 的处理函数。当用户在组合框的编辑框中输入内容后，单击"添加"按钮，如果编辑框中是一个新的选项，则添加到组合框中。添加代码如下：

```
void CEX9_6Dlg::OnAdd()
{
    // TODO: Add your control notification handler code here
    UpdateData();
    if (m_strEditText.IsEmpty())
    {
        MessageBox("要添加的项目为空！\n 请输入要添加的项目！");
        return;
    }
    m_strEditText.TrimLeft();
    m_strEditText.TrimRight();
    if (m_cbSimple.FindString(-1,m_strEditText)!=CB_ERR)
    {
```

```
            MessageBox("组合框中已经有该项,不能添加!");
            return;
        }
        int count=m_cbSimple.GetCount();              //获取组合框中选项数目
        m_cbSimple.InsertString(count,m_strEditText); //将新项插入到最后
    }
```

当用户选中组合框中的某项后,单击"删除"按钮,将选中的选项删除。添加代码如下:

```
    void CEX9_6Dlg::OnDelete()
    {
        // TODO: Add your control notification handler code here
        m_nSelIndex=m_cbSimple.GetCurSel();
        if (m_nSelIndex==CB_ERR)
        {
            MessageBox("请先选中要删除的项!");
            return;
        }
        m_cbSimple.DeleteString(m_nSelIndex);
    }
```

当用户选中组合框中的某项后,在编辑框中进行修改,单击"修改"按钮,首先删除原来的选项,然后将修改后的内容插入到原来的位置。添加代码如下:

```
    void CEX9_6Dlg::OnModify()
    {
        // TODO: Add your control notification handler code here
        UpdateData();                                             //获取编辑框中的内容
        m_cbSimple.DeleteString(m_nSelIndex);                     //删除原来的选项
        m_cbSimple.InsertString(m_nSelIndex,m_strEditText);       //在原始位置插入
    }
```

(5) 编译、链接和运行程序。

9.4.10 滚动条

在 Windows 应用程序中,一般窗口都有自己的滚动条,当要显示的数据超出窗口的大小时,窗口会出现滚动条,让用户通过滚动条可以在窗口中查看所有的数据。滚动条除了可以作为窗口的辅助形式存在外,还可以作为一个独立的控件使用。滚动条通常用来滚动显示数据内容,也可以作为数据输入工具,让用户在一定范围内选择数据。

可以利用 ClassWizard 为滚动条添加整型的成员变量,用来记录或设置滚动条滚动块的位置。滚动条有滚动范围,需要利用 CScrollBar 类的成员函数 SetScrollRange 在初始化时(一般在 OnInitDialog 函数中)进行设置。也可以利用成员函数 CScrollBar::SetScrollPos 来设置滚动块的位置。

滚动条分为水平滚动条和垂直滚动条,它们的操作相同。当用户拖动滚动块移动或单击滚动条的箭头或单击滚动条左右(或上下)两端的空白处时,滚动条会向其父窗口发送 WM_HSCROLL(水平滚动条)或 WM_VSCROLL(垂直滚动条)消息。前面所介绍的每一个控件都有它自己单独的消息处理函数,但滚动条控件不同,所有水平滚动条都与单一的 WM_HSCROLL 消息处理函数相关联,所有的垂直滚动条都与单一的 WM_VSCROLL 消息处理函数相关联。为了分辨出是对话框中哪一个滚动条发送的消息,在消息处理函数中有一个指向 CScrollBar 的指针,用来指向发送消息的滚动条。

为了表示是用户的哪一种操作方式发送的滚动消息,在滚动消息里含有通知码。SB_LINEUP 表示用户单击向上的箭头,滚动条向上滚动一行(或一个单位),SB_LINEDOWN 表示用户单击向下的箭头。SB_LINERIGHT 表示用户单击向右的箭头,SB_LINELEFT 表示用户单击向左的箭头。SB_PAGELEFT 表示用户单击滚动块与向左箭头中间的空白处,滚动条向左滚动一页,SB_PAGERIGHT 表示用户单击滚动块与向右箭头中间的空白处,滚动条向右滚动一页。SB_PAGEUP 和 SB_PAGEDOWN 表示用户单击滚动块与向上(下)箭头中间的空白处,SB_THUMBPOSITION 表示用户拖动滚动块移动。

用于操作滚动条的 CScrollBar 类的常用成员函数有:
- GetScrollPos:返回滚动块的当前位置。
- SetScrollPos:设置滚动块的当前位置。
- GetScrollRange:获取指定滚动条的滚动范围。
- SetScrollBar:设置指定滚动条的滚动范围。
- ShowScrollBar:显示或隐藏滚动条。
- GetScrollLimit:返回滚动条的最大滚动位置。

【例 9.7】 设计一对话框应用程序,运行结果如图 9-22 所示。用户通过"号码位数"滚动条设置中奖号码位数,单击"摇奖"按钮产生中奖号码,在编辑框中显示。

程序的实现过程与编程说明如下:

(1) 创建一个基于对话框的应用程序,项目名称为"EX9_7",按照图 9-22 所示的格式向对话框模板资源中添加各控件,并按表 9-13 所示设置控件的属性。

图 9-22 例 9.7 运行结果

表 9-13 在对话框中添加的控件及其属性设置

控件类型	控件 ID	Caption	其它非缺省属性	成员变量数据类型	成员变量
静态文本框	IDC_STATIC	中奖号码			
编辑框	IDC_LOTTERYNUM	无	Read-only	CString	m_strNumber
静态文本框	IDC_STATIC	号码位数			
滚动条	IDC_NUMDIGIT			CSrollBar	m_scrollNum
编辑框	IDC_EDITDIGIT		Read-only	int	m_nNumdigit
命令按钮	IDC_YAOJIANG	摇奖			
命令按钮	IDOK	退出			

(2) 利用 ClassWizard，按表 9-13 所示为各控件添加关联的成员变量。

(3) 在文件 EX9_7Dlg.h 中类定义的顶部添加如下定义语句，用于设置滚动条的滚动范围：

    private:
        enum {nMin=2};
        enum {nMax=10};

(4) 在类 CEX9_7Dlg 的构造函数中将成员变量 m_nNumdigit 的初始化值更改为 nMin。

    //{{AFX_DATA_INIT(CEX9_7Dlg)
    m_strNumber = _T("");
    m_nNumdigit = nMin;

(5) 在类 CEX9_7Dlg 的成员函数 OnInitDialog 中对滚动条进行初始化，设置滚动条的滚动范围，并设置初始时滚动块的位置：

```
BOOL CEX9_7Dlg::OnInitDialog()
{
    ⋮
    // TODO: Add extra initialization here
    m_scrollNum.SetScrollRange(nMin,nMax);    //设置滚动条的滚动范围
    m_scrollNum.SetScrollPos(nMin);           //设置滚动块的位置
    srand( (unsigned)time(NULL));             //设置产生随机数的起始点
    return TRUE;    // return TRUE  unless you set the focus to a control
}
```

(6) 利用 ClassWizard，在类 CEX9_7Dlg 中添加消息 WM_HSCROLL 的消息处理函数，使用户通过滚动条设置摇奖号码的位数：

```
void CEX9_7Dlg::OnHScroll(UINT nSBCode, UINT nPos, CScrollBar* pScrollBar)
{
    // TODO: Add your message handler code here and/or call default
    int nTemp;
    switch(nSBCode){
    case SB_THUMBPOSITION:                    //拖动滚动块移动
        pScrollBar->SetScrollPos(nPos);
        break;
    case SB_LINELEFT:                         //单击滚动条向左的箭头
        nTemp=pScrollBar->GetScrollPos();
        nTemp=nTemp-1;
        if (nTemp<nMin) nTemp=nMin;
        pScrollBar->SetScrollPos(nTemp);
        break;
    case SB_LINERIGHT:                        //单击滚动条向右的箭头
        nTemp=pScrollBar->GetScrollPos();
```

```
                nTemp=nTemp+1;
                if (nTemp>nMax) nTemp=nMax;
                pScrollBar->SetScrollPos(nTemp);
            }
            m_nNumdigit=nTemp=pScrollBar->GetScrollPos();
            UpdateData(FALSE);                              //更新滚动条右侧的编辑框
            CDialog::OnHScroll(nSBCode, nPos, pScrollBar);
        }
```

在消息 WM_HSCROLL 的消息处理函数中,参数 pScrollBar 指向产生此消息的滚动条,nPos 表示滚动块当前的位置,nSBCode 是通知码,表示用户正在对滚动条进行的操作。在此处理函数中,没有对用户单击滚动块与向右(左)箭头的空白区进行处理,可以自己添加。

(7) 利用 ClassWizard 为"摇奖"命令按钮添加 BN_CLICKED 消息处理函数,当用户单击摇奖按钮时,通过随机数函数 rand 产生由指定个数的 0~9 之间的整数组成的中奖号码,并在编辑框中显示:

```
        void CEX9_7Dlg::OnYaojiang()
        {
            // TODO: Add your control notification handler code here
            m_strNumber.Empty();                            //清空字符串
            CString strTemp;
            for (int i=0;i<m_nNumdigit;i++)
            {
                strTemp.Format("%d",(int)(10*rand()/RAND_MAX));   //产生一位随机数
                m_strNumber=m_strNumber + strTemp;
            }
            UpdateData(FALSE);                              //更新编辑框的显示
        }
```

(8) 编译、链接和运行程序。

9.5 公用对话框

Windows 操作系统中集成了应用程序中常用的一些公用对话框。程序员在程序中可以直接使用这些对话框,不必创建对话框模板资源、添加控件和创建对话框类。同时,允许对公用对话框的外观和功能进行定制。

MFC 类库提供了对这些公用对话框进行封装的类,表 9-14 中列出了 MFC 中的公用对话框类,它们的继承关系如图 9-23 所示。

需要说明的是,所有公用对话框只从用户那里收集信息,但并不对信息进行任何处理。例如,打开对话框可以用来帮助用户选择一个文件,但它只为程序提供文件的路径名和文件名,具体的打开操作需要由程序员添加相应的代码来完成。字体对话框只是返回用户选择的字体名称并填写描述字体的结构,但并不创建任何字体。

表 9-14　MFC 的公用对话框类

类	对话框类型
CColorDialog	颜色对话框，用于选择颜色
CFileDialog	打开和保存对话框，用于选择打开或保存的文件
CFindReplace	查找和替换对话框，用于查找或替换字符串
CFontDialog	字体对话框，用于选择系统字体
CPageSetupDialog	页面设置对话框，用于设置页面参数
CPrintDialog	打印对话框，用于设置打印机和打印文档

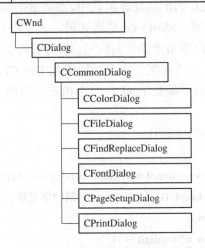

图 9-23　公用对话框类的继承关系

所有公用对话框的使用方式和步骤都大体相同。首先通过公用对话框类的构造函数创建一个对象，然后调用 DoModal 函数打开对话框。每一个公用对话框类中都有一个公有的结构体数据成员，可以在调用 DoModal 打开对话框之前通过此结构体数据成员对对话框进行相应的初始化。用户在打开的对话框中进行相应的选择或设置后通过"确定"按钮(IDOK)或"取消"按钮(IDCANCEL)关闭对话框。如果是单击"确定"按钮关闭的对话框(DoModal 函数返回 IDOK)，则可以利用相应公用对话框类的成员函数获取用户在对话框中的选择或设置。

下面通过一个实例说明公用对话框的使用方法。

【例 9.8】　设计一个基于对话框的应用程序，打开并读取一个文本文件，将其内容在一个编辑框中显示。程序运行结果如图 9-24 所示。

程序的实现过程与编程说明如下：

创建一个基于对话框的应用程序，项目名称为"EX9_8"，按照图 9-24 所示的格式向对话框模板资源中添加各控件。其中编辑框(IDC_FILECONTENT)设置 Multiline、Horizontal scroll、Auto HScroll、Vertical scroll 属性，方便查看打开文件的所有内容。文本框下为一个静态文本框(IDC_FILENAME)，用来显示打开文件的路径和文件名。

利用 ClassWizard 分别为编辑框(IDC_FILECONTENT)和静态文本框(IDC_FILENAME)添加 CString 类型的关联成员变量 m_strFileContent 和 m_strFileName。

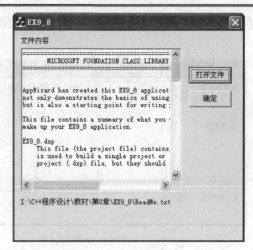

图 9-24 例 9.8 运行结果

利用 ClassWizard 为"打开文件"按钮(IDC_OPEN)添加 BN_CLICKED 的消息处理函数。

```
void CEX9_8Dlg::OnOpen()
{
    // TODO: Add your control notification handler code here
    char *pFileBuf;
    CFileDialog FileDialog(TRUE,NULL,NULL,0,"文本文件|*.txt||");
    if (FileDialog.DoModal()==IDOK)
    {
        //得到文件对话框中选择的文件及其路径
        m_strFileName=FileDialog.GetPathName();
        try
        {
            CFile file(m_strFileName,CFile::modeRead);   //打开选择的文件
            long FileLen=file.GetLength();               //得到打开文件的长度
            pFileBuf=new char[FileLen];
            file.Read(pFileBuf,FileLen);                 //读取文件内容
            m_strFileContent=pFileBuf;
            delete []pFileBuf;
        }
        catch(CFileException *)
        {
            MessageBox("打开文件错误！");
        }
    }
    UpdateData(FALSE);     //更新编辑框和静态文本框，分别显示文件内容和文件名
}
```

编译、链接和运行程序，单击"打开文件"按钮，弹出如图 9-25 所示的"打开"对话框。

图 9-25 "打开"文件对话框

程序首先利用 CFileDialog 的构造函数创建一个对话框对象，构造函数原型为：

CFileDialog(BOOL bOpenFileDialog, LPCTSTR lpszDefExt = NULL,
    LPCTSTR lpszFileName = NULL,
    DWORD dwFlags = OFN_HIDEREADONLY | OFN_OVERWRITEPROMPT,
    LPCTSTR lpszFilter = NULL, CWnd* pParentWnd = NULL);

其中，参数"bOpenFileDialog"用来指定对话框是打开文件对话框还是保存文件对话框，若为 TRUE 则创建打开文件对话框，为 FALSE 则创建保存文件对话框。对于保存文件对话框，"lpszDefExt"指定保存文件的缺省扩展名，"lpszFileName"指定首先出现在文件名编辑框中的文件名。参数"lpszFilter"是文件过滤器字符串，指定文件列表框中列出的文件类型。每一个过滤器由两个字符串表示，中间用"|"分隔。前一个字符串指定"文件类型"列表框中显示的选项，对过滤器进行描述，后一个字符串指定使用的文件扩展名。可以同时指定多个过滤器，之间用"|"分隔，最后由两个"|"结束。例如：

  "文本文件(*.txt)|*.txt|位图文件(*.bmp)|*.bmp|所有文件(*.*)|*.*||"

指定了三个文件过滤器。

习 题

1. 创建一个基于对话框的应用程序时一般有哪些步骤？
2. 简述如何利用 AppWizard 创建基于对话框的应用程序框架。
3. 利用 AppWizard 创建一个基于对话框的应用程序，练习添加控件并设置属性。
4. 如何向应用程序中添加对话框模板资源？
5. 如何利用 ClassWizard 为控件添加关联的成员变量？
6. 如何利用 ClassWizard 添加消息处理函数？
7. 如何创建一个基于对话框模板资源的对话框类？
8. 什么是模态对话框？简述调用 DoModal 函数时系统自动调用了哪些函数？当用户单击"OK"关闭对话框时，系统自动调用了哪些函数？
9. 如何利用 ClassWizard 实现 MFC 提供的 DDX 和 DDV？

10. 编程时如何使用 MFC 提供的 DDX 功能？

11. 非模态对话框与模态对话框有哪些区别？如何创建非模态对话框？如何处理非模态对话框发送的消息？

12. 简述非模态对话框的工作流程。

13. 如何设置对话框上各控件的 Tab 键顺序？

14. 修改例 9.4，当单击每一个单选按钮和复选框时，设置结果中立即显示结果。（提示：为每一个单选按钮和复选框添加 BN_CLICKED 消息处理函数。）

15. 修改例 9.5，当在列表框中选择字体或字号后，立即显示选择结果。（提示：为列表框添加 LBN_SELCHANGE 消息处理函数。）

16. 三种风格的组合框有什么区别？

17. 若对话框中有多组单选按钮，应如何进行分组？

18. 当对话框中有多个滚动条时，如何确定用户对哪一个滚动条进行操作？

19. 请说明 UpdateData 函数的作用。

20. 编写一个对话框应用程序，单击一个按钮显示"打开"对话框，在对话框的文件列表框中显示当前目录下的所有文件。当用户选择其中的一个文件时，在对话框中显示其路径和文件名。

第 10 章 图形输出

Windows 是一个图形用户界面(GUI)操作系统，图形是 Windows 应用程序的主体。大多数应用程序都需要在窗口客户区绘制图形，如绘制文本、几何图形等。在 Windows 中，所有的数据，包括文本，都是作为图形被绘制到输出设备上的。Windows 提供了与硬件设备无关的图形输出模式，即所谓的设备无关性。用户的应用程序只需要与操作系统提供的接口打交道，完全不用理会具体硬件设备的操作方式和设置。

10.1 图形设备接口

计算机输出设备和显示设备种类繁多，每类设备又包含许多不同的型号。如果应用程序直接访问这些硬件设备，一方面应用程序中访问任何特定种类和型号的设备都需要考虑该设备的特性，给程序员的编程带来很大困难；另一方面，开发的应用程序的通用性较差，只能使用特定种类和型号的设备。

Windows 使用图形设备接口(Graphics Device Interface，GDI)和设备驱动程序来实现设备无关性。GDI 是 Windows 系统的重要组成部分，负责系统与用户或应用程序之间的信息交换，并控制在输出设备上绘制图形。Windows 本身使用 GDI 绘制用户界面对象，如窗口、菜单、对话框等。设备驱动程序由 Windows 系统进行管理。当应用程序需要输出数据时，只需要调用 GDI 函数进行绘制，由 GDI 调用设备驱动程序提供的接口将绘图语句转换为对应设备的绘图指令，即可完成在特定硬件设备的输出。因此，GDI 位于应用程序和设备驱动程序之间，可完成应用程序绘图语句到设备指令的转换。

GDI 提供应用程序可调用的多种服务，它由许多 GDI 函数组成。MFC 将这些函数封装在设备环境类 CDC 中，应用程序可以通过调用 CDC 类的成员函数来完成绘图操作。

10.1.1 设备环境

当 Windows 应用程序在屏幕、打印机或其它输出设备上画图时，它并不是将像素直接输出到设备上，而是将图形绘制到由设备环境(Device Context，DC)表示的逻辑显示平面上。设备环境是 Windows 定义和管理的一个数据结构，它包含了 GDI 需要的、与逻辑显示平面相关的所有绘图属性，如当前的画笔、画刷、字体和位图等图形对象及其属性，以及颜色、背景和绘图模式，这些属性决定了最后输出的效果。

可以将设备环境看做是一个绘图工具箱，它包括画布及各种各样的绘图工具。在绘图之前，可以改变设备环境的属性，例如可以选择不同颜色、大小的字体，设置画笔的粗细和颜色。

在绘图之前，应用程序必须从 GDI 获取设备环境的句柄，并将其传递给 GDI 绘图函数。若无有效的设备环境句柄，则 GDI 不会输出任何内容。采用传统的调用 API 编程方式，在响应消息 WM_PAINT 的处理函数中调用 API 函数 BeginPaint，以获取设备环境句柄，使用结束后调用 EndPaint 释放设备环境。在其它函数中绘图，需要调用 GetDC 获取设备环境，调用 ReleaseDC 释放设备环境。

MFC 的 CDC 类将 Windows 设备环境和获取设备环境句柄的 GDI 函数封装在一起，因此，在使用 MFC 编写 Windows 应用程序时，不必直接获取设备环境句柄，而是通过创建一个设备环境对象并调用它的成员函数来画图。CDC 的派生类如 CPaintDC、CClientDC 和 CWindowDC 则代表 Windows 应用程序使用的不同类型的设备环境。MFC 提供的 CDC 派生类如表 10-1 所示。

表 10-1   CDC 的派生类

类　名	描　述
CPaintDC	用于在窗口客户区域绘图(仅限于 OnPaint 处理函数)
CClientDC	用于窗口客户区域绘图(除 OnPaint 外的任何处理程序)
CWindowDC	用于在窗口内任意地方绘图，包括非客户区域
CMetaFileDC	用于向 GDI 元文件绘图

除了 CMetaFileDC 外，这些类的构造函数和析构函数均调用相应的函数获取和释放设备环境，从而使得设备环境的使用非常方便。

若在栈上定义设备环境对象，当对象的作用域结束时，则其析构函数会被自动调用，释放设备环境。如：

　　　　CClientDC dc(this);　　　//利用 dc 绘图

若使用 new 动态创建设备环境对象，如：

　　　　CClientDC *pDC=new CClientDC(this);

则在设备环境使用结束时必须使用 delete 删除对象：

　　　　delete pDC;

以便调用析构函数释放设备环境。

由于设备环境是 Windows 操作系统中的资源，因此要确保应用程序使用完设备环境后及时释放。否则，会由于系统中资源数目的限制而影响其它应用程序的运行。

CPaintDC 类代表了一个窗口的绘图画面，允许在窗口的客户区域画图。但 CPaintDC 只能在消息 WM_PAINT 的处理函数 OnPaint 中使用，而不能在其它地方使用。

CClientDC 类代表一个窗口客户区设备环境，窗口的客户区是指窗口中不包括边框、标题栏、菜单栏、工具栏和状态栏的区域。坐标点(0, 0)通常指客户区的左上角。

如果需要在整个窗口区域绘图，则应使用 CWindowDC 类，它代表了整个窗口设备环境，包括窗口边框、标题栏、菜单栏、工具栏和状态栏等非客户区和客户区。坐标点(0,0)通常指窗口的左上角。在 MFC 应用程序中，视图窗口没有非客户区，因此，CWindowDC 更适用于框架窗口。有时可以使用 CWindowDC 创建特殊效果，例如用户自己绘制标题栏和带圆角的窗口。

【例 10.1】　CPaintDC、CClientDC 和 CWindowDC 的使用示例。

程序的创建过程如下：

(1) 利用 AppWizard 创建一个单文档界面应用程序，项目名设置为 EX10_1。

(2) 利用 ClassWizard 在视图类 CEX10_1View 中添加消息 WM_PAINT 的处理函数 OnPaint，并添加如下黑体所示的代码：

```
void CEX10_1View::OnPaint()
{
    CPaintDC dc(this); // device context for painting
    CRect rect;
    GetClientRect(&rect);
    dc.Ellipse(rect);
}
```

(3) 利用 ClassWizard 在视图类 CEX10_1View 中添加消息 WM_LBUTTONDOWN 的处理函数 OnLButtonDown，并添加如下黑体所示的代码：

```
void CEX10_1View::OnLButtonDown(UINT nFlags, CPoint point)
{
    CClientDC dc(this);
    dc.LineTo(100,100);
    dc.TextOut(100,100,"在视图窗口客户区绘图");
}
```

(4) 利用菜单编辑器添加菜单命令"在框架窗口绘图"（菜单编辑器的使用见第 11 章），取消其 Pop-up 属性，设置其 ID 为 IDM_DRAW。利用 ClassWizard 在框架窗口类 CMainFrame 中添加此菜单的 COMMAND 消息处理函数 OnDraw，并添加如下黑体所示的代码：

```
void CMainFrame::OnDraw()
{
    CWindowDC dc(this);
    CPen pen(PS_SOLID,4,RGB(255,0,0));
    dc.SelectObject(&pen);
    dc.LineTo(100,100);
    dc.TextOut(100,100,"在框架窗口内绘图");
}
```

(5) 编译、链接和运行程序。当在视图窗口中单击鼠标左键和执行菜单命令"在框架窗口绘图"后，结果如图 10-1 所示。

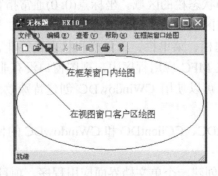

图 10-1 例 10-1 程序运行结果

10.1.2 设备环境的属性

获取图形设备接口的设备环境后,就可以在设备环境上绘图,但当使用 CDC 的输出函数绘图时,在屏幕上(或打印机等其它设备)上所看到的某些输出特性依赖于设备环境当前的属性。例如,当使用 TextOut 输出文字时,可以在函数中指定输出的坐标位置和要输出的字符串,但没有规定文本颜色和字体及字体的大小,这些由设备环境当前的属性来决定。因此,当获取 GDI 设备环境后,还需要设置设备环境的属性。

设备环境的属性包括以下内容:

- 相关的 GDI 对象,如画笔(Pen)、画刷(Brush)、字体(Font)、位图(Bitmap)、调色板(Palette)和区域(Region)。
- 决定绘图时缩放尺寸的映射模式和绘图模式。
- 其它各种细节,例如文本颜色、背景颜色等。

当创建一个设备环境对象时,它有一些默认的属性,例如,输出文本时有默认的字体及大小、颜色等。当需要输出其它特性时,在绘图之前需要通过 CDC 类的成员函数进行相应的属性设置。表 10-2 列出了设备环境中常用的一些属性和访问与设置这些属性的 CDC 类成员函数。

表 10-2 常用的设备环境属性及其相关函数

属 性	默认值	设 置	获 取
文本颜色	BLACK	SetTextColor	GetTextColor
背景颜色	WHITE	SetBkColor	GetBkColor
背景模式	OPAQUE	SetBkMode	GetBkMode
映射模式	MM_TEXT	SetMapMode	GetMapMode
绘图模式	R2_COPYPEN	SetROP2	GetROP2
当前位置	(0, 0)	MoveTo	GetCurrentPosition
当前画笔	BLACK_PEN	SelectObject	SelectObject
当前画刷	WHITE_BRUSH	SelectObject	SelectObject
当前字体	SYSTEM_FONT	SelectObject	SelectObject

不同的 CDC 输出函数以不同的方式使用设备环境的属性。例如,在使用 Rectangle 函数画矩形时,GDI 用当前的画笔画矩形区域的边界,并用当前的画刷填充该矩形区域。所有的文本输出函数都采用当前的字体,文本颜色和背景颜色决定了在文本输出时所有用到的颜色。文本颜色决定了字符的颜色,而背景颜色决定字符后面的填充色。在使用 LineTo 函数画虚线或点划线时,背景颜色还用于填充线段间的空隙,或用来填充阴影画笔所画标记间的空白处。如果想忽略背景颜色,可将背景模式设置为透明(TRANSPARENT),例如:

dc.SetBkMode(TRANSPARENT);

MFC 提供 6 个 GDI 对象类用于改变设备环境的相应属性，它们是 CBitmap、CBrush、CFont、CPalette、CPen 和 CRgn，它们分别代表位图、画刷、字体、调色板、画笔和区域。这些类的继承关系如图 10-2 所示。在应用程序中可以创建这些 GDI 对象，然后通过调用 CDC::SelectObject 成员函数将创建的 GDI 对象选入设备环境，从而改变设备环境的属性。除非调用 SelectObject 或 SelectStockObject 改变当前画笔、画刷或字体，否则，GDI 将使用设备环境的默认值。例如，要绘制一个红色的圆，并使其具有 10 个像素宽的黑色边框，则要创建一个 10 个像素点宽的黑色画笔和一个红色的画刷，并在调用 CDC::Ellipse 画圆之前用 SelectObject 将它们选入设备环境。例如将例 10.1 视图类中响应消息 WM_LBUTTONDOWN 的处理函数 OnLButtonDown 修改为如下形式，则在窗口客户区单击鼠标时可绘制一个 10 像素宽的黑色边框的红色圆：

```
void CEX10_1View::OnLButtonDown(UINT nFlags, CPoint point)
{
    // TODO: Add your message handler code here and/or call default
    CClientDC dc(this);
    CPen pen(PS_SOLID,10,RGB(0,0,0));       //创建 10 像素宽的黑色画笔
    dc.SelectObject(&pen);                  //将画笔选入设备环境
    CBrush brush(RGB(255,0,0));             //创建红色的画刷
    dc.SelectObject(&brush);
    dc.Ellipse(0,0,100,100);
}
```

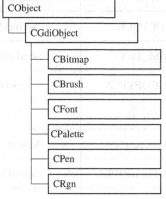

图 10-2　GDI 对象类的继承关系

除了可以自定义 GDI 对象并选入设备环境来改变设备环境的属性外，Windows 预先定义了一些画笔、画刷、字体以及其它一些 GDI 对象，这些对象是 Windows 的一部分，可以直接使用。通过调用 CDC::SelectStockObject 成员函数将库存 GDI 对象选入设备环境，其函数原型为：

virtual CGdiObject* SelectStockObject(int nIndex);

函数返回指向设备环境以前的 GDI 对象的指针。参数"nIndex"指定要选入设备环境的库存对象。表 10-3 列出了可以选入设备环境的画笔和画刷库存对象。

表 10-3 Windows 库存的画笔和画刷

nIndex 参数	描述
BLACK_BRUSH	黑色画刷
DKGRAY_BRUSH	深灰色画刷
GRAY_BRUSH	灰色画刷
HOLLOW_BRUSH	与 NULL_BRUSH 相同
LTGRAY_BRUSH	浅灰色画刷
NULL_BRUSH	空画刷(内部不填充)
WHITE_BRUSH	白色画刷
BLACK_PEN	黑色画笔
NULL_PEN	空画笔(不画)
WHITE_PEN	白色画笔

10.1.3 绘图模式

当向 GDI 设备环境的逻辑显示面输出图形时，GDI 并不是简单地输出图形像素点的颜色，而是将输出图形画笔颜色和图形内部的填充色与显示平面目标位置上的颜色进行某种逻辑运算，然后将运算的结果颜色输出。设备环境的绘图模式属性决定了当前设备环境的逻辑运算。

绘图模式使用 CDC::SetROP2 成员函数进行设置，其函数原型为：

　　int SetROP2(int nDrawMode);

其中：参数"nDrawMode"用来指定新的绘图模式。表 10-4 列出了一些常用的绘图模式。函数返回设备环境先前的绘图模式。设备环境默认的绘图模式是 R2_COPYPEN。

表 10-4 设备环境的绘图模式

绘图模式(nDrawMode)	执 行 的 运 算
R2_BLACK	最后像素总是黑色
R2_WHITE	最后像素总是白色
R2_NOP	屏幕像素颜色保持不变(最后像素=屏幕像素)
R2_NOT	屏幕颜色的反色(最后像素=NOT 屏幕像素)
R2_COPYPEN	画笔的颜色(最后像素=画笔)
R2_NOTCOPYPEN	画笔颜色的反色(最后像素=NOT 画笔)
R2_MERGEPENNOT	最后像素=(NOT 屏幕像素)OR 画笔
R2_MASKPENNOT	最后像素=(NOT 屏幕像素)AND 画笔
R2_MERGENOTPEN	最后像素=(NOT 画笔)OR 屏幕像素
R2_MASKNOTPEN	最后像素=(NOT 画笔)AND 屏幕像素
R2_MERGEPEN	最后像素=画笔 OR 屏幕像素
R2_MASKPEN	最后像素=画笔 AND 屏幕像素
R2_XORPEN	最后像素=画笔 XOR 屏幕像素
R2_NOTXORPEN	最后像素=NOT(画笔 XOR 屏幕像素)

表中的"画笔"指输出图形画笔颜色和图形内部的填充色。

绘图模式有时非常有用,例如在游戏设计中,如果想恢复游戏背景,只需要将绘图模式设置为 R2_XORPEN,然后再次输出前景图像即可。

【例 10.2】 绘图模式使用示例。

设计一个单文档界面应用程序,项目名为 EX10_2。利用 ClassWizard 在视图类 CEX10_2View 中添加消息 WM_LBUTTONDOWN 的处理函数 OnLButtonDown,并添加如下黑体所示的代码:

```
void CEX10_2View::OnLButtonDown(UINT nFlags, CPoint point)
{
    // TODO: Add your message handler code here and/or call default
    CClientDC dc(this);
    CRect rect(10,10,60,160);
    dc.SelectStockObject(BLACK_BRUSH);
    dc.Rectangle(rect);
    rect.OffsetRect(50,0);
    dc.SelectStockObject(WHITE_BRUSH);
    dc.Rectangle(rect);
    rect.OffsetRect(50,0);
    dc.SelectStockObject(BLACK_BRUSH);
    dc.Rectangle(rect);
    dc.SelectStockObject(NULL_BRUSH);
    dc.SetROP2(R2_NOT);
    dc.Ellipse(10,10,160,160);
}
```

运行程序时,在视图窗口单击鼠标左键,则结果如图 10-3 所示。

图 10-3 绘图模式的使用示例

10.1.4 映射模式与坐标转换

1. 坐标系统

当在应用程序中输出图形或文本时,需要指定图形或文本绘制的位置,这时指定的坐标位置是参照某个坐标系统的。在 Windows 中,坐标系统大致可以分为两大类:设备坐标系统和逻辑坐标系统。

设备坐标系统是指显示器或打印机等物理设备的坐标系统。不同的物理设备具有不同的坐标单位、坐标原点和坐标方向,对于显示设备,坐标单位为像素,设备上的(0,0)始终在显示平面的左上角,X 轴正向向右,Y 轴正向向下。

在设备坐标系统中又有三种相互独立的坐标系统:屏幕坐标系统、窗口坐标系统和用户区坐标系统。这些坐标系统均以像素点来表示度量的单位,X 轴向右为正,Y 轴向下为正。屏幕坐标系统使用整个屏幕坐标区作为坐标系统。窗口坐标系统使用包括边框在内的应用程序的窗口作为坐标区域,窗口的左上角为坐标原点。用户区坐标系统是最经常使用的坐标系统,以窗口的客户区域作为坐标区域。调用 CWnd::ClientToScreen 和 CWnd::ScreenToClient 函数可实现用户区坐标值与屏幕坐标值之间的转换。当调用一个返回屏幕坐标值的 Windows 函数,并需要将返回的屏幕坐标值再传递给需要用户区坐标值的函数(或者反过来)时,就需要使用上面两个函数。

逻辑坐标系统是与 GDI 设备环境相关的坐标系统,这种坐标不考虑具体的物理设备。例如,当应用程序绘制一条从 A 点到 B 点的直线时,传递给 MoveTo() 和 LineTo() 函数的坐标不是指定屏幕上的物理位置,而是其在设备环境中定义的逻辑坐标系统中的坐标。当使用 CDC 成员函数在某个设备环境中绘图时,图形输出到一个逻辑窗口,GDI 需要将在逻辑窗口中的逻辑坐标转换为设备坐标才能将图形在显示器或打印机上输出。从逻辑坐标值到设备坐标值的转换方式,由设备环境的映射模式属性决定。

2. 映射模式

映射模式是设备环境的属性,用于确定从逻辑坐标到设备坐标的转换方式。在绘图时,Windows 根据当前设备环境的映射模式将逻辑坐标转换为设备坐标。映射模式定义了逻辑单位的实际大小、坐标增长方向,所有映射模式的坐标原点一般在图形输出区域的左上角。Windows 支持 8 种不同的映射模式,如表 10-5 所示。

表 10-5 Windows 映射模式

映射模式	逻辑单位	坐标轴方向
MM_TEXT	一个像素	X 轴正向向右,Y 轴正向向下
MM_LOMETRIC	0.1 毫米	X 轴正向向右,Y 轴正向向上
MM_HIMETRIC	0.01 毫米	X 轴正向向右,Y 轴正向向上
MM_LOENGLISH	0.01 英寸	X 轴正向向右,Y 轴正向向上
MM_HIENGLISH	0.001 英寸	X 轴正向向右,Y 轴正向向上
MM_TWIPS	1/1440 英寸	X 轴正向向右,Y 轴正向向上
MM_ISOTROPIC	用户自定义,X 轴与 Y 轴的单位比例为 1:1	用户自定义
MM_ANISOTROPIC	用户自定义,X 轴与 Y 轴的单位比例可以任意	用户自定义

映射模式的坐标原点一般在图形输出区域的左上角,在使用 MM_LOMETRIC、MM_HIMETRIC、MM_LOENGLISH、MM_HIENGLISH 和 MM_TWIPS 时,由于它们的 Y

轴都为正向向上,为了使输出可见,Y坐标必须使用负值。例如:

  dc.Rectangle(0,0,200,-100);

因此,在使用非 MM_TEXT 映射模式时,如果应用程序的输出不可见,应检查 Y 坐标值的正负号。

设备环境默认的映射模式为 MM_TEXT。如果需要使用其它的映射模式,可以调用 CDC::SetMapMode 成员函数来设置新的映射模式。使用 CDC::GetMapMode 成员函数可以获取当前的映射模式。例如,以下语句将映射模式设置为 MM_LOMETRIC,并画一个半径为 2.5 厘米的圆:

  dc.SetMapMode(MM_LOMETRIC);
  dc.Ellipse(0,0,500,-500);

除了 6 种固定比例的映射模式外,Windows 还提供了两种可变比例的映射模式:MM_ISOTROPIC 和 MM_ANISOTROPIC,允许用户改变比例因子和原点,即用户自己决定从逻辑坐标转换为设备坐标的方式。

MM_ISOTROPIC 和 MM_ANISOTROPIC 映射模式常用于根据窗口尺寸按比例自动调整图形输出的大小,在用户改变窗口的大小时,输出的内容也会改变大小。例如,下面是一个单文档应用程序的 OnDraw 函数,它首先使用 MM_ANISOTROPIC 映射模式将窗口客户区大小(无论其为多大)映射为逻辑坐标的 500 单位宽和 500 单位长,坐标原点位于窗口左上角,X 轴正向向右,Y 轴正向向下;然后画一个与窗口边框相接的椭圆。当用户改变窗口大小时,椭圆始终占据整个窗口。

```
void CEX10_2View::OnDraw(CDC* pDC)
{
    CRect clientRect;
    GetClientRect(clientRect);
    pDC->SetMapMode(MM_ANISOTROPIC);
    pDC->SetWindowExt(500,500);
    pDC->SetViewportExt(clientRect.Width(),clientRect.Height());
    pDC->Ellipse(0,0,500,500);
}
```

如果希望 Y 轴正向向上,则只需要将传递给 SetWindowExt 或 SetViewportExt 的 Y 坐标值取反即可。

CDC::SetWindowExt 函数以逻辑尺寸设置"窗口范围",其函数原型为:

  virtual CSize SetWindowExt(int cx, int cy);
  virtual CSize SetWindowExt(SIZE size);

其中,参数"cx"和"cy"或"size"以逻辑单位指定窗口大小。

CDC::SetViewportExt 函数以设备单位或像素点设置"视口范围",其函数原型为:

  virtual CSize SetViewportExt(int cx, int cy);
  virtual CSize SetViewportExt(SIZE size);

Windows 对逻辑坐标值和设备坐标值的相互转换,是根据用户指定的窗口逻辑尺寸(窗口范围)、实际尺寸(视口范围)以及坐标原点位置进行的。设定窗口范围和视口范围时,实际上是在自己确定缩放比例。一般说来,视口范围是画图所在窗口的大小(以像素点数目计算),而窗口范围是指以逻辑单位表示的窗口尺寸。

MM_ISOTROPIC 和 MM_ANISOTROPIC 映射模式的区别在于前者始终保持 1:1 的纵横比,后者 X 和 Y 比例因子可以分别改变。使用 SetWindowExt 和 SetViewportExt 时要注意:在 MM_ISOTROPIC 映射模式下,应该首先调用 SetWindowExt。而在 MM_ANISOTROPIC 映射模式下,窗口范围和视口范围中先设置哪个都无关紧要。

3. 坐标原点

在各种映射模式下,设备环境的原点默认位于显示平面的左上角。用户可以改变坐标原点的位置。MFC 的 CDC 类提供了两个函数用于移动坐标原点。CDC::SetWindowOrg 用于移动窗口原点,CDC::SetViewportOrg 用于移动视口原点,一般情况下,只能使用其中之一。SetViewportOrg 的参数为设备坐标值,SetViewportOrg(x, y)将视口原点移至(x, y),即通知 Windows 将逻辑原点(0, 0)映射成设备点(x, y)。SetWindowOrg 的参数为逻辑坐标值,SetWindowOrg(x, y)将窗口原点移至(x,y),即通知 Windows 将逻辑点(x, y)映射成设备原点(0, 0),即显示平面左上角。

【例 10.3】 移动原点示例。

创建一单文档界面应用程序,项目名为 EX10_3。在视图类 CEX10_3View 的 OnDraw 函数中添加如下代码:

```
void CEX10_3View::OnDraw(CDC* pDC)
{
    CRect clientRect;
    GetClientRect(clientRect);
    pDC->SetMapMode(MM_LOMETRIC);
    pDC->SetViewportOrg(clientRect.Width()/2,clientRect.Height()/2);
    pDC->Ellipse(-250,250,250,-250);
}
```

程序首先设置映射模式为 MM_LOMETRIC,然后将逻辑原点移至窗口客户区中心,再在窗口客户区中绘制一半径为 2.5 厘米的圆,如图 10-4 所示。

图 10-4 例 10.3 运行结果

4. 坐标转换

当设置好设备环境的映射模式及逻辑平面原点后,便可以调用 CDC 成员函数绘图,大多数 CDC 成员函数使用逻辑坐标作为参数。但 Windows 应用程序不能只在逻辑坐标下工作,经常还涉及到设备坐标,例如鼠标单击消息处理函数 OnLButtonDown 中的 point 参数表示单击时鼠标的坐标,是设备坐标。许多 MFC 成员函数使用设备坐标作为参数,例如 CWnd 成员函数、CRect 的成员函数等都是用设备坐标作为参数。因此,应用程序经常需要在设备坐标和逻辑坐标之间进行切换。

调用 CDC::LPtoDP 函数可将逻辑坐标值转换为设备坐标值,函数原型为:

void LPtoDP(LPPOINT lpPoints, int nCount = 1) const;

void LPtoDP(LPRECT lpRect) const;

void LPtoDP(LPSIZE lpSize) const;

其中,参数"lpPoints"为指向由点构成的数组,数组中的每一个点是一个 POINT 结构变量或 CPoint 对象;"nCount"为数组中点的数目;"lpRect"为指向 RECT 结构变量或 CRect 对象的指针,常用于将一个矩形从逻辑坐标转换为设备坐标;"lpSize"为指向 SIZE 结构变量或 CSize 对象的指针。

调用 CDC::DPtoLP 函数可将设备坐标值转换为逻辑坐标值,函数原型为:

void DPtoLP(LPPOINT lpPoints, int nCount = 1) const;

void DPtoLP(LPRECT lpRect) const;

void DPtoLP(LPSIZE lpSize) const;

在响应鼠标单击的命中测试调用 CRect::PtInRect 或 CRgn::PtInRegion 时,设备坐标和逻辑坐标之间的转换是必不可少的。鼠标单击后得到的鼠标指针位置坐标是设备坐标值,如果在某个设备环境中画了一个圆并且想知道鼠标单击是否发生在这个圆内,则需要将圆的逻辑坐标值转换为设备坐标值,或将鼠标单击获得的设备坐标值转换为逻辑坐标值。否则就是在比较两个不同种类的坐标,不能保证测试结果的正确性。

【例 10.4】 编写一个单文档界面应用程序,通过用鼠标单击客户区域的圆来改变圆的颜色。

程序的创建过程如下:

(1) 利用 AppWizard 创建一单文档界面应用程序,项目名为 EX10_4。

(2) 在视图类 CEX10_4View 类的头文件 EX10_4View.h 中添加数据成员:

    private:

        int m_nColor;   //画圆时画刷的颜色

        CRect m_rectEllipse;   //圆的外接矩形

在视图类的构造函数中对添加的数据成员进行初始化:

    CEX10_4View::CEX10_4View():**m_rectEllipse(0,0,200,-200)**

    {

        m_nColor=GRAY_BRUSH;

    }

(3) 在视图类的 OnDraw 成员函数中设置画刷颜色及映射模式,并用外接矩形画圆:

```
void CEX10_4View::OnDraw(CDC* pDC)
{
    pDC->SelectStockObject(m_nColor);
    pDC->SetMapMode(MM_LOMETRIC);
    pDC->Ellipse(m_rectEllipse);
}
```

(4) 利用 ClassWizard 在视图类 CEX10_4View 中添加消息 WM_LBUTTONDOWN 的处理函数 OnLButtonDown，并添加如下黑体代码：

```
void CEX10_4View::OnLButtonDown(UINT nFlags, CPoint point)
{
    CClientDC dc(this);
    dc.SetMapMode(MM_LOMETRIC);
    CRect rectDevice=m_rectEllipse;
    dc.LPtoDP(&rectDevice);              //将外接矩形转换为设备坐标值
    if(rectDevice.PtInRect(point))       //测试鼠标单击是否在圆的外接矩形内
    {
        if(m_nColor==GRAY_BRUSH)
            m_nColor=WHITE_BRUSH;
        else
            m_nColor=GRAY_BRUSH;
        InvalidateRect(rectDevice);      //使矩形无效，更新视图
    }
}
```

(5) 编译、链接和运行程序，程序运行结果如图 10-5 所示。

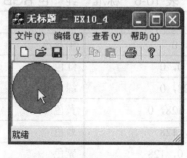

图 10-5　例 10.4 运行结果

10.1.5　颜色设置

对于绘图来说，颜色是一个重要的属性。Windows GDI 提供了一个独立于硬件的颜色接口。程序中提供的是一个逻辑颜色，GDI 将程序代码中的逻辑颜色映射为计算机或其它输出设备上的适当颜色(近似色)或颜色组合(通过抖动实现)。

Windows 使用一个 32 位无符号长整数来表示一种颜色，其数据类型为 COLORREF。

使用颜色的 GDI 函数都接受 COLORREF 参数。COLORREF 的 3 个低位字节分别指定颜色的红、绿和蓝分量,高位字节为 0,每一个分量的取值范围为 0~255,如图 10-6 所示。

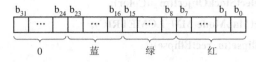

图 10-6　COLORREF 类型的颜色值

除了可以直接使用 COLORREF 类型的 32 位长整数指定颜色值外,Windows 还提供了 RGB 宏用于设置颜色,将红、绿、蓝分量转换为 COLORREF 类型的颜色值,其使用格式为:

　　　　　COLORREF RGB(BYTE bRed,BYTE bGreen,BYTE bBlue);

其中,参数"bRed"、"bGreen"和"bBlue"分别用于指定颜色的红、绿、蓝分量,它们的取值范围为 0~255。例如,RGB(0,0,0)表示黑色,RGB(255,255,255) 表示白色,即长整数 0x00FFFFFF。

可以使用 GetRValue、GetGValue 和 GetBValue 宏从 COLORREF 值中提取出 8 位红、绿、蓝分量。

GDI 对 COLORREF 值的处理依赖于输出硬件设备的颜色分辨率和使用颜色的设备环境。如果输出硬件设备支持 24 位颜色,例如视频适配器,则 COLORREF 值可以直接转换成屏幕上的颜色。但若视频适配器只支持每像素 4 位或 6 位颜色,则会根据当前调色板的设置决定一次能同时显示的颜色。例如,标准的 VGA 可以显示 262 144 种不同的颜色(红、绿、蓝各 6 位),但是运行在分辨率为 640×480 模式下时只能同时显示 16 种不同的颜色值。更普遍的情况是视频适配器可以显示超过 1670 万种颜色,但只能同时显示 256 种颜色。可以同时显示的 256 种颜色根据 RGB 值确定并编入适配器的硬件调色板中。其中有 16 种颜色是所有调色板都支持的"纯"色,如表 10-6 所示。

表 10-6　标准"纯"色 RGB 值

颜　色	RGB 分量值	颜　色	RGB 分量值
黑色	0,　0,　0	中灰色	128,　128,　128
深红色	128,　0,　0	红色	255,　0,　0
深绿色	0,　128,　0	绿色	0,　255,　0
深黄色	128,　128,　0	黄色	255,　255,　0
深蓝色	0,　0,　128	蓝色	0,　0,　255
深紫色	128,　0,　128	紫色	255,　0,　255
深青色	0,　128,　128	青色	0,　255,　255
浅灰色	192,　192,　192	白色	255,　255,　255

当视频适配器不支持绘图函数中指定的 COLORREF 值时,GDI 使用简单的颜色匹配算法将每个 COLORREF 值都映射给最接近的纯色。如果给生成画笔的函数传递一个 COLORREF 值,Windows 就会给画笔分配一个最接近的纯色;如果将 COLORREF 值传递给生成画刷的函数而又找不到匹配的纯色时,Windows 就会使用纯色来抖动,以实现画刷颜色。

许多使用颜色的 GDI 函数都使用 COLORREF 类型值作为参数。例如影响文本显示颜色的两个设备环境属性文本颜色(前景色)和背景颜色可以分别使用 CDC::SetTextColor 和 CDC::SetBkColor 函数进行设置，其函数原型为：

  virtual COLORREF SetTextColor(COLORREF crColor);

  virtual COLORREF SetBkColor(COLORREF crColor);

这两个函数将参数 crColor 设置为当前文本颜色(背景颜色)并返回先前的文本颜色(背景颜色)。例如：

  COLORREF oldTextColor;
  oldTextColor=pDC->SetTextColor(RGB(255,0,0));   //设置文本颜色为红色
  pDC->SetBkColor(RGB(0,0,0));   //设置背景颜色为黑色
  pDC->TextOut(0,0, "黑色背景红色文字");   //输出文字
  pDC->SetTextColor(oldTextColor);   //恢复原来的文本颜色

10.2 画笔和画刷

  当在设备环境中绘制直线和曲线以及矩形、椭圆等封闭图形时，Windows 用设备环境当前的画笔绘制直线和曲线以及封闭图形的边框，使用设备环境当前的画刷填充图形内部。设备环境的默认画笔画出的是一个像素点宽的黑色实线，默认的画刷为白色画刷 WHITE_BRUSH。如果需要使用不同风格的画笔和画刷，则必须重新为设备环境定义画笔和画刷，并在绘图之前将其选入设备环境。

  在 MFC 应用程序中使用画笔和画刷的步骤大致相同：

(1) 创建画笔(画刷)。
(2) 将创建的画笔(画刷)选入设备环境。
(3) 输出图形。
(4) 还原设备环境先前的画笔(画刷)。

10.2.1 画笔

  MFC 的 CPen 类封装了 GDI 画笔。

1. 创建画笔

  创建画笔最简单的方法是构造一个 CPen 对象，并给它传递定义画笔的参数，包括画笔的样式、宽度和颜色。CPen 类的构造函数原型如下：

  CPen(int nPenStyle, int nWidth, COLORREF crColor);

其中，参数"nPenStyle"用于指定画笔的样式，其取值如表 10-7 所示；"nWidth"用于指定画笔宽度；参数"crColor"用于指定画笔的颜色。例如：

  CPen pen(PS_DASH,1,RGB(255,0,0));

  创建画笔的第二种方法是调用 CPen 的缺省构造函数构造一个没有初始化的 CPen 对象，并调用 CPen::CreatePen 函数创建画笔。CreatePen 函数原型为：

  BOOL CreatePen(int nPenStyle, int nWidth, COLORREF crColor);

例如：
```
CPen pen;
pen.CreatePen(PS_DASH,1,RGB(255,0,0));
```
创建画笔的第三种方法是构造一个没有初始化的 CPen 对象，填写描述画笔特性的 LOGPEN 结构，然后调用 CPen::CreatePenIndirect 函数创建画笔。例如：
```
CPen pen;
LOGPEN logPen;
logPen.lopnStyle=PS_DASH;
logPen.lopnWidth=1;
logPen.lopnColor=RGB(255,0,0);
pen.CreatePenIndirect(&logPen);
```
创建画笔需要三个特性参数：样式、宽度和颜色。上述三个例子创建的都是宽度为 1 的红色虚线画笔。传递给 CPen 构造函数和 CreatePen 的第一个参数用于指定画笔的样式，即线的类型。表 10-7 列出了画笔样式。

表 10-7　画笔的基本样式

样　式	说　明	样　式	说　明
PS_SOLID	实线	PS_DASHDOTDOT	双点划线
PS_DASH	虚线	PS_NULL	空笔
PS_DOT	点线	PS_INSIDEFRAME	边框内实线
PS_DASHDOT	点划线		

传递给 CPen 构造函数和 CreatePen 函数的第二个参数用于指定画笔的宽度。画笔宽度以逻辑值指定，其单位取决于当前设备环境的映射模式。可以创建任意宽度的 PS_SOLID、PS_NULL 和 PS_INSIDEFRAME 样式画笔，但 PS_DASH、PS_DOT、PS_DASHDOT 和 PS_DASHDOTDOT 样式画笔则必须是一个逻辑单位宽。无论是何种映射模式，若将画笔宽度指定为 0，则任一样式的画笔宽度都为一个像素点宽。

2．选入画笔

创建好画笔后必须将其选入设备环境才能使用。函数 CDC::SelectObject 用于将 GDI 对象选入设备环境。SelectObject 在 CDC 类中是一个重载函数，用于选择画笔的函数原型为：
```
CPen* SelectObject( CPen* pPen );
```
其中，参数"pPen"指向将要被选入设备环境的画笔对象。函数返回指向设备环境先前的画笔对象的指针。一般情况下，在使用 SelectObject 选择新的画笔时应保存先前的画笔对象，以便可以通过其返回值恢复设备环境先前的属性。例如：
```
CPen *pOldPen,NewPen;
NewPen.CreatePen(PS_DASH,1,RGB(255,0,0));    //创建宽度为1的红色点划线
pOldPen=pDC->SelectObject(&NewPen);
pDC->Ellipse(0,0,255,255);
   ⋮
```

3. 还原画笔

将画笔选入设备环境后，就可以使用该画笔绘图。当绘图结束后，应该恢复设备环境先前的属性，此时只需要再次调用 SelectObject，将上次调用此函数时保存的画笔选入设备环境即可。例如：

```
pDC->SelectObject(pOldPen);                //还原画笔
```

由 CGdiObject 派生类创建的画笔、画刷和其它对象都要占用内存空间，因此在使用完毕之后一定要删除它们。如果在栈上创建 CPen、CBrush、CFont 或其它 GDI 对象，那么在对象超出其作用域范围时，相关的 GDI 对象就会自动被删除。如果用 new 在堆上创建了一个 CGdiObject 派生类对象，则在特定时刻一定要用 delete 删除它，以便调用它的析构函数。

在应用程序中可以通过调用 CGdiObject::DeleteObject 显式地删除 GDI 对象，以便释放其所占用的内存资源。如果是库存对象，即便是由 CreateStockObject 创建的库存对象，也没必要专门去删除它。例如：

```
pDC->SelectObject(pOldPen);        //还原画笔
NewPen.DeleteObject();             //删除创建的画笔 NewPen
```

【例 10.5】 编写一个单文档界面应用程序，用不同样式、宽度的画笔绘制圆。

利用 AppWizard 创建一个单文档界面应用程序，项目名为 EX10_5。在类 CEX10_5View 的成员函数 OnDraw 中添加如下黑体代码，根据创建的不同样式和宽度的画笔绘制圆。

```cpp
void CEX10_5View::OnDraw(CDC* pDC)
{
    CPen *pOldPen,NewPen;
    int nPenStyle[]={PS_SOLID,PS_DASH,PS_DOT,PS_DASHDOT,
                    PS_DASHDOTDOT,PS_NULL,PS_INSIDEFRAME};
    pDC->TextOut(80,10,"用不同样式的画笔画圆");
    CRect rect1(50,50,320,320);
    for(int i=0;i<7;i++)
    {
        if (NewPen.CreatePen(nPenStyle[i],1,RGB(0,0,0)))     //用不同样式创建画笔
        {
            pOldPen=pDC->SelectObject(&NewPen);              //将画笔选入设备环境
            pDC->Ellipse(&rect1);
            rect1.DeflateRect(20,20,20,20);                  //缩小椭圆外接矩形
            pDC->SelectObject(pOldPen);                      //恢复原来的画笔
            NewPen.DeleteObject();                           //删除 GDI 对象
        }
        else
        {
            MessageBox("创建画笔失败！");
        }
    }
}
```

```
            pDC->TextOut(400,10,"用不同宽度的画笔画圆");
            CRect rect2(350,50,620,320);
            for (i=0;i<7;i++)
            {
                if (NewPen.CreatePen(PS_SOLID,1+i,RGB(0,0,0)))
                {
                    pOldPen=pDC->SelectObject(&NewPen);
                    pDC->Ellipse(&rect2);
                    rect2.DeflateRect(20,20,20,20);
                    pDC->SelectObject(pOldPen);
                    NewPen.DeleteObject();
                }
                else
                    MessageBox("创建画笔失败！");
            }
```

编译、链接和运行程序，运行结果如图 10-7 所示。

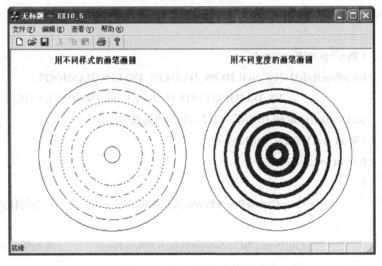

图 10-7 例 10.5 运行结果

10.2.2 画刷

当在设备环境中绘制矩形、椭圆等封闭图形时，Windows 使用设备环境当前的画刷填充图形内部，设备环境缺省的画刷为白色画刷 WHITE_BRUSH。通过创建 GDI 画刷并在绘图之前将其选入设备环境可以改变图形的填充颜色和样式。

MFC 的 CBrush 类封装了 GDI 画刷。画刷有三种基本类型：纯色画刷、阴影画刷和图案画刷。纯色画刷填充的是单一颜色，如果显示硬件不支持直接显示纯色画刷的颜色，则 Windows 通过抖动处理来模仿该颜色。阴影画刷采用预先定义的线条图案填充图形，预定义的线条图案共有六种。图案画刷使用指定的位图来填充图形。

创建画刷的第一种方法是使用类 CBrush 的构造函数直接创建画刷。与画刷的三种类型对应，类 CBrush 提供了三个不同的构造函数分别用于创建不同类型的画刷，其原型为：

CBrush(COLORREF crColor);

CBrush(int nIndex, COLORREF crColor);

CBrush(CBitmap* pBitmap);

第一个构造函数用于创建纯色画刷，其中的参数用于指定画刷的颜色；第二个构造函数用于创建阴影画刷，两个参数分别指定画刷阴影的样式和颜色，画刷阴影样式共六种，如表 10-8 所示；第三个构造函数用于创建图案画刷，其中的参数用于指定画刷所使用的位图。例如：

CBrush brush(RGB(255,0,0));

创建了一个红色的纯色画刷。

表 10-8 阴影画刷的样式

样 式	说 明
HS_BDIAGONAL	从左向右 45°角向下的阴影
HS_CROSS	水平和垂直交叉的阴影
HS_DIAGCROSS	45°角的交叉阴影
HS_FDIAGONAL	从左向右 45°角向上的阴影
HS_HORIZONTAL	水平阴影
HS_VERTICAL	垂直阴影

在使用阴影画刷时，Windows 使用设备环境当前的背景色填充阴影线的空白处，默认背景色为白色。可以使用 CDC::SetBkColor 改变设备环境的背景色，或用 SetBkMode 将背景模式由 OPAQUE 改为 TRANSPARENT，禁止背景填充。

创建画刷的第二种方法是使用类 CBrush 的缺省构造函数定义 CBrush 对象，然后调用 CBrush 类中的成员函数创建画刷。函数 CreateSolidBrush 用于创建纯色画刷，其原型为：

BOOL CreateSolidBrush(COLORREF crColor);

函数 CreateHatchBrush 用于创建阴影画刷，其原型为：

BOOL CreateHatchBrush(int nIndex, COLORREF crColor);

函数 CreatePatternBrush 用于创建图案画刷，其原型为：

BOOL CreatePatternBrush(CBitmap* pBitmap);

创建画刷的第三种方法是构造一个没有初始化的 CBrush 对象，填写描述画刷特性的 LOGBRUSH 结构，然后调用 CPen::CreateBrushIndirect 函数创建画刷。此函数可以创建三种类型的画刷。例如，如下代码创建一个水平和垂直交叉的红色阴影线的阴影画刷：

CBrush brush;

LOGBRUSH logBrush;

logBrush.lbStyle= BS_HATCHED;

logBrush.lbColor=RGB(255,0,0);

logBrush.lbHatch= HS_CROSS;

brush.CreateBrushIndirect(&logBrush);

为了在绘图中使用创建的画刷，在绘图之前应将其通过 CDC::SelectObject 函数选入设备环境。与画笔一样，画刷使用结束后应该还原设备环境先前的画刷，也可以调用 CGdiObject::DeleteObject 显式删除画刷。

【例 10.6】 编写一个单文档界面应用程序，利用不同的阴影画刷绘制矩形。

利用 AppWizard 创建一个单文档应用程序，项目名为 EX10_6。在类 CEX10_6View 的成员函数 OnDraw 中添加如下黑体代码，根据创建的不同画刷绘制矩形。

```
void CEX10_6View::OnDraw(CDC* pDC)
{
    int nIndex[]={HS_BDIAGONAL,HS_CROSS,HS_DIAGCROSS,
        HS_FDIAGONAL,HS_HORIZONTAL,HS_VERTICAL};
    char *strIndex[]={"HS_BDIAGONAL","HS_CROSS","HS_DIAGCROSS",
        "HS_FDIAGONAL","HS_HORIZONTAL","HS_VERTICAL"};
    COLORREF crColor[]={RGB(255,0,0),RGB(0,255,0),RGB(0,0,255),
        RGB(255,255,0),RGB(255,0,255),RGB(0,255,255)};
    CRect rect(10,30,50,60);
    CBrush *pOldBrush,NewBrush;
    for (int i=0;i<6;i++)
    {
        if (NewBrush.CreateHatchBrush(nIndex[i],crColor[i]))
        {
            pOldBrush=pDC->SelectObject(&NewBrush);
            pDC->TextOut(10+120*i,10,strIndex[i]);
            pDC->Rectangle(&rect);
            rect.OffsetRect(120,0);
            pDC->SelectObject(pOldBrush);
            NewBrush.DeleteObject();
        }
        else
            MessageBox("创建画刷失败");
    }
}
```

编译、链接和运行程序，运行结果如图 10-8 所示。

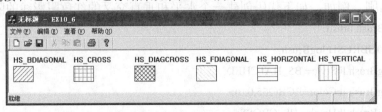

图 10-8　例 10.6 运行结果

10.3 绘 图

在成功设置设备环境、设备环境的属性和选择绘图工具后,就可以利用 GDI 绘图函数绘制各种不同的图形。Windows GDI 绘图函数比较多,这些函数封装在 MFC 的 CDC 类中。CDC 中的绘图函数使用的坐标都是逻辑坐标。

10.3.1 绘制点、直线和曲线

MFC 的 CDC 类中包含了许多用来绘制直线和曲线的成员函数。表 10-9 列出了一些常用的绘制直线和曲线的成员函数。

表 10-9 绘制直线和曲线的常用 CDC 函数

函 数	说 明
MoveTo	将当前位置移动到指定坐标。在画线前设置
SetPixel	用指定的颜色在指定的坐标画一个像素点
LineTo	从当前位置画一条直线到指定位置,并将当前位置移至直线的终点
Arc	画一个弧,画弧方向为从起点到终点逆时针方向
ArcTo	画一个弧并将当前位置移至弧的终点
PolyLine	画一条连接多个指定点的折线,不使用也不改变当前位置
PolylineTo	从当前位置开始画一条连接多个点的折线,并将当前位置移至折线终点
PolyBezier	画一条或多条贝赛尔样条曲线,不使用也不改变当前位置
PolyBezierTo	画一条或多条贝赛尔样条曲线,第一条样条曲线从当前位置开始,并将当前位置移至最后一条样条曲线的终点
PolyDraw	通过一组点画一条折线和贝赛尔样条曲线,并将当前位置移至折线或样条曲线的终点

【例 10.7】 编写一个单文档界面应用程序,在视图窗口的客户区域内画一条正弦曲线。

利用 AppWizard 创建一个单文档界面应用程序框架,项目名为 EX10_7。在视图类 CEX10_7View 的实现文件 EX10_7View.cpp 的开始处添加如下命令:

```
#include "math.h"
#define PI 3.1415926
#define SEGMENTS 500
```

在视图类 CEX10_7View 的成员函数 OnDraw 中添加如下黑体代码:

```
void CEX10_7View::OnDraw(CDC* pDC)
{
    CRect rect;
    GetClientRect(&rect);              //获取客户区域大小
    int nWidth=rect.Width();           //计算客户区域宽度
    int nHeight=rect.Height();         //计算客户区域高度
    CPoint aPoint[SEGMENTS];           //定义画折线的坐标点数组
```

```
        for (int i=0;i<SEGMENTS;i++)               //根据正弦曲线初始化坐标点
        {
            aPoint[i].x=(i*nWidth)/SEGMENTS;
            aPoint[i].y=(int)((nHeight/2)*(1-(sin(2*PI*i/SEGMENTS))));
        }
        pDC->MoveTo(0,nHeight/2);
        pDC->LineTo(nWidth,nHeight/2);              //画水平坐标轴
        pDC->Polyline(aPoint,SEGMENTS);             //画折线来近似正弦曲线
    }
```

编译、链接和运行程序，运行结果如图 10-9 所示。

在使用这些绘图函数时需要注意其绘图的起点。有些函数的起点是从当前位置开始的，如 LineTo、PolylineTo 和 PolyBezierTo 等。另外，其中有些函数绘制后不改变当前位置，而另一些函数会改变当前位置。可以调用 CDC::GetCurrentPosition 函数获取当前位置坐标。

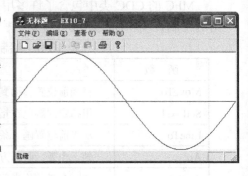

图 10-9 例 10.7 运行结果

所有画直线和曲线的 GDI 函数都有一个特点：不画最后一个点。例如用下面的语句画一条从(0, 0)到(100, 100)的直线：

```
        pDC->MoveTo(0,0);
        pDC->LineTo(100,100);
```

则从(0, 0)到(99, 99)位置上的点都被设置成该直线的颜色，但点(100, 100)上的颜色保持不变。如果需要画出该线的最后一个点，则必须自己再调用 CDC::SetPixel 画一次该点。

10.3.2 画封闭图形

GDI 不仅提供了画直线和曲线的函数，还提供了画椭圆、矩形、扇形、弦形和多边形等封闭图形的函数。同样，MFC 的 CDC 类将这些相关的 GDI 函数封装在类的成员函数中。表 10-10 列出了常用的画封闭图形的 CDC 函数。

表 10-10 用来画封闭图形的常用 CDC 函数

函 数	说 明
Chord	画一个弦形。弦形是由一条弧和连接弧两个端点的弦构成的封闭图形
Ellipse	画一个圆或椭圆
Pie	绘制扇形。扇形是一条弧和从弧的两个端点到中心的连线构成的封闭图形
Polygon	绘制连接两个或多个顶点的多边形
Rectangle	画直角矩形
RoundRect	画圆角矩形

在画这些封闭图形时，Windows 用选入设备环境的当前画笔画图形的边界，用选入设

备环境的当前画刷填充图形内部区域。

【例 10.8】 编写一个单文档界面应用程序，在视图窗口的客户区域用扇形显示用户对生活质量调查的结果。在对生活质量的调查中，表示满意、基本满意、不满意和非常不满意的比例分别为 34%、43%、14%和 9%。

利用 AppWizard 创建一个单文档界面应用程序框架，项目名为 EX10_8。在视图类 CEX10_8View 的实现文件 EX10_8View.cpp 的开始添加如下命令：

```
#include "math.h"
#define PI 3.1415926
```

在视图类 CEX10_8View 的成员函数 OnDraw 中添加如下黑体代码：

```
void CEX10_8View::OnDraw(CDC* pDC)
{
    double fProportion[]={0.34,0.43,0.14,0.09};
    CRect rect;
    GetClientRect(&rect);
    //将视口原点移至客户区中心
    pDC->SetViewportOrg(rect.Width()/2,rect.Height()/2);
    CRect pieRect(-150,-100,150,100);          //画扇形的外接矩形
    CBrush *pOldBrush,NewBrush;
    int nBrushStyle[]={HS_CROSS,HS_BDIAGONAL,
                      HS_DIAGCROSS,HS_FDIAGONAL};
    int x1=0;
    int y1=-1000;
    double fSum=0.0;
    pDC->SetBkColor(RGB(192,192,192));         //设置填充画刷间隙的颜色
    for (int i=0;i<4;i++)
    {
        fSum+=fProportion[i];
        double rad=fSum*2*PI+PI;
        int x2=(int)(sin(rad)*1000);
        int y2=(int)(cos(rad)*1000*3)/4;
        NewBrush.CreateHatchBrush(nBrushStyle[i],RGB(0,0,0));
        pOldBrush=pDC->SelectObject(&NewBrush);
        pDC->Pie(pieRect,CPoint(x1,y1),CPoint(x2,y2));
        x1=x2;
        y1=y2;
        pDC->SelectObject(pOldBrush);
        NewBrush.DeleteObject();
    }
}
```

编译、链接和运行程序，程序运行结果如图 10-10 所示。

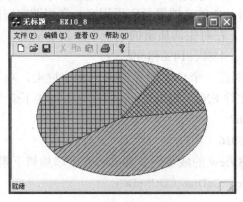

图 10-10 例 10.8 运行结果

10.4 文本和字体

在应用程序中文本输出是必不可少的，Windows GDI 具有丰富的文本输出能力。事实上，在 Windows 中，文本也是作为图形来处理的。文本输出是按照所选用的字体的格式绘制出来的。所有的 GDI 文本输出函数都使用当前选入设备环境的字体属性。在应用程序中除了可以使用系统预定义的字体外，还可以自定义字体，并选入设备环境。

10.4.1 文本输出

Windows GDI 文本处理函数被封装在 MFC 的 CDC 类中。编程时最常用的文本输出函数是 CDC::TextOut，其函数原型为：

  virtual BOOL TextOut(int x, int y, LPCTSTR lpszString, int nCount);
  BOOL TextOut(int x, int y, const CString& str);

该函数用于在指定逻辑坐标(x, y)处输出单行文本。此函数在输出文本时不能自动换行。

要想输出多行文本可以使用 CDC::DrawText 函数，其函数原型为：

  virtual int DrawText(LPCTSTR lpszString,int nCount,LPRECT lpRect,UINT nFormat);
  int DrawText(const CString& str, LPRECT lpRect, UINT nFormat);

其中，参数"lpszString"指定要输出的字符串，如果参数"nCount"为－1，则字符串必须以"\0"结尾。"nCount"指定输出的字符个数，若为－1，则函数自动计算字符个数。"lpRect"指定格式化文本的矩形区域(使用逻辑坐标)。"nFormat"指定格式化文本的方式，如对齐方式、是否单行显示等(其取值可以参考 MSDN)。例如：

  pDC->DrawText("文本输出示例",－1,CRect(10,10,200,200),
      DT_SINGLELINE|DT_CENTER|DT_VCENTER);

将文本在指定的矩形区域内垂直与水平居中显示为单行。

与 TextOut 函数工作方式相似的另一个函数为 TabbedTextOut，如果输出的字符串中包含制表符"\t"，则此函数将按照指定的制表符位置将其展开为空格。

函数 ExtTextOut 在指定的矩形区域内输出文本，此矩形区域可以被当前背景色填充，也可以作为一个剪裁区域对文本进行剪裁。

CDC 类中与文本输出有关的成员函数比较多，常用的函数如表 10-11 所示。

表 10-11　CDC 类中的文本处理函数

函　　数	说　　明
TextOut	在指定位置或当前位置输出一行文本
ExtTextOut	在矩形区域内输出一行文本,并给矩形区域填充背景色或用矩形区域剪裁文本
TabbedTextOut	在指定位置输出文本,并将字符串中的制表符按指定位置展开
DrawText	在指定的矩形区域内输出格式化文本
GetTextExtent	根据当前设备环境的字体属性计算一行文本的宽度和高度
GetTextAlign	获取当前文本的对齐方式
SetTextAlign	设置显示文本的对齐方式
GetTextMetrics	获取当前字体的规格(如字符高度、字符平均宽度等)
GetTextFace	获取当前字体的字体名
SetTextColor	设置设备环境的文本输出颜色
SetBkColor	设置设备环境的背景色,即确定输出文本下的填充色
GetTextCharacterExtra	获取显示文本的字符间距
SetTextCharacterExtra	设置输出文本的字符间距
SetTextJustification	确定对齐文本时需要增加的宽度

10.4.2　设置文本的设备环境属性

当使用 GDI 文本输出函数输出文本时,GDI 设备环境的属性决定了文本输出的效果。默认情况下,文本颜色为黑色,以白色填充文本背景,字符间距被设置为 0,文本为左对齐。在输出文本前可以使用相应的 CDC 成员函数改变这些属性值。

函数 SetTextColor 用指定的颜色设置文本颜色,函数原型为:

  virtual COLORREF SetTextColor(COLORREF crColor);

其中,参数"crColor"指定文本的 RGB 颜色值。可以通过调用 GetTextColor 来获取当前文本的颜色。

字符笔划之间的空隙根据背景模式和背景颜色的设置来填充。缺省背景模式为 OPAQUE,即 Windows 使用背景颜色填充字符笔划之间的空隙区域。使用函数 SetBkColor 用指定颜色设置背景颜色,函数原型为:

  virtual COLORREF SetBkColor(COLORREF crColor);

函数 SetBkMode 用于设置背景模式,函数原型为:

  int SetBkMode(int nBkMode);

其中,参数"nBkMode"指定设置的背景模式。若将背景模式设置为 TRANSPARENT,则 Windows 将忽略背景颜色,不给字符笔划之间的间隙着色。

缺省时,函数 TextOut、TabbedTextOut 和 ExtTextOut 以指定的坐标值确定文本最左侧字符的左上角,即左对齐。文本对齐方式是设备环境的一个属性。函数 SetTextAlign 用于设置文本输出时的对齐方式,函数原型为:

```
UINT SetTextAlign( UINT nFlags );
```
其中，参数"nFlags"指定文本对齐标志，其值可以是表 10-12 所列之一或多个的组合。

表 10-12 文本对齐标记

对齐标记 nFlags	说　　明
TA_CENTER	将文本边界矩形的水平中心与点对齐
TA_LEFT	将文本边界矩形的左边界与点对齐(默认设置)
TA_RIGHT	将文本边界矩形的右边界与点对齐
TA_BASELINE	将所选字体的基线与点对齐
TA_BOTTOM	将文本边界矩形的下边界与点对齐
TA_TOP	将文本边界矩形的上边界与点对齐(默认设置)
TA_NOUPDATECP	调用文本输出函数后，不更新当前位置(默认设置)
TA_UPDATECP	调用文本输出函数后更新当前 x 位置。新位置在文本边界的右边

当用 TA_UPDATECP 标志调用 SetTextAlign 时，TextOut 将忽略传递给它的 x 和 y 坐标，而改用当前设备环境的当前位置，并且每输出一个字符串，TextOut 就更新一次当前位置的 x 值。这个特性的用处之一是调节在同一行上输出的两个或两个以上字符串间的距离。

默认情况下，文本输出时的字符间距为 0，这时，Windows 在字符间不加入任何空隙。函数 SetTextCharacterExtra 用于设置字符间的间距，其函数原型为：

```
int SetTextCharacterExtra( int nCharExtra );
```
其中，参数"nCharExtra"用于指定在每个字符间插入间隔的大小(逻辑值)。

10.4.3 获取字体信息

在 Windows 中，字符大小并不完全相同，如宽度不同，或高度不同，或字符行距和间距也不相同。在输出文本时要充分考虑和利用这些字体信息。

可以使用 CDC::GetTextMetrics 函数获取当前设备环境字体的完整描述，函数原型为：

```
BOOL GetTextMetrics( LPTEXTMETRIC lpMetrics ) const;
```
当前设备环境字体的完整描述存放在 TEXTMETRIC 结构中，TEXTMETRIC 结构定义为：

```
typedef struct tagTEXTMETRIC { /* tm */
    int tmHeight;              //字符的高度(为 tmAscent 和 tmDescent 成员之和)
    int tmAscent;              //字符基线以上的高度
    int tmDescent;             //字符基线以下的高度
    int tmInternalLeading;     //包含在 tmHeight 内的字符内部行距
    int tmExternalLeading;     //两行之间的行距(外部行距)
    int tmAveCharWidth;        //字体中所有字符的平均宽度
    int tmMaxCharWidth;        //字体中最宽字符的宽度
    int tmWeight;              //字体的粗细度
    BYTE tmItalic;             //字符倾斜，0 值表示非斜体
    BYTE tmUnderlined;         //指定下划线，0 表示不带下划线
```

```
        BYTE  tmStruckOut;              //指定删除线，0 表示不带删除线
        BYTE  tmFirstChar;              //字体中第一个字符的值
        BYTE  tmLastChar;               //字体中最后一个字符的值
        BYTE  tmDefaultChar;            //字体中所没有的字符的替代字符
        BYTE  tmBreakChar;              //文本对齐时作为分隔符的字符
        BYTE  tmPitchAndFamily;         //字符间距和物理字体族
        BYTE  tmCharSet;                //字体的字符集
        int   tmOverhang;               //每个合成字体字符串的附加宽度
        int   tmDigitizedAspectX;       //为输出设备设计的水平尺寸
        int   tmDigitizedAspectY;       //为输出设备设计的垂直尺寸
    } TEXTMETRIC;
```
该结构定义中关于字符高度的 5 个值如图 10-11 所示。

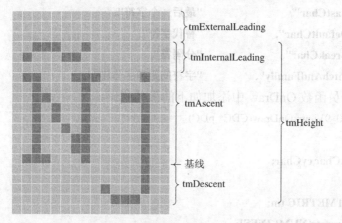

图 10-11 定义字体中字符高度的 5 个值

与文本行距有关的两个值是 tmExternalLeading 和字符高度 tmHeight，有了这两个值，就可以不必关心何种字体以及字体大小的情况，要确定下一行文本的位置，只需要将这两个值相加即可。

函数 CDC::GetTextExtent 返回指定字符串在当前设备环境字体下的宽度，以逻辑单位表示。函数原型为：

   CSize GetTextExtent(LPCTSTR lpszString, int nCount) const;
   CSize GetTextExtent(const CString& str) const;

如果字符串中含有制表符，则可以调用 GetTabbedTextExtent 函数获得字符串的宽度。

【例 10.9】 编写一个单文档界面应用程序，在视图窗口中显示当前设备环境下字体的一些信息。

利用 AppWizard 创建一个单文档界面应用程序框架，项目名设置为 EX10_9。在视图类 CEX10_9View 的实现文件 EX10_9View.cpp 的头部添加如下宏定义：

   #define NUMLINES (int)(sizeof(textmetrics)/sizeof(textmetrics[0]))

在文件 EX10_9View.cpp 中所有类的成员函数定义前面添加如下结构体数组的定义：

   struct

```
    {
        char *szLabel;
        char *szDesc;
} textmetrics[]={
        "tmHeight",              "字符高度",
        "tmAscent",              "字符基线以上的高度",
        "tmDescent",             "字符基线以下的高度",
        "tmInternalLeading",     "字符内部行距",
        "tmExternalLeading",     "行间距(外部行距)",
        "tmAveCharWidth",        "字符的平均宽度",
        "tmMaxCharWidth",        "最宽字符的宽度",
        "tmFirstChar",           "第一个字符",
        "tmLastChar",            "最后一个字符",
        "tmDefaultChar",         "替代字符",
        "tmBreakChar",           "分隔符",
        "tmPitchAndFamily",      "字符间距和字体族" };
```

在视图类的成员函数 OnDraw 中添加如下的黑体代码：

```
void CEX10_9View::OnDraw(CDC* pDC)
{
    int cxChar,cyChar;
    int i;
    TEXTMETRIC tm;
    CString str[NUMLINES];
    pDC->GetTextMetrics(&tm);                         //获取字体信息
    cxChar=tm.tmAveCharWidth;
    cyChar=tm.tmHeight+tm.tmExternalLeading;          //每行文本显示的高度
    str[0].Format("%5d",tm.tmHeight);
    str[1].Format("%5d",tm.tmAscent);
    str[2].Format("%5d",tm.tmDescent);
    str[3].Format("%5d",tm.tmInternalLeading);
    str[4].Format("%5d",tm.tmExternalLeading);
    str[5].Format("%5d",tm.tmAveCharWidth);
    str[6].Format("%5d",tm.tmMaxCharWidth);
    str[7].Format("%c",tm.tmFirstChar);
    str[8].Format("%c",tm.tmLastChar);
    str[9].Format("%c",tm.tmDefaultChar);
    str[10].Format("%c",tm.tmBreakChar);
    str[11].Format("%d",tm.tmPitchAndFamily);
    pDC->SelectStockObject(SYSTEM_FIXED_FONT);        //选入库存字体
```

```
            for (i=0;i<NUMLINES;i++)
            {
                pDC->TextOut(cxChar,cyChar*(1+i),textmetrics[i].szLabel);
                pDC->TextOut(cxChar+22*cxChar,cyChar*(1+i),textmetrics[i].szDesc);
                pDC->SetTextAlign(TA_RIGHT|TA_TOP);              //设置文本右对齐
                pDC->TextOut(cxChar+22*cxChar+40*cxChar,cyChar*(1+i),str[i]);
                pDC->SetTextAlign(TA_LEFT|TA_TOP);               //恢复左对齐
            }
        }
```

编译、链接和运行程序，运行结果如图 10-12 所示。

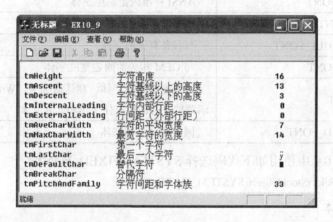

图 10-12　例 10.9 运行结果

10.4.4　字体

当使用 CDC 文本输出函数输出文本时，Windows 使用当前选入设备环境的字体绘制文本，默认为系统字体 SYSTEM_FONT。

字体是指一套具有大小、风格和字样的字符。字样是指字体中字符和符号的样式和文本的视觉外观。根据字符的宽度特性，Windows 中的字体分为两种：固定宽度字体和可变宽度字体。固定宽度字体的字符宽度相同，主要用于 Windows 3.0 及以前的版本；可变宽度字体的字符宽度根据需要而并不相同。根据字体的构成技术，Windows 的字体分成三种类型：光栅字体、矢量字体和 TrueType 字体。光栅字体即点阵字体，每个字符都是以位图像素模式存储的。每种光栅字体都是按特定纵横比和大小设计的，在以原尺寸显示时效果最好。通过简单的复制行和列上的像素，Windows 能按比例缩放光栅字体。但由于会出现锯齿状，因此显示出来的字往往不好看。光栅字体的优点是显示快，因此，Windows 提供了 Ms Sans Serif 光栅字体，广泛用在菜单、命令按钮、单选按钮和其它对话框控件上。矢量字体由一系列线段构成字体，可以任意缩放，但性能较差，在尺寸太小时不容易辨认，尺寸太大时字符又显得单薄。矢量字体对绘图仪最适合。

最好用的字体是 TrueType 字体，它由线条和样条曲线来定义字符轮廓，能按比例缩放为任意尺寸。TrueType 字体既可以用于视频显示器上，又可以用于打印机上，从而实现了真正的"所见即所得"。

与画笔和画刷一样，字体也是一个 GDI 对象。在 MFC 中，CFont 类封装了 GDI 字体。Windows 本身提供了一些库存字体，不需要创建，可以直接将其选入设备环境中使用。此外，还可以根据需要创建自定义字体，从而使应用程序输出丰富多样的文本外观。

1. 使用库存字体

Windows 提供了 6 种库存字体，可以通过 CDC::SelectStockObject 将库存字体选入设备环境。Windows 提供的 6 种库存字体如表 10-13 所示。

表 10-13 Windows 库存字体

库 存 字 体	说　　明
ANSI_FIXED_FONT	ANSI 标准固定宽度字体
ANSI_VAR_FONT	ANSI 标准可变宽度字体
DEVICE_DEFAULT_FONT	与设备有关的字体
OEM_FIXED_FONT	与 OEM 相关的固定宽度字体
SYSTEM_FONT	可变宽度系统字体。默认情况下，Windows 用系统字体显示菜单、对话框控件字体和其它文本
SYSTEM_FIXED_FONT	固定宽度系统字体

例如，例 10.9 中使用如下代码选择 SYSTEM_FIXED_FONT：

　　pDC->SelectStockObject(SYSTEM_FIXED_FONT);

2. 创建字体

直接使用 Windows 提供的库存字体可以满足一般的需要，还可以根据需要创建自己的字体。创建字体并不是创建一种新的物理字体(以文件形式存储于磁盘上)，而是创建一种逻辑字体。逻辑字体是一种字体特征描述，如高度、宽度、字符集、粗细、角度等。

创建字体的方式是首先定义一个 CFont 的对象，然后通过调用 CFont 的成员函数 CreateFont、CreateFontIndirect、CreatePointFont 或 CreatePointFontIndirect 创建字体，最后通过调用 CDC::SelectObject 将创建的字体选入设备环境。

创建字体最简单的方法是使用函数 CreatePointFont，该函数以点为单位指定字体尺寸。一个点(point)相当于 1/72 英寸，12 点字体中的字符有 1/6 英寸高。函数原型为：

　　BOOL CreatePointFont(int nPointSize,LPCTSTR lpszFaceName,CDC* pDC = NULL);

其中，参数"nPointSize"指定字体高度点数的 10 倍，例如要创建 12 点的字体，则此参数指定为 120。"lpszFaceName"指定字样名称，为 CString 对象或以"\0"结尾的字符串。pDC 为指向使用字体的设备环境的 CDC 对象，Windows 根据此设备环境的属性将字体高度的点数 nPointSize 转换为逻辑单位，若它为 NULL，则根据屏幕设备环境进行转换。

例如，创建 12 点屏幕字体只需如下两行代码：

　　CFont font;

　　font.CreatePointFont(120,"Times New Roman");

使用 CreatePointFont 不能指定字体的其它特征，例如加粗、倾斜等，如果需要指定字体的其它特征，可以使用函数 CreatePointFontIndirect，其函数原型为：

BOOL CreatePointFontIndirect(const LOGFONT* lpLogFont, CDC* pDC = NULL);

其中，参数"lpLogFont"为指向 LOGFONT 结构的指针。结构 LOGFONT 用于定义字体的所有特征，其定义为：

```
typedef struct tagLOGFONT { // lf
    LONG lfHeight;              //以逻辑单位表示的字体高度，为 0 则采用系统默认值
    LONG lfWidth;               //以逻辑单位表示的字体宽度，为 0 则由系统根据高宽比取最佳值
    LONG lfEscapement;          //文本行与 X 轴间的角度，以 1/10 度为单位
    LONG lfOrientation;         //每个字符的基线与 X 轴间的角度，以 1/10 度为单位
    LONG lfWeight;              //字体的粗细，取值范围为 0～1000，400 为正常字体，700 为加粗
    BYTE lfItalic;              //若设置为 TRUE，则表示字体倾斜
    BYTE lfUnderline;           //若设置为 TRUE，则表示字体加下划线
    BYTE lfStrikeOut;           //若设置为 TRUE，则表示字体加删除线
    BYTE lfCharSet;             //字体所属字符集，如 ANSI_CHARSET、DEFAULT_CHARSET 等
    BYTE lfOutPrecision;        //指定输出精度，一般取默认值 OUT_DEFAULT_PRECIS
    BYTE lfClipPrecision;       //指定剪裁精度，一般取默认值 CLIP_DEFAULT_PRECIS
    BYTE lfQuality;             //指定输出质量，一般取默认值 DEFAULT_QUALITY
    BYTE lfPitchAndFamily;      //指定字体间距和字体族，一般取默认值 DEFAULT_PITCH
    TCHAR lfFaceName[LF_FACESIZE]; //字体的字样名(使用 Windows 系统中的字体名)
} LOGFONT;
```

需要说明的是，在使用函数 CreatePointFontIndirect 时，LOGFONT 的成员 lfHeight 为字体高度点数的 10 倍，而不使用逻辑单位。在创建时，若指定的 lfFaceName 字样名在 Windows 系统中没有安装，则 Windows 会选择系统中相近的字样，而不让创建字体失败。通过调用系统内部的字体映射算法，GDI 选择出与指定字样最接近的一个，因此结果往往不是用户所期望的。

例如，如下代码调用 CreatePointFontIndirect 函数创建一个 12 点、加粗、倾斜的宋体字体：

```
CFont font;
LOGFONT lf;
ZeroMemory(&lf,sizeof(lf));
lf.lfHeight=120;
lf.lfWeight=FW_BOLD;
lf.lfItalic=TRUE;
::lstrcpy(lf.lfFaceName,"宋体");
font.CreatePointFontIndirect(&lf);
```

函数 CreateFont 将创建字体时需要指定的特征作为参数，函数原型为：

```
BOOL CreateFont( int nHeight, int nWidth, int nEscapement, int nOrientation,
    int nWeight, BYTE bItalic, BYTE bUnderline, BYTE cStrikeOut,
    BYTE nCharSet, BYTE nOutPrecision, BYTE nClipPrecision,
    BYTE nQuality, BYTE nPitchAndFamily, LPCTSTR lpszFacename );
```

使用 CreateFont 函数时，一般需要向设备环境查询垂直方向上每英寸内像素的逻辑个数，并将点转换为像素。例如创建 12 点宋体字体的方法如下：

  CFont font;
  int nHeight=-((pDC->GetDeviceCaps(LOGPIXELSY)*12)/72);
  font.CreateFont(nHeight,0,0,0,FW_NORMAL,0,0,0,
    DEFAULT_CHARSET,OUT_CHARACTER_PRECIS,
    CLIP_CHARACTER_PRECIS,DEFAULT_QUALITY,
    DEFAULT_PITCH|FF_DONTCARE,"宋体");

调用 CreateFontIndirect 函数时需要传递一个指向 LOGFONT 结构的指针作为参数，函数原型为：

  BOOL CreateFontIndirect(const LOGFONT* lpLogFont);

【例 10.10】 编写一个单文档界面应用程序，创建不同的字体，根据创建的字体输出相应的文本串。

利用 AppWizard 创建一个单文档界面应用程序框架，项目名设置为 EX10_10，在视图类 CEX10_10View 的实现文件 EX10_10View.cpp 头部的所有类成员函数的定义前面添加如下结构体数组的定义：

  char *facename[]={"宋体","楷体_GB2312","黑体","隶书",
    "Arial","Arial Black","华文彩云","Times New Roman"};

在视图类的成员函数 OnDraw 中添加如下的黑体代码：

  void CEX10_10View::OnDraw(CDC* pDC)
  {
    int nHeight;
    TEXTMETRIC tm;
    CString strText;
    int nPoint=10,j=0,nPos=10;
    for (int i=0;i<8;i++)
    {
      CFont font;
      nHeight=-((pDC->GetDeviceCaps(LOGPIXELSY)*(nPoint+j))/72);
      font.CreateFont(nHeight,0,0,0,FW_THIN+100*i,0,0,0,
        DEFAULT_CHARSET,OUT_CHARACTER_PRECIS,
        CLIP_CHARACTER_PRECIS,DEFAULT_QUALITY,
        DEFAULT_PITCH|FF_DONTCARE,facename[i]);
      CFont *pOldFont=pDC->SelectObject(&font);
      strText.Format("This is %d-Point %s",nPoint+j,facename[i]);
      pDC->TextOut(10,nPos,strText);
      pDC->GetTextMetrics(&tm);
      nPos+=tm.tmHeight+tm.tmExternalLeading;
      pDC->SelectObject(pOldFont);

```
            j+=2;
        }
    }
```

编译、链接和执行程序，程序的输出结果如图 10-13 所示。

图 10-13　例 10.10 运行结果

在调用 CreateFontIndirect 和 CreatePointFontIndirect 时，通过给 LOGFONT 结构的 lfEscapement 和 lfOrientation 成员指定与期望的旋转角度(用度表示)成 10 倍的数值，并按正常方式输出，可以显示旋转文本。在调用 CreateFont 函数时，利用参数 nEscapement 和 nOrientation 也能旋转文字。

【例 10.11】　显示旋转文字示例。

利用 AppWizard 生成单文档界面应用程序，项目名为 EX10_11。在视图类的 OnDraw 成员函数中添加如下黑体代码：

```
void CEX10_11View::OnDraw(CDC* pDC)
{
    CRect rect;
    GetClientRect(&rect);
    pDC->SetViewportOrg(rect.Width()/2,rect.Height()/2);
    for (int i=0;i<3600;i+=150){
        LOGFONT lf;
        ::ZeroMemory(&lf,sizeof(lf));
        lf.lfHeight=140;
        lf.lfWeight=FW_BOLD;
        lf.lfEscapement=i;
        lf.lfOrientation=0;
        ::lstrcpy(lf.lfFaceName,"宋体");
        CFont font;
        font.CreatePointFontIndirect(&lf);
        CFont* pOldFont=pDC->SelectObject(&font);
```

```
            pDC->TextOut(0,0,"        旋转文字示例");
            pDC->SelectObject(pOldFont);
        }
    }
```

编译、链接和运行程序，运行结果如图 10-14 所示。

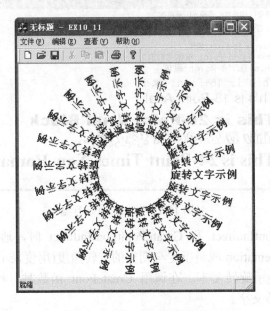

图 10-14 例 10.11 运行结果

习　题

1. 什么是 GDI？它有什么功能？MFC 将 GDI 函数封装在哪个类中？
2. 什么是设备环境？如何获取设备环境？
3. CPaintDC、CClientDC 和 CWindowDC 各代表什么设备环境？主要用在何处？
4. 设备环境包括哪些属性？说明各种属性的默认值。
5. 绘图模式起什么作用？
6. 什么是设备坐标系统？什么是逻辑坐标系统？
7. 映射模式有什么作用？Windows 定义了哪几种映射模式？如何设置映射模式？
8. 利用 SetWindowOrg 将窗口坐标原点设置为(100，100)，然后绘制一个矩形(100，100，300，300)。
9. 如何实现逻辑坐标到设备坐标的转换？如何实现设备坐标到逻辑坐标的转换？
10. 在例 10.4 中，如果不进行坐标转换，会出现什么情况？如果使用 DPtoLP，如何实现例 10.4 的功能？
11. Windows 中保存颜色值的数据类型是什么？如何使用 RGB 宏设置颜色？
12. 画笔主要完成什么功能？创建画笔有哪些方法？简述创建画笔的步骤。
13. 画刷主要完成什么功能？简述创建画刷的方法和步骤。

14. 编写程序，在视图窗口中绘制一条贝赛尔样条曲线。

15. 编写一个 SDI 应用程序，在视图窗口中绘制不同线宽、颜色、填充不同阴影的椭圆。

16. 在应用程序中如何使用库存 GDI 对象？

17. 在应用程序中如何创建和使用自定义字体？

18. 编写一个 SDI 应用程序，设置映射模式为 MM_TWIPS，在视图窗口中输出一行 18 点的楷体文本，文本颜色为白色，背景为黑色。

19. 如何计算每行文本所占用的高度？

20. 编写一个 SDI 应用程序，设置不同的文本对齐方式，利用 TextOut 在每种对齐方式下输出一行文本。

第 11 章　菜单、工具栏和状态栏

菜单、工具栏和状态栏是 Windows 应用程序重要的用户界面元素，是用户与应用程序交互的主要接口。菜单和工具栏为用户提供操作应用程序的命令列表，状态栏为用户提供显示信息的输出区域。

11.1　菜　　单

11.1.1　菜单基础

Windows 应用程序中，菜单的结构如图 11-1 所示。

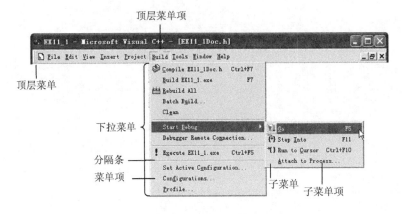

图 11-1　菜单结构

出现在窗口标题栏下的菜单栏叫做应用程序"顶层菜单"，其中的项称为"顶层菜单项"。单击顶层菜单项一般会打开一个"下拉菜单"。根据需要，顶层菜单项也可以是一个命令。下拉菜单中的菜单项称为"菜单项"。菜单项后面如果有"…"，则单击时一般会打开一个对话框，若后面带有"▶"，则此菜单项带有子菜单。菜单项中带下划线的字符为菜单项的键盘助记符，对于顶层菜单，同时按下 Alt+带下划线的字符则会打开其下拉菜单，对于下拉菜单中的菜单项，如果其没有子菜单，在菜单打开的情况下在键盘上按下带下划线的字符即执行此菜单项，若有子菜单则会打开子菜单。有些菜单项后还带有快捷键，如"Compile"菜单项带有快捷键 Ctrl+F7，当在键盘上按下快捷键时，就会执行此菜单命令。带有子菜单的菜单项同时作为子菜单的菜单名。

Windows 还支持"弹出式菜单"，当右击鼠标时弹出菜单。弹出式菜单实际上就是下拉式菜单。

MFC 提供了 CMenu 类，用于对菜单进行控制和操作。

在 MFC 应用程序中创建菜单时可以有如下三种方法：

(1) 利用菜单编辑器创建菜单资源，并在应用程序运行时加载生成的菜单。

(2) 用编程方法创建菜单，调用 CreateMenu、InsertMenu 和 CMenu 类的其它函数创建、插入和操作菜单。

(3) 创建菜单模板，并用 CMenu::LoadMenuIndirect 创建菜单。

11.1.2 创建菜单

创建菜单最简单的方法是使用 Visual C++提供的菜单编辑器。

当使用 AppWizard 生成应用程序框架时，默认情况下已经为应用程序创建了一个菜单 ID 为 IDR_MAINFRAME 的菜单资源。可以在此菜单资源的基础上修改、添加自己的菜单项和子菜单，也可以添加新的菜单资源。

下面以实例来说明如何利用菜单编辑器创建菜单。

【例 11.1】 编写一个单文档界面应用程序，通过菜单选择在视图窗口中画不同的图形和设置图形的颜色。

程序的创建过程如下：

(1) 利用 MFC AppWizard[exe]创建 SDI 应用程序，项目名设置为 MyDraw。

(2) 单击项目工作区窗口下的"ResourceView"标签，打开资源列表。展开"Menu"，双击 Menu 下的 IDR_MAINFRAME 即可打开菜单编辑器，如图 11-2 所示。

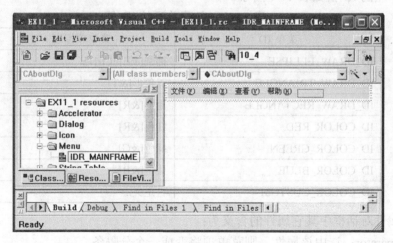

图 11-2 菜单编辑器

(3) 为程序添加顶层菜单项。双击菜单编辑器中的新菜单项框(具有虚线的空白框)，打开菜单项属性对话框，如图 11-3 所示。在 Caption 中输入菜单项标题"画图[&D]"，菜单标题中的"&"表示"&"后面的一个字符为此菜单项的键盘助记符，并在此字符下自动添加下划线。在同一层的菜单项不允许有重复的助记符。对于顶层菜单项，属性 Pop-up 缺省是选中的，表示其含有下拉菜单，此时菜单项没有菜单 ID。如果取消 Pop-up 属性，则此菜单即为可以执行的菜单命令。

(4) 为顶层菜单项添加下拉菜单项。在菜单编辑器中单击"画图[&D]"，双击下方的新菜单项框，弹出菜单项属性对话框。在 ID 框中输入 ID_DRAW_ELLIPSE，在 Caption 框中输入菜单项标题"椭圆[&E]\tCtrl+E"。"&"后面的"E"为此菜单项的键盘助记符，"\t"后的"Ctrl+E"为此菜单项的快捷键。在 Prompt 框中输入此菜单的提示信息"在视图窗口画一个椭圆"。程序运行时，当用鼠标指向此菜单项时，在状态栏上会显示此提示信息。

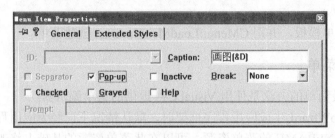

图 11-3　菜单项属性对话框

(5) 重复第(3)、(4)步，设计完成的菜单如图 11-4 所示。

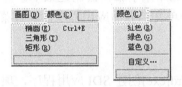

图 11-4　程序中创建的画图和颜色菜单

各菜单项的 ID 值如表 11-1 所示。

表 11-1　各菜单项的 ID 值

菜单 ID	菜单项标题
ID_DRAW_ELLIPSE	椭圆[&E]\tCtrl+E
ID_DRAW_TRIANGLE	三角形[&T]
ID_DRAW_RECTANGLE	矩形[&R]
ID_COLOR_RED	红色[&R]
ID_COLOR_GREEN	绿色[&G]
ID_COLOR_BLUE	蓝色[&B]
ID_COLOR_CUSTOM	自定义...

菜单属性对话框中其它属性的含义为：

◆ Separator：选中该属性，则菜单项将变成一个分隔条。

◆ Pop-up：选中该属性，表示此菜单项包含子菜单，即创建一个弹出式菜单，否则该菜单为可执行的命令。

◆ Inactive：指明菜单项是不活动的。

◆ Break：若选择 Column，则此菜单项以及下面的菜单项在新的一列显示。当菜单项较多时，可以利用此属性将菜单项分两列显示。

◆ Checked：选中此属性，则在菜单项前面添加一个选中标志✔。

◆ Grayed：选中此属性，则此菜单项为灰色，禁止使用。

在菜单编辑器中，用鼠标拖动菜单项可以移动位置，选中菜单项然后单击 Delete 键可以删除菜单项，还可以对菜单项进行复制和粘贴。

11.1.3 添加菜单命令处理函数

在基于 MFC 框架的应用程序中，如果没有为创建的菜单命令添加相应的命令消息处理函数，则此菜单命令将呈现灰色，禁止用户使用。

应用程序运行时，若用户执行一个菜单命令(通过鼠标单击或按下快捷键等方式)，则向应用程序框架发送 WM_COMMAND 消息，消息的参数 wParam 的低位字保存着该菜单项的菜单 ID。

在基于 MFC 框架的应用程序中，可以在任何地方处理命令消息 WM_COMMAND。实际上，框架窗口是大多数命令消息的接收者，但命令消息可以在视图类、文档类甚至在应用程序类中被处理，只要在该类的消息映射表中添加要处理的消息的映射项即可。从 CCmdTaret 派生出来的所有类都可以处理命令消息。

在 SDI 应用程序中，命令消息的传递过程如图 11-5 所示。当 MFC 应用程序的框架窗口接收到命令消息 WM_COMMAND 时，它首先将消息传递给活动视图窗口，如果视图类中有此命令的处理函数，则调用此处理函数，消息传递结束，否则此命令消息传递给与视图相关联的文档。因此，活动视图窗口首先处理命令消息，接着是与视图关联的文档、框架窗口，最后是应用程序对象。如果传递路径上的某个对象可以处理此消息，则消息传递终止。如果传递路径上所有对象都没有此消息的处理函数，则它会被传递给::DefWindowProc 进行缺省处理。

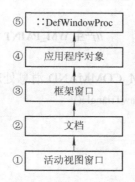

图 11-5 SDI 应用程序中命令消息的传递路径

需要说明的是，只有命令消息 WM_COMMAND 和用户界面更新命令消息 UPDATE_COMMAND_UI 才遵循上述传递机制。标准 Windows 消息如 WM_CREATE、WM_LBUTTONDOWN 等必须在接收这些消息的窗口中处理。

由于命令消息可以被传递给路径上的多个对象来进行处理，因此用户应该根据命令的功能来决定将命令消息映射到哪个类中。如果菜单命令与视图的显示有关，则应该将其映射到视图类中，即在视图类中应该只响应特定于该视图窗口的命令，如 copy 等。在文档类中响应对该文档修改立即有效的命令消息，然后根据消息处理的结果，更新与该文档关联的所有视图，如文档的读/写命令等。对于完成一些通用功能的命令，一般映射到框架窗口类中。

添加菜单命令处理函数可以利用类向导 ClassWizard。下面给例 11.1 的 MyDraw 添加必要的代码和菜单命令处理函数,完成应用程序的功能。

在视图类 CMyDrawView 的定义中添加如下的数据成员:

  protected:

    int m_nShape;

    COLORREF m_crColor;

在视图类 CMyDrawView 的构造函数中对数据成员进行初始化:

  CMyDrawView::CMyDrawView()

  {

    m_nShape=0;   //缺省绘制椭圆

    m_crColor=RGB(0,0,0); //缺省图形颜色为黑色

  }

利用 ClassWizard 在视图类 CMyDrawView 中为菜单命令添加消息处理函数。执行"View"→"ClassWizard"菜单命令或按下 Ctrl+W 快捷键打开 ClassWizard 对话框,选中"Message Maps"标签,在 Class name 框中选择类名 CMyDrawView,在 Objects IDs 下选择 ID_DRAW_ELLIPSE("画图"→"椭圆"菜单项的 ID),在 Messages 框中选择 COMMAND,单击"Add Function"按钮为椭圆菜单项添加消息处理函数,单击"Edit Code"按钮打开代码编辑窗口,编辑 ClassWizard 生成的消息处理函数:

  void CMyDrawView::OnDrawEllipse()

  {

    m_nShape=0;

    Invalidate();   **//产生 WM_PAINT 消息更新视图**

  }

同样为其它菜单项添加 WM_COMMAND 消息处理函数如下:

  void CMyDrawView::OnDrawTriangle()

  {

    m_nShape=1;

    Invalidate();

  }

  void CMyDrawView::OnDrawRectangle()

  {

    m_nShape=2;

    Invalidate();

  }

  void CMyDrawView::OnColorRed()

  {

    m_crColor=RGB(255,0,0);

    Invalidate();

  }

  void CMyDrawView::OnColorGreen()

第 11 章　菜单、工具栏和状态栏　·299·

```
    {
        m_crColor=RGB(0,255,0);
        Invalidate();
    }
    void CMyDrawView::OnColorBlue()
    {
        m_crColor=RGB(0,0,255);
        Invalidate();
    }
    void CMyDrawView::OnColorCustom()
    {
        CColorDialog colorDlg;              //定义公用颜色对话框对象
        colorDlg.DoModal();                 //显示颜色对话框
        m_crColor=colorDlg.GetColor();      //获取用户在对话框中选择的颜色
        Invalidate();
    }
```

编辑视图类 OnDraw 函数，在其中添加如下黑体代码：

```
    void CMyDrawView::OnDraw(CDC* pDC)
    {
        CMyDrawDoc* pDoc = GetDocument();
        ASSERT_VALID(pDoc);
        // TODO: add draw code for native data here
        CPoint points[3];
        CRect rcClient;
        GetClientRect(&rcClient);
        int cx=rcClient.Width()/2;
        int cy=rcClient.Height()/2;
        CRect rcShape(cx-45,cy-45,cx+45,cy+45);
        CBrush brush,*pOldBrush;
        brush.CreateSolidBrush(m_crColor);
        pOldBrush=pDC->SelectObject(&brush);

        switch(m_nShape)
        {
        case 0:
            rcShape.InflateRect(30,0);
            pDC->Ellipse(rcShape);
            break;
        case 1:
```

```
            points[0].x=cx-45;
            points[0].y=cy+45;
            points[1].x=cx;
            points[1].y=cy-45;
            points[2].x=cx+45;
            points[2].y=cy+45;
            pDC->Polygon(points,3);
            break;
        case 2:
            pDC->Rectangle(rcShape);
            break;
        }
        pDC->SelectObject(pOldBrush);
    }
```

编译、链接和运行程序，程序运行结果如图 11-6 所示。

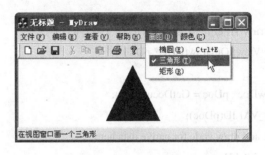

图 11-6　程序 MyDraw 的运行结果

11.1.4　更新菜单项

在许多应用程序中，必须不断更新菜单中的菜单项，使它能反映出应用程序的内部状态和数据的变化。例如在 MyDraw 中，当从颜色菜单中选择了一种颜色后，相应的菜单就应该加上复选标记，指明当前选中的颜色。当某个菜单命令执行的条件不具备时，应该使菜单项无效。在 Windows 应用程序中，经常看到灰色的菜单项，以及菜单项前面的复选标记。

MFC 提供了一种简单方便的机制更新菜单项。利用 ClassWizard 可以为菜单项添加用户界面更新命令消息 UPDATE_COMMAND_UI 的处理函数，当用户打开下拉菜单时，应用程序框架调用菜单中所有菜单项的更新命令处理函数。每个更新命令处理函数都有一个指向 CCmdUI 对象的指针，在处理函数中利用该对象的成员函数修改菜单项。

类 CCmdUI 只用作在 CCmdTarget 派生类的用户界面更新命令消息 UPDATE_COMMAND_UI 的处理函数中，类中包含有指向用户界面对象的 ID 值或指针，其成员函数如表 11-2 所示。

用户界面更新处理函数只能应用于下拉菜单的菜单项，而不能应用于顶层菜单项。例如，不能使用用户界面更新处理函数来禁止一个"文件"菜单项。

表 11-2 CCmdUI 成员函数

成 员 函 数	说　　明
Enable	使用户界面对象有效或无效
SetCheck	设置或取消选中用户界面对象
SetRadio	给用户界面对象添加或删除单选标记
SetText	改变菜单项标题文本

下面为例 11.1 的程序 MyDraw 的"画图"下拉菜单项添加用户界面更新处理函数。利用类向导 ClassWizard 添加用户界面更新处理函数的方法与添加命令处理函数的方法相同，区别只是在 Messages 列表框中选择 UPDATE_COMMAND_UI。为"画图"下拉菜单项添加的用户界面更新处理函数如下：

```
void CMyDrawView::OnUpdateDrawEllipse(CCmdUI* pCmdUI)
{
    pCmdUI->Enable(m_nShape!=0);     //执行"椭圆"菜单后禁用
}
void CMyDrawView::OnUpdateDrawTriangle(CCmdUI* pCmdUI)
{
    pCmdUI->Enable(m_nShape!=1);
}
void CMyDrawView::OnUpdateDrawRectangle(CCmdUI* pCmdUI)
{
    pCmdUI->Enable(m_nShape!=2);
}
```

11.1.5 键盘快捷键

快捷键利用键盘输入方式代替执行应用程序的菜单命令或工具栏命令，可提高使用效率。当在键盘上按下快捷键时，也会发送 WM_COMMAND 命令消息。

在给菜单项输入标题时，字符"\t"后的字符串为此菜单项的快捷键，但要使此快捷键起作用，还需要做一些工作。在基于 MFC 框架的应用程序中，给菜单项或工具栏上的按钮添加键盘快捷键非常方便简单。

单击项目工作区窗口下的"ResourceView"标签，打开资源列表。展开 Accelerator，双击 Accelerator 下的 IDR_MAINFRAME，打开快捷键编辑器。用鼠标双击快捷键编辑器中的快捷键列表项可打开"Accel Properties"对话框，可在此对话框中对快捷键进行设置。要添加新的快捷键，双击快捷键列表底部的空白行，在打开的属性对话框中即可进行设置。选中快捷键列表中的项，按 Delete 键可以删除快捷键。

下面为 MyDraw 程序的"椭圆"菜单添加快捷键。双击快捷键列表底部的空白行，打开属性对话框，如图 11-7 所示。

在 ID 下拉列表框中选中"画图"菜单的 ID 值 ID_DRAW_ELLIPSE，在 Key 栏中输入"E"，在 Modifiers 中选中 Ctrl，则"画图"菜单项的快捷键为 Ctrl+E。

由于快捷键总是配合菜单或工具栏命令按钮使用，因此，不必为快捷键添加命令处理函数，它共用与其 ID 值相同的菜单或工具栏命令按钮的消息处理函数。

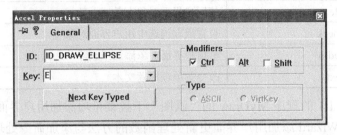

图 11-7　快捷键属性对话框

11.1.6　快捷菜单

快捷菜单也称为弹出式菜单或上下文菜单，当用户右击鼠标时，快捷菜单出现在鼠标指针所在位置。快捷菜单可以利用菜单栏上的已有下拉菜单创建，也可为快捷菜单添加新的菜单资源。

当用户单击鼠标右键时会产生 WM_CONTEXTMENU 消息，可以在应用程序中为此消息添加消息处理函数，在消息处理函数中调用 CMenu::TrackPopupMenu 可显示快捷菜单。函数原型为：

　　　　BOOL TrackPopupMenu(UINT nFlags,int x,int y,CWnd* pWnd,
　　　　　　　　　　　　　　LPCRECT lpRect=NULL);

其中，参数"nFlags"确定快捷菜单相对于 x 值的水平对齐方式以及哪一个鼠标按钮用来选中菜单中的菜单项。对齐标志 TPM_CENTERALIGN、TPM_LEFTALIGN 和 TPM_RIGHTALIGN 分别指定快捷菜单与 x 值水平居中、左对齐和右对齐。TPM_LEFTBUTTON 和 TPM_RIGHTBUTTON 标志确定鼠标左键或右键是否能进行菜单项选择。参数"x"和"y"确定菜单在屏幕上的位置。参数"pWnd"标识拥有此快捷菜单的窗口。

在使用菜单栏上的下拉菜单创建快捷菜单时，首先要获得指向下拉菜单的指针，这可以通过调用 CWnd::GetMenu 和 CMenu::GetSubMenu 函数获得。函数 GetMenu 可以获得指向菜单栏的指针(菜单栏位于框架窗口内，子窗口没有菜单)。函数 GetSubMenu 获得指向下拉菜单的指针，其参数指定包含下拉菜单的菜单项在菜单中的位置，第一个菜单项位置为 0。

下面为例 11.1 的 MyDraw 添加快捷菜单，当用户右击视图窗口时，弹出"颜色"菜单。利用 ClassWizard 在视图类中添加消息 WM_CONTEXTMENU 的处理函数，在函数中添加如下黑体代码：

　　　　void CMyDrawView::OnContextMenu(CWnd* pWnd, CPoint point)
　　　　{
　　　　　　CWnd *pParent=GetParent();　　//获得指向视图窗口父窗口(框架窗口)的指针
　　　　　　CMenu * pMenu=pParent->GetMenu();　　//获得指向顶层菜单的指针
　　　　　　//获得颜色菜单的指针，颜色菜单在顶层菜单中位于第 6 项
　　　　　　CMenu* pSubMenu=pMenu->GetSubMenu(5);

pSubMenu->TrackPopupMenu(TPM_LEFTALIGN|TPM_LEFTBUTTON,
point.x,point.y,this);
}

编译、链接和运行程序,当在视图窗口中右击鼠标时,弹出快捷菜单,如图 11-8 所示。

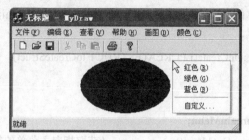

图 11-8　MyDraw 的快捷菜单

11.1.7　动态修改菜单

MFC 应用程序可以在程序运行过程中动态增加、修改和删除菜单。CMenu 类中提供了对菜单进行操作的相应的成员函数。CMenu 类中用于增加、修改和删除菜单的成员函数如表 11-3 所示。

表 11-3　CMenu 类中用于修改菜单的成员函数

成员函数	说　明
AppendMenu	在菜单尾部添加一个菜单项
InsertMenu	在菜单指定位置插入一个菜单项
ModifyMenu	修改指定菜单项的 ID、标题或其它属性
RemoveMenu	删除指定的菜单项,但不删除其子菜单
DeleteMenu	删除指定的菜单项及其子菜单

11.1.8　用代码创建菜单

除了利用菜单编辑器创建菜单外,用 MFC 的 CMenu 类和它的成员函数通过编程也可以创建菜单。

CMenu 类中用于创建菜单的成员函数有 CreateMenu、CreatePopupMenu 和 AppendMenu。函数 CreateMenu 用于创建菜单,CreatePopupMenu 用于创建子菜单,AppendMenu 用于向子菜单中添加菜单项或将子菜单挂接到顶层菜单上。

【例 11.2】　在应用程序 MyDraw 中通过编程增加两个菜单"缩放"和"修改菜单"。编程和实现方法如下:

(1) 为将要新增的菜单定义 ID 值。由于每一个菜单项都必须有唯一的一个 ID 值,因此,在增加菜单之前必须为新的菜单项定义一个 ID 值。

单击项目工作区窗口下的 FileView 标签,展开 Source Files,双击 Resource.h 打开资源头文件,在其中添加如下的菜单 ID 值的定义:

```
#define ID_ZOOM_IN          110
#define ID_ZOOM_OUT         120
```

```
#define ID_MODIFY_ADD          130
#define ID_MODIFY_DEL          140
#define ID_DRAW_TEXT           150
```

(2) 编程创建两个子菜单，并将其添加到顶层菜单中。由于在 SDI 中菜单属于主框架窗口，因此将创建菜单的代码添加在主框架窗口类中。在 CMainFrame 类的 OnCreate 成员函数中添加如下的代码：

```
int CMainFrame::OnCreate(LPCREATESTRUCT lpCreateStruct)
{
    ⋮
    CMenu *pmainMenu;
    pmainMenu=GetMenu();              //获取指向主菜单的指针
    CMenu subMenu;
    subMenu.CreatePopupMenu();        //创建子菜单
    subMenu.AppendMenu(MF_STRING,ID_ZOOM_IN,"放大"); //添加菜单项
    subMenu.AppendMenu(MF_STRING,ID_ZOOM_OUT,"缩小");
    //将子菜单挂接到主菜单上
    pmainMenu->AppendMenu(MF_POPUP,(UINT)subMenu.Detach(),"缩放(&Z)");

    subMenu.CreatePopupMenu();
    subMenu.AppendMenu(MF_STRING,ID_MODIFY_ADD,"增加");
    subMenu.AppendMenu(MF_STRING,ID_MODIFY_DEL,"删除");
    pmainMenu->AppendMenu(MF_POPUP,(UINT)subMenu.Detach(),"修改菜单");
    pmainMenu->Detach();              //将主菜单与 CMenu 对象分离
    return 0;
}
```

(3) 通过第(2)步，已经创建了两个下拉菜单"缩放"和"修改菜单"，下面需要给创建的子菜单项添加命令处理函数，否则，创建的菜单在运行时禁止使用。

对于通过编程创建的菜单项，不能利用 ClassWizard 为其添加命令消息处理函数，因此只能手工添加消息处理函数。对于每一个消息处理函数，需要添加函数原型、消息映射项和函数体。

打开视图类的头文件 MyDrawView.h，在其中找到 DECLARE_MESSAGE_MAP，在 DECLARE_MESSAGE_MAP 之上、注释"//}}AFX_MSG"之下添加消息处理函数原型：

```
class CMyDrawView : public CView
{
    ⋮
protected:
    //{{AFX_MSG(CMyDrawView)
    ⋮
    //}}AFX_MSG
```

```
        afx_msg void OnZoomIn();
        afx_msg void OnZoomOut();
        afx_msg void OnModifyAdd();
        afx_msg void OnModifyDel();
        afx_msg void OnDrawText();
        DECLARE_MESSAGE_MAP()
};
```

手工添加的消息处理函数原型应该添加在注释对"//}}AFX_MSG"的外面,注释对中间的部分为 ClassWizard 添加和管理。

在视图类的实现文件 MyDrawView.cpp 中添加消息映射项。打开 MyDrawView.cpp 文件,在 BEGIN_MESSAGE_MAP 和 END_MESSAGE_MAP 之间添加消息映射项。手工添加的消息映射项应该在注释对"//}}AFX_MSG_MAP"之外:

```
        BEGIN_MESSAGE_MAP(CMyDrawView, CView)
        //{{AFX_MSG_MAP(CMyDrawView)
            ⋮
        //}}AFX_MSG_MAP
        ON_COMMAND(ID_ZOOM_IN, OnZoomIn)
        ON_COMMAND(ID_ZOOM_OUT, OnZoomOut)
        ON_COMMAND(ID_MODIFY_ADD,OnModifyAdd)
        ON_COMMAND(ID_MODIFY_DEL,OnModifyDel)
        ON_COMMAND(ID_DRAW_TEXT,OnDrawText)
        // Standard printing commands
            ⋮
        END_MESSAGE_MAP()
```

在视图类的实现文件 MyDrawView.cpp 中添加消息处理函数的函数体如下:

```
        void CMyDrawView::OnZoomIn()
        {
            m_nFlag=1;          //设置放大标志
            Invalidate();       //更新视图
        }
        void CMyDrawView::OnZoomOut()
        {
            m_nFlag=2;
            Invalidate();
        }
        void CMyDrawView::OnModifyAdd()
        {
            //在"画图"菜单下增加菜单项"文本"
            CWnd *pParent=GetParent();
```

```
        CMenu * pMenu=pParent->GetMenu();
        CMenu* pSubMenu=pMenu->GetSubMenu(4);
        pSubMenu->AppendMenu(MF_STRING,ID_DRAW_TEXT,"文本");
    }
    void CMyDrawView::OnModifyDel()
    {
        //删除"画图"菜单下增加的菜单项
        CWnd *pParent=GetParent();
        CMenu * pMenu=pParent->GetMenu();
        CMenu* pSubMenu=pMenu->GetSubMenu(4);
        pSubMenu->RemoveMenu(ID_DRAW_TEXT,MF_BYCOMMAND);
    }
    //新增菜单的命令消息处理函数
    void CMyDrawView::OnDrawText()
    {
        m_nShape=3;
        Invalidate();
    }
```

(4) 修改视图类的 OnDraw 以适应菜单的变化。在 CMyDrawView 类的定义中增加一个 int 数据成员 m_nFag，用于记录执行创建菜单"缩放"的情况，并在构造函数中将其初始化为 0。

修改 OnDraw，在其中增加如下的黑体代码：

```
    void CMyDrawView::OnDraw(CDC* pDC)
    {
        ⋮
        switch(m_nFlag)
        {
        case 1:
            rcShape.InflateRect(50,50);
            break;
        case 2:
            rcShape.DeflateRect(10,10);
            break;
        }
        switch(m_nShape)
        {
        ⋮
        case 3:
            pDC->DrawText("执行了增加的菜单",rcShape,
```

DT_WORDBREAK|DT_CENTER|DT_VCENTER);
            break;
        }
        pDC->SelectObject(pOldBrush);
}

编译、链接和运行程序，运行结果如图 11-9 所示。

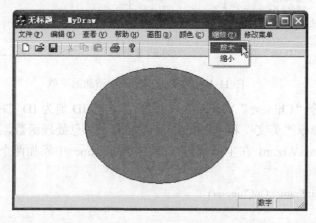

图 11-9 用代码创建菜单的执行结果

11.1.9 使用菜单资源

使用 AppWizard 创建应用程序框架时，应用程序框架中已经添加了 IDR_MAINFRAME 的菜单资源，可以在此菜单资源的基础上修改和添加应用程序的菜单。除了可以使用缺省生成的菜单资源外，在应用程序中还可以创建用户自己的菜单资源。

为了在程序中使用自己的菜单资源，首先需要利用 CMenu::LoadMenu 从应用程序中装载菜单资源并与 CMenu 对象关联，函数原型为：

    BOOL LoadMenu(UINT nIDResource);

其中，参数 "nIDResource" 指定装载的菜单资源 ID。然后利用 CWnd::SetMenu 将与菜单资源关联的 CMenu 对象设置为当前菜单，函数原型为：

    BOOL SetMenu(CMenu* pMenu);

其中，参数 "pMenu" 指定新的菜单对象。

【例 11.3】 在应用程序 MyDraw 中创建一个英文的菜单资源，并允许在中、英文菜单之间进行切换。

编程和实现方法如下：

(1) 在 IDR_MAINFRAME 菜单资源中增加一个"英文"顶层菜单命令。在项目工作区窗口中选中"ResourceView"标签，在窗口中双击 IDR_MAINFRAME 打开菜单资源，增加顶层菜单命令"英文"，取消其 Pop-up 属性，指定其 ID 值为 ID_ENGLISH，Caption 标题为"英文"。

(2) 插入新的菜单资源，创建新菜单。单击项目工作区窗口的"ResourceView"标签，在窗口中右击 Menu，选择"Insert Menu"菜单命令，插入新的菜单资源。右击插入的菜单资源 ID，选择"Properties"菜单命令，在弹出的对话框中将插入的菜单资源的 ID 修改为 IDR_ENGLISH。

在插入的菜单资源中添加如图 11-10 所示的菜单。为了与中文菜单共用相同的菜单命令消息处理函数，各对应菜单的 ID 值与 IDR_MAINFRAME 中的菜单 ID 值应相同。

图 11-10 在新菜单资源中添加的菜单

取消菜单命令"Chinese"的 Pop-up 属性，指定其 ID 值为 ID_CHINESE。

(3) 为菜单命令"英文"和"Chinese"添加命令消息处理函数，在两个菜单资源中进行切换。利用 ClassWizard 在主框架窗口类 CMainFrame 中添加两个菜单命令的消息处理函数：

```
void CMainFrame::OnChinese()
{
    CMenu m_Menu;                           //定义菜单对象
    m_Menu.LoadMenu(IDR_MAINFRAME);         //装载菜单资源
    SetMenu(&m_Menu);                       //将装载的菜单资源设置为当前菜单
    m_Menu.Detach();                        //将菜单与 CMenu 对象分离
}
void CMainFrame::OnEnglish()
{
    CMenu m_Menu;
    m_Menu.LoadMenu(IDR_ENGLISH);
    SetMenu(&m_Menu);
    m_Menu.Detach();
}
```

编译、链接和运行程序，当执行"英文"命令时切换到英文菜单(如图 11-11 所示)，执行"Chinese"命令时切换到中文菜单。两套菜单命令使用相同的消息处理函数。

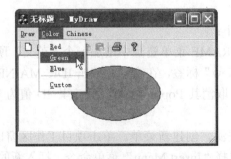

图 11-11 切换到英文菜单的结果

11.2 工 具 栏

工具栏是包含命令按钮(有时还包含其它类型的控件)的带状窗口,通过这些按钮可以方便、快捷地访问常用命令。一般工具栏按钮是菜单命令的快捷方式,但也可实现菜单中没有的命令。当单击一个按钮后,它会像菜单和快捷键一样发送一个命令消息,用户界面更新命令消息处理函数用来更新按钮的状态。在 MFC 应用程序中,工具栏是 CToolBar 类的对象。

11.2.1 工具栏编辑器

在工具栏上,所有工具栏按钮都存储于一个位图资源中。默认方式下,每个按钮图像都是 16 个像素宽、15 个像素高。应用程序框架给按钮提供了一个边框,并通过改变这些边框和按钮的图像颜色来反映当前按钮的状态。图 11-12 显示了工具栏位图和与之对应的工具栏。

图 11-12 工具栏位图和实际的工具栏

在 Visual C++中,可以使用工具栏编辑器对工具栏进行编辑和修改,也可以插入新的工具栏资源。

选中项目工作区窗口中的"ResourceView"标签,在窗口中展开"Toolbar",双击其中的工具栏资源,出现如图 11-13 所示的工具栏编辑器和绘图工具栏(Graphics)、调色板(Colors)工具栏。工具栏编辑器实际上是一个图像编辑器,利用它可以在工具栏上添加按钮、编辑按钮和删除按钮。

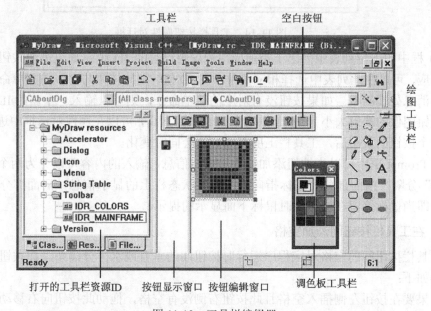

图 11-13 工具栏编辑器

1. 添加新的工具栏

执行"Insert"→"Resource"菜单命令(或按快捷键 Ctrl+R),在"插入资源"对话框中双击 Toolbar,或者在项目工作区窗口的 ResourceView 标签窗口中右击 Toolbar,选择"Insert Toolbar"菜单命令。新添加的工具栏自动在工具栏编辑器中打开,其中有一个空白按钮。

2. 添加和编辑按钮

打开要编辑的工具栏,在工具栏最右侧会显示一个空白按钮,用鼠标单击此按钮即可在按钮编辑窗口中设计按钮。当创建和编辑一个新的按钮时,在工具栏右侧会自动出现一个新的空白按钮。

要编辑修改已有的按钮,只需要单击选中该按钮,即可在按钮编辑窗口中进行编辑和修改。

在工具栏上拖动并将其放在工具栏中的新位置就可以移动按钮。

在工具栏上拖动按钮离开工具栏可以删除按钮。

3. 按钮属性设置

按钮的属性包括按钮 ID 值、宽度、高度以及工具提示信息。选中要设置属性的按钮,然后在按钮显示窗口或按钮编辑窗口的空白处双击或选中按钮后按 Alt+Enter 快捷键,或者直接双击工具栏上相应的按钮,可打开如图 11-14 所示的工具栏按钮属性对话框。

图 11-14 工具栏按钮属性对话框

ID 框中的下拉列表中列出了当前应用程序中已有的 ID 值,如果需要按钮与某个菜单命令对应,可以在此列表中选择相应菜单项的 ID 值,则此按钮与对应的菜单命令共用同一个命令消息处理函数。如果按钮没有对应的菜单命令,则可以输入一个新的 ID 值。

按钮图像的缺省大小为 16 个像素宽、15 个像素高,可以在属性对话框中进行修改。当修改一个按钮的大小后,工具栏上所有的按钮会同时变化。

在 Prompt 框中可以为按钮添加说明和提示信息,输入的内容可以分为两个部分,中间用"\n"分隔,前面部分为鼠标指向该按钮时状态栏上的显示信息,后面部分为按钮工具提示,即当鼠标停留在按钮上时鼠标下面显示的提示。

4. 在工具栏按钮间添加空格

工具栏按钮间的空格对应程序运行时按钮间的垂直或水平分隔条。在按钮间插入空格的方法如下:

如果要在按钮左侧插入空格且此按钮右侧没有空格,拖动此按钮向右移动直到其覆盖下一个按钮的一半时释放。

如果要在按钮左侧插入空格且此按钮右侧已有空格,则拖动此按钮向右移动直到其右边界接触到下一个按钮的左边界时释放。此时，会保留按钮右侧的空格。如果拖动按钮直到覆盖下一个按钮的一半时才释放，则会删除按钮右侧的空格。

如果要删除按钮间的空格，则拖动空格一侧的按钮向另一侧移动直到覆盖下一个按钮将近一半时释放。

【例 11.4】 为例 11.3 的程序 MyDraw 的"绘图"菜单添加工具栏按钮。

(1) 打开应用程序项目 MyDraw，单击项目工作区窗口的"ResourceView"标签，在窗口中展开 Toolbar，双击下面的 IDR_MAINFRAME 打开工具栏编辑器。在工具栏的右侧添加如图 11-15 所示的三个按钮，同时在"矩形"按钮左侧插入一个空格。

图 11-15　为应用程序 MyDraw 添加的按钮

(2) 为添加的按钮设置属性。双击"矩形"按钮，打开属性对话框，在 ID 框中选择菜单"绘图"→"矩形"的 ID 值，在 Prompt 栏中输入"在视图窗口画一个矩形\n 画矩形"。采用相同的方法设置其它按钮的属性，其 ID 值选择与其对应菜单项的 ID 值。

由于添加的每个按钮都有对应的菜单命令，因此不需要为按钮添加命令消息处理函数，当单击这些按钮时，其功能与执行相应菜单命令的功能相同。

编译、链接和运行程序，即可以通过工具栏按钮绘制不同的图形。

11.2.2　创建工具栏

Windows 应用程序运行时可以同时拥有多个工具栏。利用 AppWizard 创建应用程序框架时，默认设置已经生成了一个工具栏，在应用程序中根据需要还可以创建新的工具栏。

在 MFC 应用程序中创建工具栏的步骤如下：

(1) 在应用程序的项目工作区窗口中插入一个工具栏资源，并利用工具栏编辑器添加和编辑按钮，设置按钮属性。

(2) 构造一个 CToolBar 类的对象。

(3) 调用 CToolBar::Create 或 CreateEx 函数创建工具栏。

CToolBar::Create 函数原型为：

　　BOOL Create(CWnd* pParentWnd, DWORD dwStyle = WS_CHILD |
　　　　WS_VISIBLE | CBRS_TOP, UINT nID = AFX_IDW_TOOLBAR);

其中，参数"pParentWnd"为指向工具栏窗口父窗口的指针，参数"dwStyle"指明工具栏的风格。由于工具栏本身也是一个窗口，因此参数 dwStyle 可以指明窗口的风格，如 WS_CHILD | WS_VISIBLE 指明是一个子窗口并可见。同时工具栏还有一些附加的风格，如表 11-4 所示。参数"nID"是工具栏子窗口 ID。

调用 CreateEx 创建工具栏时，除了可以指明 Create 中使用的工具栏风格外，还可以给工具栏指明附加的风格，如 TBSTYLE_FLAT 创建扁平的工具栏。

表 11-4 CToolBar::Create 工具栏风格

工具栏风格	说　　明
CBRS_TOP	工具栏放置在框架窗口的顶端
CBRS_BOTTOM	工具栏放置在框架窗口的底部
CBRS_NOALIGN	当调整工具栏父窗口大小时不调整工具栏的位置
CBRS_TOOLTIPS	当鼠标光标停留在工具栏按钮上时，显示工具提示
CBRS_SIZE_FIXED	工具栏的大小固定
CBRS_FLOATING	工具栏是浮动的
CBRS_FLYBY	当鼠标光标指向工具栏按钮时，状态栏上显示按钮的说明
CBRS_HIDE_INPLACE	工具栏不显示给用户

除了可以在 Create 或 CreateEx 函数中指定工具栏的风格外，还可以在创建工具栏后调用 SetBarStyle(CToolBar 从 CControlBar 类继承来的成员函数)设置或改变工具栏的风格。例如，如果要用 CBRS_BOTTOM 风格取代 CBRS_TOP 风格，使工具栏和框架窗口的底部对齐，可以调用如下语句(w_wndToolbar 为 CToolBar 的对象)：

　　w_wndToolbar.Create(this,WS_CHILD|WS_VISIBLE|CBRS_BOTTOM);

也可以按如下方式创建工具栏：

　　w_wndToolbar.Create(this);

　　w_wndToolbar.SetBarStyle((w_wndToolbar.GetBarStyle()&

　　　　~CBRS_TOP|CBRS_BOTTOM);

因为工具栏是应用程序主框架窗口的子窗口，通常随框架窗口的创立而创建，因此一般在框架窗口类中添加一个 CToolBar 的对象成员，并在框架窗口的 OnCreate 处理程序中调用 Create 或 CreateEx。

(4) 调用 CToolBar::LoadToolBar 装入工具栏资源。函数原型为：

　　BOOL LoadToolBar(UINT nIDResource);

其中，参数"nIDResource"指定被装入的资源 ID。

11.2.3 停靠和浮动工具栏

默认情况下，CToolBar 工具栏停靠在框架窗口的一侧，且不能移动，只能通过程序控制来移动。实际上，CToolBar 允许用户拖动工具栏移动，使它脱离原来的位置，并将其放在窗口的另一侧，或让它浮动在自己的框架窗口中。

为了使工具栏成为可停靠的工具栏，需要调用 CToolBar::EnableDocking(从 CControlBar 继承来的成员函数)和 CFrameWnd::EnableDocking。

CToolBar::EnableDocking 函数使工具栏成为可停靠的或禁止停靠的，函数原型为：

　　void EnableDocking(DWORD dwStyle);

其中，参数"dwStyle"设置工具栏是否支持停靠和工具栏能够停靠在父窗口的位置，其取值可以是表 11-5 所列的一个或多个的组合。如果为 0(即没有标志)，则工具栏不能拖动停靠。这里指定的停靠位置必须与框架窗口允许的停靠位置相匹配。

CFrameWnd::EnableDocking 函数决定工具栏停靠的位置，函数原型为：

```
void EnableDocking( DWORD dwDockStyle );
```
其中，参数"dwDockStyle"指定框架窗口的哪一侧可作为工具栏的停靠位置，取值为表 11-5 所列的一个或多个值的组合。

表 11-5 工具栏的停靠标志

停靠标志	说明
CBRS_ALIGN_TOP	允许停靠在框架窗口顶部
CBRS_ALIGN_BOTTOM	允许停靠在框架窗口底部
CBRS_ALIGN_LEFT	允许停靠在框架窗口左侧
CBRS_ALIGN_RIGHT	允许停靠在框架窗口右侧
CBRS_ALIGN_ANY	允许停靠在框架窗口任意一侧

CToolBar::EnableDocking 和 CFrameWnd::EnableDocking 都要指定停靠位置，但其含义不同，前者指明工具栏可以停靠的位置，而后者指明框架窗口允许工具栏停靠的位置。如果框架窗口包含多个工具栏，并且每个工具栏都有不同的停靠位置，则分别指定工具栏和框架窗口的停靠位置参数就显得比较方便了。例如，如果 m_wndToolBar1 和 m_wndToolBar2 属于同一个框架窗口，则

  m_wndToolBar1.EnableDocking(CBRS_ALIGN_TOP|CBRS_ALIGN_BOTTOM);

  m_wndToolBar2.EnableDocking(CBRS_ALIGN_LEFT|CBRS_ALIGN_RIGHT);

  EnableDocking(CBRS_ALIGN_ANY);

将 m_wndToolBar1 停靠在顶部或底部，而将 m_wndToolBar2 停靠在左侧或右侧。

执行完 CToolBar::EnableDocking 和 CFrameWnd::EnableDocking 函数后，应调用 CFrameWnd::DockControlBar 停靠工具栏，函数原型为：

```
void DockControlBar( CControlBar * pBar, UINT nDockBarID = 0,
                     LPCRECT lpRect = NULL );
```

其中，参数"pBar"为指向被停靠的工具栏指针。参数"nDockBarID"决定框架窗口的哪一侧用于停靠，可以为 0 或表 11-6 所列的一个或多个值的组合，若为 0(缺省值)，则工具栏可以在目标框架窗口中任意可停靠的位置停靠。参数"lpRect"以屏幕坐标表示目标框架窗口非客户区中可以被工具栏停靠的位置。

表 11-6 DockControlBar 函数的停靠位置

停靠位置	说明
AFX_IDW_DOCKBAR_TOP	停靠到框架窗口的顶部
AFX_IDW_DOCKBAR_BOTTOM	停靠到框架窗口的底部
AFX_IDW_DOCKBAR_LEFT	停靠到框架窗口的左侧
AFX_IDW_DOCKBAR_RIGHT	停靠到框架窗口的右侧

【例 11.5】 为应用程序 MyDraw 创建一个新的工具栏，用于执行"颜色"菜单中的命令。

(1) 在项目中添加和编辑新的工具栏资源。打开项目 MyDraw，单击项目工作区窗口的"ResourceView"标签，插入一个新的工具栏资源，设置其资源 ID 为 IDR_COLORS，添加和编辑如图 11-16 所示的 4 个按钮，并按表 11-7 设置按钮的属性。

各按钮的 ID 值与"颜色"菜单中各菜单项的 ID 值相同，因此，此工具栏上的按钮成为菜单命令的快捷方式。

图 11-16 项目 MyDraw 添加的工具栏资源

表 11-7 按钮的属性设置

按钮	大小 (宽,高)	ID	Prompt
红色	16，15	ID_COLOR_RED	设置图形为红色\n 红色
绿色	16，15	ID_COLOR_GREEN	设置图形为绿色\n 绿色
蓝色	16，15	ID_COLOR_BLUE	设置图形为蓝色\n 蓝色
自定义	16，15	ID_COLOR_CUSTOM	通过颜色对话框设置图形颜色\n 自定义

(2) 在应用程序主框架窗口中创建、装入和停靠工具栏。

在框架窗口类 CMainFrame 中添加 CToolBar 类的数据成员：

```
        protected:    // control bar embedded members
            CStatusBar    m_wndStatusBar;
            CToolBar      m_wndToolBar;
            CToolBar      m_colorToolBar;
```

在 CMainFrame::OnCreate 函数中添加代码，创建工具栏、装入工具栏资源 IDR_COLORS 并允许工具栏停靠在窗口的任意位置。

```
        int CMainFrame::OnCreate(LPCREATESTRUCT lpCreateStruct)
        {
            ⋮
            //创建工具栏
            m_colorToolBar.CreateEx(this,TBSTYLE_FLAT, WS_CHILD
                |WS_VISIBLE | CBRS_TOP| CBRS_GRIPPER
                |CBRS_TOOLTIPS | CBRS_FLYBY | CBRS_SIZE_DYNAMIC);
            m_colorToolBar.LoadToolBar(IDR_COLORS);       //装入工具栏资源
            //工具栏可以停靠在任意位置
            m_colorToolBar.EnableDocking(CBRS_ALIGN_ANY);
            EnableDocking(CBRS_ALIGN_ANY);                //允许工具栏停靠在任意位置
            DockControlBar(&m_colorToolBar);              //停靠工具栏
            return 0;
        }
```

(3) 编译、链接和运行程序，程序运行结果如图 11-17 所示。单击工具栏按钮可以设置图形颜色，可以拖动工具栏使其浮动在框架窗口内或停靠在窗口任意一侧。

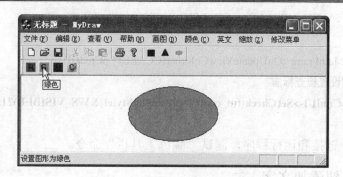

图 11-17 添加工具栏后的运行结果

11.2.4 显示和隐藏工具栏

工具栏可以提高用户操作程序的效率,但工具栏占用了框架窗口的客户区域,因此,当不需要使用工具栏时,应该将其隐藏起来。大部分包含工具栏的 Windows 应用程序都设置有显示或隐藏工具栏的命令。

MFC 缺省的工具栏可以通过执行"查看"→"工具栏"菜单命令来显示或隐藏。

在显示或隐藏工具栏之前应该知道工具栏当前的可见状态,这可以通过调用 CWnd 的成员函数 GetStyle 查询工具栏的所有风格。要确定工具栏的可见性,可以简单地用风格标志 WS_VISIBLE 和 GetStyle 函数的执行结果进行按位与运算,如果结果非 0,则工具栏当前是可见的。

应用程序中一般通过菜单命令或快捷键来显示或隐藏工具栏,因此,可以通过编写菜单命令的命令消息处理函数,在其中调用 CFrameWnd::ShowControlBar 来隐藏或显示工具栏。其函数原型为:

    void ShowControlBar(CControlBar* pBar, BOOL bShow, BOOL bDelay);

其中,参数"pBar"为指向要显示或隐藏的工具栏的指针;参数"bShow"指定是显示还是隐藏工具栏,若为 TRUE 则显示工具栏,为 FALSE 则隐藏工具栏;参数"bDelay"为 TRUE 时则延迟显示工具栏,为 FALSE 时则立即显示。

一般不要通过简单地打开或关闭工具栏的 WS_VISIBLE 标志切换工具栏。工具栏被显示或隐藏时,MFC 会调整视图窗口的大小以适应框架窗口客户区中可见区域的变化。ShowControlBar 在显示或隐藏工具栏时已经考虑了这些因素。

【例 11.6】 在 MyDraw 中添加菜单命令来显示或隐藏颜色设置工具栏。

(1) 添加菜单项。打开项目 MyDraw,单击项目工作区窗口的"ResourceView"标签,双击菜单资源 IDR_MAINFRAME,在"查看"菜单下添加"颜色工具栏"菜单项,设置其 ID 为 ID_VIEW_COLORBAR。

(2) 利用 ClassWizard 为菜单命令"颜色工具栏"在框架窗口类中添加命令消息处理函数和用户界面更新命令消息 UPDATE_COMMAND_UI 的处理函数,并添加代码:

    void CMainFrame::OnViewColorbar()
    {
        ShowControlBar(&m_colorToolBar,(m_colorToolBar.GetStyle()&

```
                WS_VISIBLE)==0,FALSE);
    }
    void CMainFrame::OnUpdateViewColorbar(CCmdUI* pCmdUI)
    {   //设置检查标志
        pCmdUI->SetCheck((m_colorToolBar.GetStyle()&WS_VISIBLE)?1:0);
    }
```

(3) 编译、链接和运行程序，测试"颜色工具栏"命令。

11.2.5 给按钮添加文字

在默认情况下，工具栏按钮只包含图像，不包含文字。可以通过以下步骤给按钮表面添加文字：

(1) 利用工具栏编辑器调整按钮图像的大小，使其适合添加文本的长度。

(2) 调用 CToolBar::SetButtonText 给按钮添加字符串。函数原型为：

```
BOOL SetButtonText( int nIndex, LPCTSTR lpszText );
```

其中，参数"nIndex"指定了设置文本的按钮的索引，其中 0 代表工具栏最左端位置上的按钮，工具栏上的分隔条也占用一个对应的索引。参数"lpszText"指定设置给按钮的文本字符串。

(3) 调用 CToolBar::SetSizes 调整按钮尺寸。

例如，给例 11.5 创建的颜色设置工具栏上的按钮添加文本。

首先利用工具栏编辑器调整按钮位图的大小为 40 个像素宽、19 个像素高，然后在 CMainFrame::OnCreate 函数的语句 **m_colorToolBar.LoadToolBar(IDR_COLORS);** 后添加如下代码：

    m_colorToolBar.SetButtonText(0,"红色");

    m_colorToolBar.SetButtonText(1,"绿色");

    m_colorToolBar.SetButtonText(2,"蓝色");

    m_colorToolBar.SetButtonText(3,"自定义");

    m_colorToolBar.SetSizes(CSize(48,42),CSize(40,19));

生成的工具栏如图 11-18 所示。

图 11-18 带文字的工具栏按钮

11.2.6 在工具栏中添加非按钮控件

工具栏上最常见的是按钮，但工具栏上除了按钮外，还可以添加非按钮控件。例如，在工具栏上常见到组合框，用于设置字体、字号等。要在工具栏上添加非按钮控件，一般需按以下步骤进行：

(1) 利用工具栏编辑器在工具栏上添加一个分隔条或其它按钮。该按钮可具有任意 ID 和按钮图像，此位置将作为非按钮控件的预留位置。

(2) 调用 CToolBar::SetButtonInfo 调整预留位置分隔条或其它按钮的宽度。

函数 SetButtonInfo 用于设置按钮的命令 ID、风格和图像号。函数原型为：

void SetButtonInfo(int nIndex, UINT nID, UINT nStyle, int iImage);

其中，参数"nIndex"为要设置信息的按钮或分隔条的索引；参数"nID"为给按钮设置的 ID 值；参数"nStyle"指明设置按钮的新风格，可以为以下值：

- TBBS_BUTTON：标准下压式按钮(缺省设置)。
- TBBS_SEPARATOR：分隔条。
- TBBS_CHECKBOX：自动复选按钮。
- TBBS_GROUP：标记一个按钮组的开始。
- TBBS_CHECKGROUP：标记一个复选按钮组的开始。

参数"iImage"为按钮的图像在位图中的新索引。对于具有 TBBS_SEPARATOR 风格的分隔条，此参数用于设置分隔条的像素宽度。

(3) 调用控件类的 Create 函数在工具栏窗口的预留位置创建控件。

(4) 为创建的控件添加消息处理函数。

为了给非按钮控件添加工具提示，可以在字符串表中为其添加一个字符串资源，则当光标停留在非按钮控件上时会自动出现工具提示。

【例 11.7】 工具栏使用示例。在工具栏上添加一个组合框，用于设置视图窗口中文本显示的字体。

程序实现过程如下：

(1) 利用 AppWizard 创建 SDI 应用程序框架，项目名设置为 ToolBarSample。

(2) 利用工具栏编辑器编辑工具栏。单击项目工作区窗口的"ResourceView"标签，双击 Toolbar 下的 IDR_MAINFRAME 工具栏资源打开工具栏，首先删除 "打印"和"关于"两个按钮，然后添加如图 11-19 所示的 4 个按钮，并按表 11-8 所示设置各按钮的属性。

图 11-19 添加的按钮

表 11-8 按钮属性设置

按钮	ID	Prompt
加粗	ID_BOLD	\n 加粗
倾斜	ID_ITALIC	\n 倾斜
下划线	ID_UNDERLINE	\n 下划线
预留位置	缺省	

(3) 在视图类 CToolBarSampleView 的头文件中增加如下描述文本属性的数据成员：

```
protected:
    BOOL m_bItalic;        //是否倾斜
    BOOL m_bUnderline;     //是否加下划线
    BOOL m_bBold;          //是否加粗
    CString m_strFont;     //字体名
```

然后在视图类 CToolBarSampleView 的构造函数中初始化新增的数据成员：

```
CToolBarSampleView::CToolBarSampleView()
{
    m_bBold=FALSE;          //缺省不加粗
    m_bItalic=FALSE;        //缺省不倾斜
    m_bUnderline=FALSE;     //缺省不加下划线
    m_strFont="宋体";       //缺省字体为宋体
}
```

(4) 编辑视图类 CToolBarSampleView 的 OnDraw 成员函数，创建字体并选入设备环境，在视图窗口的中心显示文本：

```
void CToolBarSampleView::OnDraw(CDC* pDC)
{
    int nWeight;
    if (m_bBold)
        nWeight=FW_BOLD;
    else
        nWeight=FW_NORMAL;
    CFont *pOldFont,font;
    font.CreateFont(48,0,0,0,nWeight,m_bItalic,m_bUnderline,0,
            DEFAULT_CHARSET,OUT_CHARACTER_PRECIS,
            CLIP_CHARACTER_PRECIS,DEFAULT_QUALITY,
            DEFAULT_PITCH|FF_DONTCARE,m_strFont);
    pOldFont=pDC->SelectObject(&font);
    CRect rect;
    GetClientRect(&rect);
    pDC->DrawText("工具栏使用示例",
        &rect,DT_CENTER|DT_VCENTER|DT_SINGLELINE);
    pDC->SelectObject(pOldFont);
}
```

(5) 利用 ClassWizard 为工具栏按钮添加命令消息处理函数和用户界面更新命令处理函数：

```
void CToolBarSampleView::OnBold()
{
    m_bBold=!m_bBold;       //单击"加粗"按钮，将文本加粗属性取反
    Invalidate();           //更新视图窗口
}
void CToolBarSampleView::OnUpdateBold(CCmdUI* pCmdUI)
{
    pCmdUI->SetCheck(m_bBold);   //更新按钮状态
```

```
}
void CToolBarSampleView::OnItalic()
{
    m_bItalic=!m_bItalic;
    Invalidate();
}
void CToolBarSampleView::OnUpdateItalic(CCmdUI* pCmdUI)
{
    pCmdUI->SetCheck(m_bItalic);
}
void CToolBarSampleView::OnUnderline()
{
    m_bUnderline=!m_bUnderline;
    Invalidate();
}
void CToolBarSampleView::OnUpdateUnderline(CCmdUI* pCmdUI)
{
    pCmdUI->SetCheck(m_bUnderline);
}
```

(6) 在工具栏上的预留位置处添加组合框。

首先在主框架窗口类 CMainFrame 的头文件中增加 CComboBox 类的对象成员：

```
public:
    CComboBox m_wndComboBox;
```

然后要为增加的组合框定义一个 ID 值，方法是执行 "View" → "Resource Symbols..." 菜单命令，在弹出的对话框中单击 "New..." 按钮，添加名称为 "IDC_COMBOBOX" 的 ID 标识，其值取缺省值。

编辑 CMainFrame 类的 OnCreate 函数，在其中增加创建组合框控件的代码：

```
int CMainFrame::OnCreate(LPCREATESTRUCT lpCreateStruct)
{
    ⋮
    DockControlBar(&m_wndToolBar);
    //将预留位置的按钮设置为分隔条，设置其宽度为 100 个像素宽，ID 值任意
    m_wndToolBar.SetButtonInfo(11,111,TBBS_SEPARATOR,100);
    CRect rect;
    m_wndToolBar.GetItemRect(11,&rect);      //获取预留位置的矩形区域
    rect.bottom+=100;                        //增加矩形高度以便容纳组合框的列表
    //创建组合框
    m_wndComboBox.Create(CBS_DROPDOWNLIST|WS_VISIBLE
        |CBS_AUTOHSCROLL,rect,&m_wndToolBar,IDC_COMBOBOX);
```

```
        m_wndComboBox.AddString("宋体");         //初始化组合框
        m_wndComboBox.AddString("黑体");
        m_wndComboBox.AddString("楷体_GB2312");
        m_wndComboBox.SetCurSel(0);              //缺省选中宋体
    return 0;
}
```

(7) 在 CToolBarSampleView 中添加组合框的 CBN_SELCHANGE 消息处理函数。

对于通过代码创建的控件，不能使用 ClassWizard 为其添加消息处理函数，只能通过手工方式添加。

在视图类的头文件的 DECLARE_MESSAGE_MAP()宏的上面增加消息处理函数 OnSelChangeCombo 原型：

    afx_msg void OnSelChangeCombo();

在视图类 CToolBarSampleView 的实现文件中添加组合框的 CBN_SELCHANGE 消息的消息映射项。在 BEGIN_MESSAGE_MAP 和 END_MESSAGE_MAP()之间添加如下消息映射项：

    ON_CBN_SELCHANGE(IDC_COMBOBOX,OnSelChangeCombo)

最后在视图类 CToolBarSampleView 的实现文件中编辑新增的组合框消息处理函数：

```
void CToolBarSampleView::OnSelChangeCombo()
{
    //获取主框架窗口的指针
    CMainFrame* pFrame=(CMainFrame*)AfxGetMainWnd();
    //获取组合框当前选择项的字符串
    pFrame->m_wndComboBox.GetLBText(
        pFrame->m_wndComboBox.GetCurSel(),m_strFont);
    Invalidate();            //更新视图
}
```

在类 CToolBarSampleView 的实现文件的开始处包含主框架窗口类 CMainFrame 的头文件：

    #include "MainFrm.h"

(8) 编译、链接和运行程序，程序运行结果如图 11-20 所示。

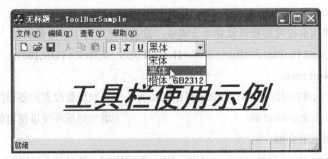

图 11-20　程序 ToolBarSample 的运行结果

11.3 状 态 栏

状态栏一般位于框架窗口的底部，用于显示菜单项或工具按钮的提示信息和程序的运行状态。用 MFC AppWizard 创建的应用程序框架中，状态栏用于显示菜单提示信息和 Caps Lock、Num Lock 和 Scroll Lock 键的状态。可以修改状态栏，使其显示不同的信息，例如显示鼠标指针的坐标、系统时间。甚至可以在状态栏上包含其它控件，例如包含进度条控件，用于显示如保存、加载文档等操作的进度。

11.3.1 创建和初始化状态栏

在 MFC 应用程序中，状态栏是类 CStatusBar 的一个对象。由于状态栏是框架窗口的子窗口，因此要创建一个状态栏，首先要在应用程序的框架窗口类中定义一个 CStatusBar 的对象，然后在框架窗口类的 OnCreate 函数中调用 CStatusBar::Create 创建状态栏。函数原型为：

BOOL Create(CWnd* pParentWnd, DWORD dwStyle = WS_CHILD
　　　　　 | WS_VISIBLE | CBRS_BOTTOM, UINT nID = AFX_IDW_STATUS_BAR);

其中，参数"pParentWnd"指明状态栏父窗口的指针，"dwStyle"指明状态栏的风格，"nID"指明状态栏窗口的 ID 值。

状态栏一般分为若干个窗格，每个窗格显示不同的信息。状态栏创建后，应调用 CStatusBar::SetIndicators 函数初始化状态栏。函数原型为：

　　BOOL SetIndicators(const UINT* lpIDArray, int nIDCount);

其中，参数"lpIDArray"为由状态栏窗格指示符 ID 值构成的数组，"nIDCount"为数组 lpIDArray 中元素的个数。

函数 SetIndicators 根据数组 lpIDArray 中指示符的个数确定状态栏窗格的个数，并同时赋给各窗格字符串资源。

例如，AppWizard 在主框架窗口类的实现文件 MainFrm.cpp 文件中定义了一个静态数组 indicators，并用此数组初始化状态栏：

　　static UINT indicators[] =
　　{
　　　　ID_SEPARATOR,　　　　　　//状态栏窗格指示符
　　　　ID_INDICATOR_CAPS,
　　　　ID_INDICATOR_NUM,
　　　　ID_INDICATOR_SCRL,
　　};
　　m_wndStatusBar.SetIndicators(indicators,sizeof(indicators)/sizeof(UINT)));

indicators 数组与状态栏的关系如图 11-21 所示。

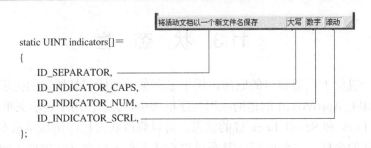

图 11-21 indicators 数组与状态栏的关系

ID_SEPARATOR 是一个通用 ID，说明没有字符串资源与其对应的窗格关联。此窗格显示应用程序动态提供的字符串。

如果需要状态栏显示键盘状态，则可以利用 MFC 预定义的如下指示符 ID：

- ID_INDICATOR_CAPS：显示 Caps Lock 键的当前状态。
- ID_INDICATOR_NUM：显示 Num Lock 键的当前状态。
- ID_INDICATOR_SCRL：显示 Scroll Lock 键的当前状态。

如果使用这些预定义的指示符 ID，则由应用程序框架自动跟踪相应键的状态并更新对应的状态栏窗格。

对于每一个状态栏窗格，可以调用 CStatus 的成员函数 SetPaneStyle 设置风格，调用 SetPaneInfo 调整大小。

11.3.2 创建自定义状态栏窗格

除了可以使用 ID_SEPARATOR 和预定义的指示符 ID 定义状态栏的窗格外，还可以使用自定义的指示符 ID 来定义状态栏窗格。例如，可以创建状态栏窗格来显示当前系统的时间、鼠标光标的坐标等。

创建自定义状态栏窗格一般需要如下几个步骤：

(1) 为自定义状态栏窗格定义指示符 ID。窗格指示符 ID 实际上是一个字符串资源(ID_SEPARATOR 除外)，因此，要定义指示符 ID 只需要在应用程序的字符串表资源中添加相应的字符串资源即可。

添加字符串资源的方法：选中项目工作区窗口的 "ResourceView" 标签，在窗口中展开 String Table，双击其下的 "String Table"，打开字符串表，双击字符串表最下面的空行，打开字符串属性对话框，输入 ID 值和 Caption 标题字符串。

缺省时，由自定义指示符 ID 确定的窗格的宽度是相应字符串资源中指定的字符串的长度。在程序中可以使用 SetPaneInfo 重新设置窗格的宽度。

(2) 用自定义的指示符 ID 重新定义窗格指示符数组 indicators。

(3) 设置自定义窗格显示的内容。有两种方法可以在窗格中显示文本。一种方法是调用 CStatusBar::SetPaneText 直接设置文本，其函数原型为：

    BOOL SetPaneText(int nIndex, LPCTSTR lpszNewText, BOOL bUpdate = TRUE);

其中，参数 "nIndex" 为以 0 开始的窗格索引，最左边的窗格为 0。

如果要在除框架窗口类的其它类中调用 CStatusBar::SetPaneText 函数，首先必须能够访

问状态栏对象,然后调用 CStatusBar::SetPaneText。例如,在视图类设置窗格的值可以使用如下代码:

  CMainFrame* pFrame = (CMainFrame*) AfxGetApp()->m_pMainWnd;

  CStatusBar* pStatus = &pFrame->m_wndStatusBar;

  pStatus->SetPaneText(0, "ID_SEPARATOR 对应窗格显示的字符串");

第二种方法是为窗格映射一个用户界面更新命令 UPDATE_COMMAND_UI 消息处理函数,在此函数中调用 CCmdUI::SetText 设定文本。

由于 ClassWizard 不支持在字符串表中定义的 ID,因此必须手工添加自定义指示符 ID 的消息处理函数。

【例 11.8】 编写一个 SDI 应用程序,在状态栏中添加两个窗格,分别显示系统当前时间和鼠标指针在视图窗口中的坐标及左右键的状态。

程序实现过程如下:

(1) 利用 MFC AppWizard[exe]向导创建一个 SDI 应用程序框架,项目名设置为 StatusBarSample,其它采用缺省设置。

(2) 定义窗格指示符 ID。打开字符串表,在其中添加如表 11-9 所示的三个字符串。

表 11-9 添加的字符串资源

字符串 ID	Caption	说 明
ID_INDICATOR_TIME	HH:MM:SS	用于定义显示时间的窗格
ID_INDICATOR_LEFT	左键	用于定义显示鼠标左键状态的窗格
ID_INDICATOR_RIGHT	右键	用于定义显示鼠标右键状态的窗格

(3) 修改状态栏窗格指示符数组 indicators。

打开应用程序主框架窗口类的实现文件 MainFrm.cpp,将其中的 indicators 数组修改为如下形式:

```
static UINT indicators[] =
{
    ID_SEPARATOR,
    ID_SEPARATOR,            //显示鼠标坐标的窗格
    ID_INDICATOR_LEFT,       //显示鼠标左键状态的窗格
    ID_INDICATOR_RIGHT,      //显示鼠标右键状态的窗格
    ID_INDICATOR_TIME,       //显示时间的窗格
};
```

(4) 设置定时器,用于自动更新时间窗格内的时间。

在 CMainFrame::OnCreate 函数中添加如下语句:

  SetTimer(150,200,NULL);

此语句用于设置一个定时器,其 ID 值为 150,定时器每隔 200 ms 发送一个 WM_TIMER 消息。

利用 ClassWizard 在应用程序框架类 CMainFrame 中添加 WM_TIMER 消息处理函数,此函数每隔 200 ms 执行一次,并利用 SetPaneText 在窗格中显示时间。

```cpp
void CMainFrame::OnTimer(UINT nIDEvent)
{
    CTime time = CTime::GetCurrentTime();   //获取系统当前时间
    int nSecond = time.GetSecond();          //获取当前时间的秒
    int nMinute = time.GetMinute();
    int nHour = time.GetHour();
    CString string;
    string.Format ("%0.2d:%0.2d:%0.2d", nHour, nMinute, nSecond);
    m_wndStatusBar.SetPaneText (4, string);   //设置第 5 个窗格的文本
}
```

(5) 在框架窗口类 CMainFrame 中添加窗格指示符 ID_INDICATOR_LEFT 和 ID_INDICATOR_RIGHT 的用户界面更新命令消息处理函数。由于 ClassWizard 不支持在字符串表中定义的 ID，因此必须手工添加自定义指示符 ID 的消息处理函数。

在 MainFrm.h 头文件的 DECLARE_MESSAGE_MAP()前添加函数原型：

afx_msg void OnUpdateLeft(CCmdUI* pCmdUI);

afx_msg void OnUpdateRight(CCmdUI* pCmdUI);

在 MainFrm.cpp 实现文件中的 BEGIN_MESSAGE_MAP 和 END_MESSAGE_MAP 之间添加消息映射项：

ON_UPDATE_COMMAND_UI(ID_INDICATOR_LEFT, OnUpdateLeft)

ON_UPDATE_COMMAND_UI(ID_INDICATOR_RIGHT, OnUpdateRight)

接着添加消息处理函数的定义：

```cpp
void CMainFrame::OnUpdateLeft(CCmdUI* pCmdUI)
{
    pCmdUI->Enable(::GetKeyState(VK_LBUTTON) < 0);
}


void CMainFrame::OnUpdateRight(CCmdUI* pCmdUI)
{
    pCmdUI->Enable(::GetKeyState(VK_RBUTTON) < 0);
}
```

鼠标的左键和右键与键盘上的键一样具有虚拟键编码，当鼠标左键或右键按下时，GetKeyState 函数返回的值小于 0，使对应的窗格显示字符串表中指定的字符串。

(6) 利用 ClassWizard 在视图类 CStatusBarSample 中添加 WM_MOUSEMOVE 消息处理函数，在其中设置第 2 个窗格的文本，显示鼠标坐标。处理函数如下：

```cpp
void CStatusBarSampleView::OnMouseMove(UINT nFlags, CPoint point)
{
    CString str;
    //获取指向主框架窗口的指针
    CMainFrame* pFrame = (CMainFrame*) AfxGetApp()->m_pMainWnd;
```

```
CStatusBar* pStatus = &pFrame->m_wndStatusBar;
str.Format("(x,y)=(%d,%d)", point.x,point.y);
pStatus->SetPaneText(1, str);        //设置第 2 个窗格的文本，显示坐标
}
```

由于缺省时 m_wndStatusBar 的访问权限在 CMainFrame 类中定义成 protected，因此还需要将其访问权限更改为 public：

public:
  CStatusBar m_wndStatusBar;

最后，在文件 StatusBarsampleView.cpp 的顶部加入如下的包含命令：

```
#include "MainFrm.h"
```

(7) 在视图类 CStatusBarSampleView 的 OnDraw 函数中输出提示信息：

```
void CStatusBarSampleView::OnDraw(CDC* pDC)
{
    pDC->TextOut(0,0,"在视图窗口中移动鼠标、单击左右键，观察状态栏变化");
}
```

(8) 编译、链接和运行程序，程序运行结果如图 11-22 所示。

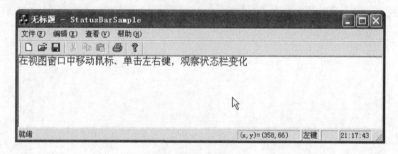

图 11-22　程序 StatusBarSample 的运行结果

习　题

1. 在 MFC 应用程序中创建菜单有哪几种方法？
2. 为例 11.1 增加一个"画笔"菜单，并添加"实线"、"虚线"和"点划线"三个菜单项，用于设置图形边界的样式。分别为每个菜单项添加命令处理函数和用户界面更新命令处理函数，当执行某个命令后禁用该命令，启用其它命令。
3. 在 MFC 应用程序中命令消息按什么路径传递？若在不同类中对同一个菜单项映射了命令处理函数，则会产生什么结果？
4. 为例 11.1 的菜单项"自定义"添加快捷键。
5. 如何创建快捷菜单？一般应在什么消息的处理函数中弹出快捷菜单？
6. 在 MFC 应用程序中如何为编程创建的菜单添加命令消息处理函数？
7. 在 MFC 应用程序中如何创建新的菜单资源，并将创建的菜单资源用作程序的菜单？
8. 在应用程序 MyDraw 中创建一个新的工具栏，添加与习题 2 对应的按钮，用于设置

图形边框的样式。让新创建的工具栏停靠在框架窗口的右侧。

9. 在应用程序中如何隐藏／显示工具栏？
10. 给习题 8 创建的工具栏按钮上添加文字。
11. 在例 11.7 的程序 ToolBarSample 的工具栏上添加一个组合框，用于设置文本的字号。
12. 说明静态数组 indicators 的组成和功能，如何使用该数组？
13. 若状态栏只有一个用户定义的窗格(其指示符 ID 为 ID_TEXT_PANE)，应如何定义？如何实现当用户在视图窗口中双击鼠标时，在该窗格中显示"双击鼠标"？

第 12 章 文档/视图和单文档界面

MFC 应用程序的核心是文档/视图体系结构。在文档/视图应用程序中，应用程序的数据由文档类对象表示，而数据的视图由视图对象表示。文档和视图结合起来处理用户的输入并绘制结果数据的文字或图形表示。在 MFC 中，CDocument 类是文档对象的基类，CView 类是视图对象的基类，应用程序主窗口的操作功能在 MFC 的 CFrameWnd(对应 SDI)和 CMDIFrameWnd(对应 MDI)类中实现。应用程序主窗口主要用作视图、工具栏以及其它用户界面对象的容器。

文档和视图之间的关系是"一对多"的关系，即一个文档可以对应多个视图，以不同的方式显示数据，但一个视图只能和一个文档关联。

MFC 支持两种类型的文档/视图应用程序：单文档界面(SDI)应用程序和多文档界面(MDI)应用程序。SDI 只支持一次打开一个文档，MDI 允许应用程序同时打开两个及以上的文档，还支持给定文档的多个视图。

本章主要介绍单文档界面的文档/视图体系结构。

12.1 文档/视图体系结构基础

12.1.1 对象之间的关系

在由 AppWizard 生成的 SDI 文档/视图体系结构应用程序中，主要涉及到 4 个类及其对象，它们之间的关系如图 12-1 所示。

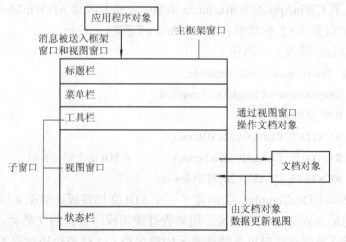

图 12-1 SDI 文档/视图体系结构

主框架窗口是应用程序的顶层窗口，通常是具有 WS_OVERLAPPEDWINDOW 样式的窗口，带有可缩放边框、标题栏、菜单栏、系统菜单以及最大化、最小化和关闭按钮。各种子窗口(包括工具栏、视图窗口和状态栏窗口)占据主框架窗口的客户区域。视图窗口是主框架窗口的子窗口，其大小根据框架窗口的大小而变化。应用程序的数据保存在文档对象中，数据的可视表示保存在视图对象中。用户通过视图对象窗口操作文档对象，改变文档中的数据，当文档中的数据发生变化时，要更新视图，使文档对象和视图对象保持同步。对于 SDI 应用程序，主框架窗口类是从 CFrameWnd 派生来的，文档类是从 CDoucument 派生来的，而视图类是从 CView 或相关类如 CScrollView 派生来的。

箭头表示了数据流动的方向。应用程序对象提供消息循环给框架窗口和视图窗口，用来提取消息。视图对象将鼠标和键盘输入转换为处理保存在文档中的数据的命令，文档对象提供了视图所需要的用来输出的数据。

文档/视图体系结构通过将数据封装在独立的文档对象中并为程序的输出提供视图对象，从而增强了模块化程序设计方法。因为在 SDI 文档/视图体系应用程序中，主框架窗口的客户区完全被视图遮盖，因此，一般不获取框架窗口客户区的设备环境并在其中绘制输出，而是绘制输出到视图中。

文档/视图体系结构并没有完全要求所有数据都属于文档对象，视图对象中也可以有自己的数据。按照文档/视图体系结构的一般处理方法，视图对象中不定义数据，在需要时从文档对象中获取。但这种方法并不总是方便和高效的，例如，在文本编辑程序中，往往在视图对象中缓存部分数据，以避免对文档对象的频繁访问，提高程序运行效率。

12.1.2 对象的创建

由 7.3.2 小节已经知道，MFC 应用程序中有且只有一个代表应用程序自身的应用程序对象，它被说明为全局的对象，在进入主函数之前就已经构造完成。因此，程序运行进入主函数后，就可以在由 MFC 定义的主函数 AfxWinMain 中获取该对象的指针，通过应用程序对象指针调用应用程序对象的成员函数。

由 AppWizard 生成的 SDI 应用程序框架(假定设置的项目名为 MySDI)的应用程序类中只是重载了基类 CWinApp 的 InitInstance 函数，它被主函数 AfxWinMain 调用，用来对应用程序进行初始化(见 7.3.2 小节中 AfxWinMain 的定义)。

在 InitInstance 函数中，语句

```
CSingleDocTemplate* pDocTemplate;
pDocTemplate = new CSingleDocTemplate(
    IDR_MAINFRAME,
    RUNTIME_CLASS(CMySDIDoc),
    RUNTIME_CLASS(CMainFrame),      // SDI 的主框架窗口
    RUNTIME_CLASS(CMySDIView));
```

由 MFC 的 CSingleDocTemplate 类创建了一个 SDI 文档模板。SDI 文档模板是 SDI 文档/视图应用程序的最主要部分。它表示了用来管理应用程序数据的文档类、包含数据输出视图的框架窗口类以及用来绘制可视数据表示的视图类。文档模板还保存了资源 ID，应用程序框架用它来加载菜单、加速键以及其它形成应用程序用户界面的资源。AppWizard 在它生

成的应用程序代码中使用了 IDR_MAINFRAME 的资源 ID。类名括号外的 RUNTIME_CLASS 宏对于所指定的类返回指向 CRuntimeClass 结构的指针,这就使得应用程序框架可以在运行时创建这些类的对象。这种动态创建机制是文档/视图体系结构的另一个重要的成分。

在文档模板创建以后,语句

AddDocTemplate(pDocTemplate);

将它添加到由应用程序对象保存的文档模板列表中。用此方法注册的每个文档模板都定义了一个应用程序支持的文档类型。SDI 应用程序只能注册一个文档类型,而 MDI 应用程序可以注册多个文档模板。

调用 AddDocTemplate 和文档模板的构造函数后,就建立了类之间的相互关系,这些类包括应用程序类、文档类、视图窗口类和主框架窗口类。当然,在构造模板之前,应用程序对象是存在的,但是,此时却没有构造文档、视图和框架对象。在以后需要的时候,应用程序框架会动态创建这些对象。SDI 应用程序框架中,5 个类之间的关系如图 12-2 所示。

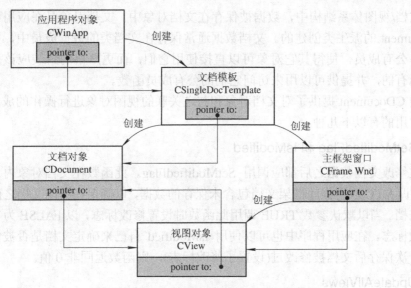

图 12-2 SDI 应用程序的 5 个类之间的关系

Windows 应用程序可以在命令行启动,启动应用程序时,除了程序名,还可以附加一个或几个参数,如运行 Word 时可以指定要打开文件的文件名。

语句

CCommandLineInfo cmdInfo;
ParseCommandLine(cmdInfo);

调用 CWinApp:: ParseCommandLine 函数解析命令行,并用命令行中的参数来初始化 CCommandLineInfo 对象,其中通常包含应用程序操作的文档文件名。语句

if (!ProcessShellCommand(cmdInfo))   return FALSE;

对命令行参数进行处理。函数 ProcessShellCommand 首先调用 CWinApp::OnFileNew,在调用 OnFileNew 时应用程序框架创建文档对象、主框架窗口对象和视图对象,并建立这些对象之间的连接(不要将这些对象连接与通过调用 AddDocTemplate 建立的类关系混淆)。如果

命令行参数中指定了文件名,则调用 CWinApp::OpenDocument 来加载此文档。如果初始化成功,则 ProcessShellCommand 返回 TRUE,否则返回 FALSE。如果初始化是成功的,则语句

  m_pMainWnd->ShowWindow(SW_SHOW);

  m_pMainWnd->UpdateWindow();

将在屏幕上显示应用程序的主框架窗口(通过扩展显示视图窗口)。

在应用程序被启动,文档、主框架窗口和视图被创建后,消息循环就开始工作了,应用程序也开始检索和处理消息。

12.2 文档对象和视图对象

12.2.1 文档对象

在文档/视图体系结构中,数据被保存在文档对象中。文档对象是在应用程序初始化时从 CDocument 的派生类创建的。文档数据通常保存在文档类的数据成员中,可以将数据成员声明为公有成员,使得其它对象可以直接使用它们,而更严格的封装应该是将文档数据声明为私有的,并提供可以用来访问它们的公有成员函数。

基类 CDocument 提供了对文档对象和与之关联的视图对象进行操作的成员函数,比较重要和常用的有以下几种。

1. SetModifiedFlag 和 IsModified

每次修改文档数据之后都应调用 SetModifiedFlag。此函数在文档对象内设置一个修改标志,告诉 MFC 应用程序框架文档包含未保存的数据,以确保在关闭文档之前框架提示用户保存文档。当以默认参数 TRUE 调用此函数时设置修改标志,以 FALSE 为参数调用时则清除修改标志。在应用程序中也可以使用 IsModified 自己来确定文档是否被修改过。如果在最近一次保存后文档被修改过(设置了修改标志),则函数返回非 0 值。

2. UpdateAllViews

在 MFC 应用程序中,一个文档对象可以有多个与之关联的视图对象。如果由于某种原因而使文档数据发生了改变,则必须通知所有与之关联的视图,以便它们更新显示的数据。函数 UpdateAllViews 命令所有与之关联的视图进行更新。实际上,UpdateAllViews 调用了每个视图的 OnUpdate 函数,其默认操作是使视图无效而实现重绘。在支持文档具有多个视图的应用程序中,当文档数据改变后,可以通过调用 UpdateAllViews 来使各视图保持同步。即使是单视图应用程序也可以调用 UpdateAllViews 来刷新基于当前保存在文档中数据的视图。

3. OnNewDocument

在首次构造文档对象(在应用程序启动)之后,或当用户从 SDI 应用程序的"文件"菜单中执行了"新建"命令时,应用程序框架会调用此函数。可以在此函数中对文档数据成员进行初始化。AppWizard 在派生的文档类中生成一个重载的 OnNewDocument 函数。在重载此函数时,应确保保留对基类函数的调用。

在 SDI 应用程序中，文档、主框架窗口和视图对象都只创建一次，并在程序的整个运行过程中都存在。因此，文档类的构造函数也只执行一次初始化。如果在新建文档时想要对派生文档类包含的数据成员进行重新初始化，则应在 OnNewDocument 中进行。因此，OnNewDocument 是进行文档数据成员初始化最好的地方。

4. OnOpenDocument

当执行"文件"菜单下的"打开"命令时，应用程序框架调用此函数。其缺省实现是打开指定的文件，调用 DeleteContents 函数清空文档对象，然后调用 CObject::Serialize 读取文件内容并将文档标明为未修改。当打开一个文档时使用 DeleteContents 删除文档对象的内容比实际关闭并销毁文档对象，再重新创建一个文档对象更有效。

5. DeleteContents

在 SDI 应用程序中，文档对象只创建一次，因此，在新文档被创建或从磁盘文件打开现有文档时，必须以某种方式删除现存文档对象中的内容，完成此工作的最好方法是调用 DeleteContents 函数。此函数由应用程序框架调用来删除文档数据而不删除文档对象本身。在对"文件"→"新建"和"文件"→"打开"菜单命令的响应中，CDocument 的 OnNewDocument 和 OnOpenDocument 函数都调用 DeleteContents 函数。这意味着，在第一次构造文档对象之后，会立即调用该函数。

此函数的缺省实现是什么都不做，因此，应在派生的文档类中重载此函数，以采取必要的步骤来清空文档类的数据成员。在关闭文档时，会再次调用 DeleteContents，因此，可以利用重载的 DeleteContents 函数来释放分配给文档的任何资源，还可以执行其它必要的清理工作，为重新使用文档对象作准备。

除了被应用程序框架自动调用外，DeleteContents 函数也可以由程序员调用来完成清除文档的内容。例如，可以调用此函数来实现"Edit"→"Clear All"或类似命令：

```
void CMySDIDoc::OnEditClearAll()
{
    DeleteContents();
    UpdateAllViews(NULL);
}
void CMySDIDoc::DeleteContents()
{
    //在这里重新初始化文档对象的数据
}
```

上述 3.4.5 中介绍的函数是 CDocument 提供的可重载的虚函数，可以在应用程序中进行重载来自定义文档的功能。

12.2.2 视图对象

文档对象的任务是管理应用程序的数据，视图对象的作用是提供文档数据的可视化表示，以及将用户的输入(特别是鼠标和键盘消息)转换为操作文档数据的命令。这样，文档和视图就被紧紧地联系在了一起，信息在它们之间双向传递。

MFC 的 CView 类定义了视图的基本属性。MFC 还包含一组从 CView 派生来的视图类，用来给视图添加功能。例如，CScrollView 给视图窗口添加滚动功能。

视图类 CView 提供了一些文档—视图相互作用的成员函数和用于输出数据的函数。

1. GetDocument

一个文档可以具有与它关联的多个视图，但一个视图对象只有一个与之关联的文档对象。应用程序框架在视图的 m_pDocument 数据成员中保存了指向与之关联的文档对象的指针，并将该指针提供给视图对象的 GetDocument 成员函数使用。视图对象通过 GetDocument 函数可以得到与之关联的文档对象的指针，利用该指针就可以访问文档对象的公有数据成员和成员函数。当利用 AppWizard 创建 SDI 应用程序 MySDI 时，生成了视图类的一个派生类，并重载了基类的 GetDocument 函数：

```
CMySDIDoc* CMySDIView::GetDocument() // non-debug version is inline
{
    ASSERT(m_pDocument->IsKindOf(RUNTIME_CLASS(CMySDIDoc)));
    return (CMySDIDoc*)m_pDocument;
}
```

该函数将 m_pDocument 强制转换为与派生视图类关联的文档类型并返回结果。这种重载就确保了对文档对象访问的安全性，并消除了每次调用 GetDocument 时进行外部强制类型转换的必要。

2. 虚函数 OnDraw

OnDraw 是 CView 类的一个纯虚函数，被应用程序框架调用，用于绘制文档的数据视图。在派生视图类中必须重载此函数。应用程序框架通过传递给此函数不同的设备环境来完成屏幕显示、打印和打印预览。每次在视图接收到 WM_PAINT 消息时便调用此函数。在文档/视图应用程序中，WM_PAINT 消息由 OnPaint 处理函数处理。在 CView 类中，OnPaint 的定义如下：

```
void CView::OnPaint()
{
    // standard paint routine
    CPaintDC dc(this);
    OnPrepareDC(&dc);
    OnDraw(&dc);
}
```

该函数首先创建 CPaintDC 对象，并用指向 CPaintDC 对象的指针来调用视图的 OnDraw。CPaintDC 是指向屏幕设备环境的对象，因此，此时的输出是输出到屏幕的窗口中。在打印文档时，应用程序框架会通过传递一个指向打印机设备环境的指针来调用相同的 OnDraw。由于 Windows GDI 是与设备无关的图形系统，如果用户使用了两种不同的设备环境，那么相同的程序可以在不同的设备上产生相同的输出。MFC 利用这个特点使得对文档的打印方便了许多。

3. 虚函数 OnUpdate

当应用程序调用 CDocument::UpdateAllViews 函数时将调用 OnUpdate。当然，也可以在派生的视图类中直接调用该函数。该函数的缺省实现是调用 Invalidate 函数而使整个客户区无效，从而导致重绘。在派生视图类中重载该函数可以只使视图的一部分无效，导致只需重绘视图中需要更新的部分而不是重绘整个视图。

4. 虚函数 OnInitialUpdate

在 SDI 应用程序中，视图与文档对象一样只构造一次，然后可以重复使用。在应用程序启动，或者创建新文档(执行"文件"→"新建"菜单命令)，或者打开文档(执行"文件"→"打开"命令)时，应用程序框架都要调用此函数。OnInitialUpdate 的缺省实现只是调用了 OnUpdate 函数。

当应用程序启动时，应用程序框架在调用 OnCreate 之后立即调用 OnInitialUpdate。OnCreate 函数在整个程序运行中只调用一次，而 OnInitialUpdate 可以调用很多次。因此，可以在派生视图类中重载此函数来初始化视图对象。例如，在 CScrollView 的派生类中，通常在 OnInitialUpdate 中设置映射模式和调用视图的 SetScrollsizes 以初始化滚动视图。

5. 虚函数 OnPrepareDC

在应用程序的视图类中可以重载此函数来设置设备环境的属性。在屏幕显示调用 OnDraw 之前或为打印或打印预览而调用 OnPrint 成员函数之前，应用程序框架调用该函数(参见本节中 OnPaint 的定义)。如果是为屏幕显示输出调用该函数，则这个函数的缺省实现不做任何操作。但是，这个函数在派生类中(例如在 CScrollView 类中)将被重载，以调整设备环境的属性。在重载此函数时，应该在重载代码的开始调用基类的实现。

如果在视图的 OnDraw 函数之外绘制输出，则要自己调用 OnPrepareDC，让 MFC 在输出中考虑映射模式和滚动位置的影响。即在屏幕输出时，只有执行 OnDraw 时，才会自动调用 OnPrepareDC。

【例 12.1】 编写一个单文档界面应用程序，它显示一个具有 4 行 4 列的正方形网格。开始时每个正方形都是白色，可以用鼠标单击来改变其颜色。默认时，单击会将颜色改为红色。可以从"颜色"菜单中选择单击时设置的颜色。程序运行结果如图 12-3 所示。

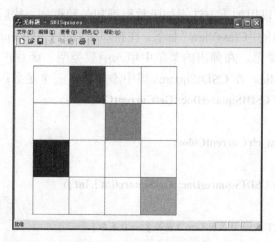

图 12-3　例 12.1 运行结果

程序创建和编程过程如下：

(1) 利用 AppWizard 创建一个单文档界面应用程序，项目名设置为 SDISquares。

(2) 在文档类 CSDISquaresDoc 中添加数据成员用于保存应用程序的数据：

protected:
  COLORREF m_clrCurrentColor;
  COLORREF m_clrGrid[4][4];

二维数组 m_clrGrid 用于保存每个方格的颜色，数据成员 m_clrCurrentColor 用于保存方格被单击时赋给方格的颜色。

(3) 在文档类 CSDISquaresDoc 的 OnNewDocument 函数中对数据成员进行初始化：

```
BOOL CSDISquaresDoc::OnNewDocument()
{
    if (!CDocument::OnNewDocument())
        return FALSE;
    for (int i=0; i<4; i++)
        for (int j=0; j<4; j++)
            m_clrGrid[i][j] = RGB (255, 255, 255);
    m_clrCurrentColor = RGB (255, 0, 0);
    return TRUE;
}
```

网格中的 16 个方格被初始化为白色，当前颜色被初始化为红色。由于 SDI 应用程序中的文档对象只构造一次并在新建文档和打开文档时被反复使用，因此，对数据成员的初始化应在 OnNewDocument 中而不是在构造函数中进行，以确保在新建文档时可以被重新初始化。如果在文档的构造函数中对它们进行初始化，则它们只能在应用程序启动时初始化一次，并且会在新建文档时保留当前值。

(4) 由于文档类中的数据成员被指定为 protected 访问权限，为了将数据提供给视图，必须在文档类中定义相应的公有成员函数用于获取数据和对其进行设置，因此，在文档类中定义了三个公有成员函数。可以手工在文档类的头文件中定义函数原型，并在实现文件中编写函数体。也可以用如下方法添加函数原型和函数框架，然后在函数框架内添加代码。单击项目工作区窗口的"ClassView"标签，在窗口中右击 CSDISquaresDoc 类名，选择"Add Member Function"菜单，在弹出的菜单中填入函数类型、函数声明(包括参数及其类型)并选择访问权限为 Public。在 CSDISquares 类中添加如下三个函数：

```
COLORREF CSDISquaresDoc::GetCurrentColor()
{
    return m_clrCurrentColor;
}
COLORREF CSDISquaresDoc::GetSquare(int i, int j)
{
    ASSERT (i >= 0 && i <= 3 && j >= 0 && j <= 3);
    return m_clrGrid[i][j];
```

```
}
void CSDISquaresDoc::SetSquare(int i, int j, COLORREF color)
{
    ASSERT (i >= 0 && i <= 3 && j >= 0 && j <= 3);
    m_clrGrid[i][j] = color;            //设置方格的颜色
    SetModifiedFlag (TRUE);             //设置修改标志
    UpdateAllViews (NULL);              //更新与文档关联的所有视图
}
```

GetCurrentColor、GetSquare 和 SetSquare 作为文档和视图之间的桥梁，视图对象通过它们可以访问文档的保护成员。

(5) 实现视图类 CSDISquaresView 的 OnDraw 函数，在视图窗口中绘制网格，并根据文档类中保存的方格颜色来设置方格的颜色。

```
void CSDISquaresView::OnDraw(CDC* pDC)
{
    CSDISquaresDoc* pDoc = GetDocument();
    ASSERT_VALID(pDoc);
    pDC->SetMapMode (MM_LOENGLISH);     //设置映射模式
    // 绘制 16 个方格
    for (int i=0; i<4; i++) {
        for (int j=0; j<4; j++) {
            COLORREF color = pDoc->GetSquare (i, j);   //获取方格的颜色
            CBrush brush (color);
            int x1 = (j * 100) + 50;
            int y1 = (i * -100) - 50;
            int x2 = x1 + 100;
            int y2 = y1 - 100;
            CRect rect (x1, y1, x2, y2);
            pDC->FillRect (rect, &brush);              //用指定颜色填充方格
        }
    }
    //绘制方格周围的网格线
    for (int x=50; x<=450; x+=100) {
        pDC->MoveTo (x, -50);
        pDC->LineTo (x, -450);
    }
    for (int y=-50; y>=-450; y-=100) {
        pDC->MoveTo (50, y);
        pDC->LineTo (450, y);
    }
```

}

(6) 利用 ClassWizard 在视图类 CSDISquaresView 中添加消息 WM_LBUTTONDOWN 的处理函数。

```
void CSDISquaresView::OnLButtonDown(UINT nFlags, CPoint point)
{
    CView::OnLButtonDown(nFlags, point);
    CClientDC dc (this);
    dc.SetMapMode (MM_LOENGLISH);
    CPoint pos = point;
    dc.DPtoLP (&pos);        //将鼠标单击时的坐标转换为逻辑坐标值
    //检查鼠标单击的方格,并将此方格的颜色设置为文档中保存的当前颜色
    if (pos.x >= 50 && pos.x <= 450 && pos.y <= -50 && pos.y >= -450) {
        int i = (-pos.y - 50) / 100;
        int j = (pos.x - 50) / 100;
        CSDISquaresDoc* pDoc = GetDocument ();
        COLORREF clrCurrentColor = pDoc->GetCurrentColor ();
        pDoc->SetSquare (i, j, clrCurrentColor);
    }
}
```

(7) 利用菜单编辑器编辑和添加菜单。在"编辑"菜单下添加"清除所有方格"菜单项,用于清除所有方格内的颜色,重新设置为白色。添加"颜色"菜单,用于设置单击方格时的颜色。编辑的菜单如图 12-4 所示。各菜单项的属性设置如表 12-1 所示。

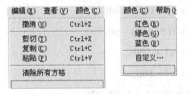

"编辑"菜单   "颜色菜单"

图 12-4　添加的菜单和菜单项

表 12-1　菜单项的属性设置

ID	标题(Caption)
ID_EDIT_CLEARALL	清除所有方格
ID_COLOR_RED	红色(&R)
ID_COLOR_GREEN	绿色(&G)
ID_COLOR_BLUE	蓝色(&B)
ID_COLOR_CUSTOM	自定义…

(8) 利用 ClassWizard 在派生视图类中重载 DeleteContents 函数,用于清除所有方格内的颜色。

```cpp
void CSDISquaresDoc::DeleteContents()
{
    for (int i=0; i<4; i++)
        for (int j=0; j<4; j++)
            m_clrGrid[i][j] = RGB (255, 255, 255);
    CDocument::DeleteContents();
}
```

(9) 利用 ClassWizard 为添加的菜单项添加命令消息处理函数和用户界面更新命令处理函数。由于这些函数都是针对文档数据的操作，因此将这些菜单命令的消息处理函数添加在文档类中。

```cpp
void CSDISquaresDoc::OnEditClearall()
{
    DeleteContents();
    UpdateAllViews(NULL);
}
void CSDISquaresDoc::OnUpdateEditClearall(CCmdUI* pCmdUI)
{
    BOOL ColorFlag=FALSE;
    for (int i=0; i<4; i++)
        for (int j=0; j<4; j++)
            if (m_clrGrid[i][j]!=RGB(255,255,255))
                ColorFlag=ColorFlag||TRUE;
    pCmdUI->Enable(ColorFlag==TRUE);
}
void CSDISquaresDoc::OnColorRed()
{
    m_clrCurrentColor = RGB (255, 0, 0);
}
void CSDISquaresDoc::OnUpdateColorRed(CCmdUI* pCmdUI)
{
    pCmdUI->SetRadio (m_clrCurrentColor == RGB (255, 0, 0));
}
void CSDISquaresDoc::OnColorGreen()
{
    m_clrCurrentColor = RGB (0, 255, 0);
}
void CSDISquaresDoc::OnUpdateColorGreen(CCmdUI* pCmdUI)
{
    pCmdUI->SetRadio (m_clrCurrentColor == RGB (0, 255, 0));
```

```
    }
    void CSDISquaresDoc::OnColorBlue()
    {
        m_clrCurrentColor = RGB (0, 0, 255);
    }
    void CSDISquaresDoc::OnUpdateColorBlue(CCmdUI* pCmdUI)
    {
        pCmdUI->SetRadio (m_clrCurrentColor == RGB (0, 0, 255));
    }
    void CSDISquaresDoc::OnColorCustom()
    {
        CColorDialog clrDlg;
        clrDlg.DoModal();
        m_clrCurrentColor=clrDlg.GetColor();
    }
```

(10) 编译、链接和运行应用程序。测试各菜单的功能和鼠标单击，同时测试新建文档和关闭应用程序的功能。程序运行结果如图 12-3 所示。

12.3 文档的序列化

一般的应用程序都需要将程序中处理的数据保存到文件中或从文件中读取需要处理的数据。文件的输入和输出服务是所有操作系统的主要工作。Windows 系统提供了各种 API 函数用于文件的读/写和操作。在 MFC 中，对文件的读/写可以利用 CFile 类以及其派生类来完成。虽然可以直接使用 CFile 类来实现文件的读/写，但在大部分的 MFC 应用程序中并不直接使用 CFile 对象，而是使用序列化的方法将应用程序的数据保存在磁盘上或从磁盘上读取需要的数据。

12.3.1 序列化

序列化(Serialization)也称为串行化，是向永久的存储介质(比如磁盘)中写入对象或从存储介质中载入对象的过程。其基本思想是：对象是连续的，一个对象应该能够将自身的状态(通常由数据成员的值代表)保存到磁盘上，然后对象随时可以通过从磁盘中读取对象的状态数据来再次创建并恢复该对象。

序列化是 MFC 编程中的一个重要概念，因为在文档/视图体系结构应用程序中，打开并保存文档是 MFC 的基本功能。MFC 在 CObject 类中提供了对序列化的支持，所有从 CObject 类派生或间接派生而来的类都带有序列化的功能，如 CDocument 类。这些类都从 CObject 类继承了一个 Serialize 函数，对象的序列化就通过这个函数进行。由于不同对象的状态不同，为了将自身的状态写入磁盘或从磁盘读取状态值，这些派生类应该重载 Serialize 函数，使对象支持对自身特定数据的序列化。

对于 MFC 类库来说，磁盘文件是通过 CFile 类的对象来表示的，CFile 对象封装了二进制文件句柄。如果应用程序没有进行直接的磁盘文件输入/输出，而是通过了序列化过程，就可以不直接使用 CFile 对象。在 Serialize 函数和 CFile 对象之间，有一个 CArchive 类的对象，如图 12-5 所示。

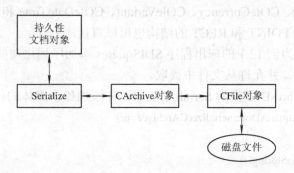

图 12-5　序列化过程

　　CArchive 对象为 CFile 对象缓冲数据并保持一个内部标志，该标志用来指明 CArchive 对象是要存储(写到磁盘)还是要加载(从磁盘读取)。在任何时刻，只能有一个活动的 CArchive 对象与文件相连。应用程序框架负责 CFile 和 CArchive 对象的构造，为 CFile 对象打开相应的磁盘文件，并将 CArchive 对象与 CFile 对象关联。我们要做的是在 Serialize 函数中将数据存到 CArchive 对象中，或从 CArchive 对象中取出。在执行"文件"→"保存"和"文件"→"打开"菜单命令时，应用程序框架调用文档的 Serialize 函数。

12.3.2　编写 Serialize 函数

　　MFC AppWizard 生成的应用程序框架的文档类中重载了 Serialize 函数，它具有如下的形式：

```
void CSDISquaresDoc::Serialize(CArchive& ar)
{
    if (ar.IsStoring())
    {
        // TODO: add storing code here
    }
    else
    {
        // TODO: add loading code here
    }
}
```

　　Serialize 函数使用 CArchive 的引用作为参数。CArchive::IsStoring 成员函数用来检索 CArchive 对象的内部标志，如果 CArchive 对象被用于存储数据，则返回非 0 值，如果返回 0，则 CArchive 对象是用于读取数据。

　　在 Serialize 函数中，可以使用 CArchive 类中重载的插入运算符(<<)和提取运算符(>>)

执行数据的读/写操作。插入和提取运算符支持对基本数据类型直接进行读/写操作，基本数据类型包括 BYTE、WORD、DWORD、long、float、double、int、unsigned int、short 和 char。除了可以直接支持这些基本数据类型外，MFC 还重载了<<和>>运算符，以便直接序列化像 CString 等非基本数据类型，这些非基本数据类型包括 CString、CPoint、CSize、CTime、CTimeSpan、CRect、COleCurrency、COleVariant、COleDateTime 和 COleDateTimeSpan。另外，类型为 SIZE、POINT 和 RECT 的结构也可以直接序列化。

【例 12.2】 为例 12.1 的应用程序 SDISquares 添加序列化功能，将各方格的颜色以及当前颜色存入文件，并允许从文件中读取。

打开 CSDISquaresDoc 类的 Serialize 函数，并添加如下黑体的代码：

```
void CSDISquaresDoc::Serialize(CArchive& ar)
{
    if (ar.IsStoring())
    {
        for (int i=0; i<4; i++)
            for (int j=0; j<4; j++)
                ar << m_clrGrid[i][j];
        ar << m_clrCurrentColor;
    }
    else
    {
        for (int i=0; i<4; i++)
            for (int j=0; j<4; j++)
                ar >> m_clrGrid[i][j];
        ar >> m_clrCurrentColor;
    }
}
```

12.3.3 编写可序列化类

在 MFC 中，可以创建自己的可序列化的类，使其对象具有将自身进行序列化的能力。编写一个具有序列化功能的类，可以按以下 5 个步骤进行。

1. 直接或间接从 CObject 类派生出新的类

CObject 类是 MFC 类库中大多数类的基类，它定义了序列化的基本协议和功能。因此如果新类是从 CObject 类或其派生类派生出来的，则新类就自动获得了序列化的功能。

2. 重载 Serialize 成员函数

Serialize 成员函数在 CObject 类中定义，它负责对对象的当前状态(即数据成员的值)进行实际的序列化。该函数有一个 CArchive 对象的引用作为参数，通过此参数可进行对象数据的读/写。CArchive 对象的成员函数 IsStoring 用来指示序列化过程是存储(写数据)还是加载(读取数据)，根据 IsStoring 函数的返回值，可以利用插入运算符(<<)将对象数据输出到

CArchive 对象中，或者用提取运算符(>>)从 CArchive 对象中提取数据。

例如，如下的类从 CObject 类派生，它有两个数据成员，重载 Serialize 函数可实现对数据成员的序列化。

```
class CPerson : public CObject
{
public:
    DECLARE_SERIAL( CPerson )
    CPerson(){};                              //缺省构造函数，是必需的
    CString   m_name;
    WORD      m_number;
    void Serialize( CArchive& archive );      //重载的 Serialize 函数
    //类的其它声明
};
void CPerson::Serialize( CArchive& archive )
{
    CObject::Serialize( archive );            //先调用基类的成员函数
    //对派生类中新增数据成员的序列化
    if( archive.IsStoring() )
        archive << m_name << m_number;
    else
        archive >> m_name >> m_number;
}
```

在重载的 Serialize 函数中，应先调用基类的 Serialize 成员函数以确保对从基类继承来的成员的序列化。如果要进行大量无类型数据的读/写，还可以使用 CArchive::Read 和 CArchive::Write 成员函数。

在 Serialize 函数中，对于基本数据类型的数据成员以及 CArchive 的插入运算符和提取运算符支持的 MFC 类的对象成员的序列化，直接使用<<和>>运算符。如果类中包含有从 CObject 类直接或间接派生出来的派生类的对象成员，并且该对象具有自己的 Serialize 成员函数，则对这种对象成员的序列化应直接调用其 Serialize 函数。假设 CPerson 类中包含有自定义类(从 CObject 类派生)CTranscript 的对象成员：

```
public:
    CTranscript m_transcript;
```

则 CPerson 类的 Serialize 函数应为如下形式：

```
void CPerson::Serialize( CArchive& archive )
{
    CObject::Serialize( archive );
    if( archive.IsStoring() )
        archive << m_name << m_number;
    else
```

```
        archive >> m_name >> m_number;
        m_transcript.Serialize(archive);
}
```

如果类 CPerson 中包含有自定义类 CTranscript 的指针数据成员，并且在 CPerson 类的构造函数或其它地方已经构造了一个此指针指向的对象，则可以通过指针调用其 Serialize 函数进行序列化。但如果没有为此指针构造指向的对象，则应直接使用<<和>>进行序列化。

例如，假设类 CPerson 中有如下的指针数据成员，并且没有为此指针构造指向的对象：

```
    public:
        CTranscript *m_pTranscript;
```

则 CPerson 类的 Serialize 函数应为如下形式：

```
    void CPerson::Serialize( CArchive& archive )
    {
        CObject::Serialize( archive );
        if( archive.IsStoring() )
            archive << m_name << m_number<<m_pTranscript;
        else
            archive >> m_name >> m_number>> m_pTranscript;
        m_transcript.Serialize(archive);
    }
```

3. 在类定义中加入 DECLARE_SERIAL 宏

DECLARE_SERIAL 宏是支持序列化功能的类的定义所必需的，其使用格式为：

```
    DECLARE_SERIAL( class_name )
```

它需要实际类的类名作为参数。

4. 为类定义一个缺省的构造函数(该函数没有参数)

在序列化载入(从磁盘读取数据)过程中，MFC 需要一个缺省的构造函数重建对象，并向对象中填入所有的成员变量的值。缺省构造函数可以声明为 public、protected 或 private 的访问权限。如果声明为 protected 或 private 的，则此构造函数只能被序列化过程使用。

如果在使用了 DECLARE_SERIAL 和 IMPLEMENT_SERIAL 宏的类中没有定义缺省构造函数，那么编译时在使用 IMPLEMENT_SERIAL 宏的代码行上会出现警告信息"no default constructor available"。

5. 在类的实现中加入 IMPLEMENT_SERIAL 宏

IMPLEMENT_SERIAL 宏的使用格式如下：

```
    IMPLEMENT_SERIAL( class_name, base_class_name, wSchema )
```

其中，参数"class_name"为类名；"base_class_name"为基类名；参数"wSchema"是给序列化文档指定的"版本号"，用于序列化加载时标识和处理早期程序版本创建的数据。MFC 的序列化代码在从文件中读入对象数据时检测"版本号"，如果与当前对象的"版本号"不符，则产生出错信息，以防止读入版本号不正确的数据。

如果想让 Serialize 函数能够读取多个版本号的对象，可以使用 VERSIONABLE_SCHEMA 作为 IMPLEMENT_SERIAL 宏的第三个参数。

在类中使用了 DECLARE_SERIAL 和 IMPLEMENT_SERIAL 宏后，不用也不能再使用 DECLARE_DYNAMIC 和 IMPLEMENT_DYNAMIC 宏或 DECLARE_DYNCREATE 和 IMPLEMENT_DYNCREATE 宏，因为前者包含了后两对宏的全部功能。

【例 12.3】 编写一个 SDI 应用程序，可以用鼠标在视图窗口中画线，并能将所画的线条保存。

程序创建和编程过程如下：

(1) 利用 AppWizard 创建一个 SDI 应用程序框架，项目名设置为 DrawLines。

(2) 为线段定义一个新类 CLine，在其中完成画线并保存线段起点和终点。执行"Insert"→"New Class"菜单命令，弹出"New Class"对话框。在"Class type"栏中选择"Generic Class"，在"Name"框中输入类名 CLine，单击"Derived From"下的空白行，输入类 CLine 的基类 CObject，单击"OK"按钮，则自动生成类 CLine 的头文件 Line.h 和实现文件 Line.cpp。

(3) 编辑类 CLine，在其中添加相应的数据成员和成员函数。完成的类如下所示：

```
//Line.h
class CLine : public CObject
{
private:
    CPoint m_ptFrom;
    CPoint m_ptTo;
public:
    CLine(){ }                          //缺省构造函数，序列化时必需的
    CLine(CPoint ptFrom,CPoint ptTo);
    virtual ~CLine(){ }
    void DrawLine(CDC *pDC);            //画线
    void Serialize(CArchive &ar);       //重载的 Serialize 函数，保存或读取线段端点
    DECLARE_SERIAL(CLine)               //类定义中添加的宏
};
//Line.cpp
//类的实现中添加的宏
IMPLEMENT_SERIAL(CLine,CObject,VERSIONABLE_SCHEMA)
CLine::CLine(CPoint ptFrom,CPoint ptTo)
{
    m_ptFrom=ptFrom;
    m_ptTo=ptTo;
}
void CLine::DrawLine(CDC *pDC)
{
    pDC->MoveTo(m_ptFrom);
```

```
        pDC->LineTo(m_ptTo);
    }
    void CLine::Serialize(CArchive &ar)
    {
        CObject::Serialize(ar);                    //调用基类的 Serialize 函数
        if (ar.IsStoring())
            ar<<m_ptFrom<<m_ptTo;
        else
            ar>>m_ptFrom>>m_ptTo;
    }
```

(4) 在文档类中添加保存线段的数组。可以自己定义 CLine 类的数组用于保存线段。MFC 提供了实现动态数组的类模板。类 CObArray 从 CObject 类派生，支持 CObject 指针数组，这些对象数组类似 C 语言的数组，但在需要时可以动态增大和缩小。CObArray 引入了 IMPLEMENT_SERIAL 宏，以支持其元素的序列化。对 CObject 指针数组的序列化可以使用运算符<<和>>，也可以使用 Serialize 成员函数。

在文档类 CDrawLinesDoc 的头文件 DrawLinesDoc.h 中添加如下的数据成员和成员函数，并包含定义类 CLine 的头文件和使用 MFC 模板类时需要的头文件：

```
    #include "line.h"
    #include "afxtempl.h"                          //使用 MFC 类模板
    class CDrawLinesDoc : public CDocument
    {
    ⋮
    public:
        CLine* GetLine(int nIndex);                //获取指定序号 CLine 对象的指针
        void AddLine(CPoint ptFrom,CPoint ptTo);   //向动态数组添加 CLine 对象指针
        int GetLinesNum();                         //获取线段的数量
    protected:
        //定义存放线段的动态数组
        CTypedPtrArray<CObArray,CLine*>m_LineArray;
    ⋮
    };
```

数组类模板的定义如下：

```
        template< class BASE_CLASS, class TYPE >
        class CTypedPtrArray : public BASE_CLASS
```

其中，参数"BASE_CLASS"指定基类，必须是 CObArray 或 CptrArray；参数"TYPE"指定存储在基类数组中元素的类型。本例中，这两个参数分别指定为 CObArray 和 CLine*，表示 m_LineArray 是 CObArray 的派生类的数组对象，用来存放 CLine 对象的指针。在使用 MFC 类模板时必须包含 MFC 头文件 afxtempl.h。

在文档类的实现文件中编写添加的成员函数：
```
CLine* CDrawLinesDoc::GetLine(int nIndex)
{
    if (nIndex<0 || nIndex>m_LineArray.GetUpperBound())   //判断是否越界
        return NULL;
    return m_LineArray.GetAt(nIndex);                     //返回指定序号的线段
}
void CDrawLinesDoc::AddLine(CPoint ptFrom,CPoint ptTo)
{
    CLine *pLine=new CLine(ptFrom,ptTo);                  //创建 CLine 对象
    m_LineArray.Add(pLine);                               //将该线段添加到动态数组
    SetModifiedFlag();                                    //设置文档修改标志
}
int CDrawLinesDoc:: int GetLinesNum();
{
    return m_LineArray.GetSize();                         //返回线段的数量
}
```

(5) 当在视图窗口中按下鼠标左键时开始画线，鼠标左键抬起时完成线段的绘制，在鼠标移动的过程中画橡皮筋线。因此需要记录画线的起点和终点并设置画橡皮筋线的跟踪标志。画橡皮筋线时，需要将原来的线条删除，重新画一条从起点到当前鼠标指针坐标的线条，最简单的办法是使用 R2_NOT 绘图模式反转线条。

在视图类 CDrawLinesView 中添加如下的数据成员和成员函数：
```
protected:
    BOOL m_bTracking;          //跟踪标志，画橡皮筋线时为 TRUE
    CPoint m_ptFrom;           //画橡皮筋线的起点
    CPoint m_ptTo;             //画橡皮筋线的终点
    void InvertLine (CDC* pDC, CPoint ptFrom, CPoint ptTo);
```

在视图类 CDrawLinesView 的实现文件中编写函数 InvertLine：
```
void CDrawLinesView::InvertLine (CDC* pDC, CPoint ptFrom, CPoint ptTo)
{
    //在绘图模式 R2_NOT 下画橡皮筋线时反转画线的像素
    int nOldMode = pDC->SetROP2 (R2_NOT);
    pDC->MoveTo (ptFrom);
    pDC->LineTo (ptTo);
    pDC->SetROP2 (nOldMode);
}
```

利用 ClassWizard 在视图类中添加鼠标消息 WM_LBUTTONDOWN、WM_MOUSEMOVE 和 WM_LBUTTONUP 的处理函数并添加如下黑体代码：

```cpp
void CDrawLinesView::OnLButtonDown(UINT nFlags, CPoint point)
{
    m_ptFrom = point;              //画线的起点
    m_ptTo = point;                //画线的终点,开始时起点和终点相同
    m_bTracking = TRUE;            //设置跟踪标志
}

void CDrawLinesView::OnMouseMove(UINT nFlags, CPoint point)
{
    //如果跟踪标志为TRUE(即线条为橡皮筋线),则当鼠标移动时
    //擦除原来的橡皮筋线条,重画新的
    if (m_bTracking) {
        CClientDC dc (this);
        InvertLine (&dc, m_ptFrom, m_ptTo);    //删除原来的橡皮筋线
        InvertLine (&dc, m_ptFrom, point);     //重新绘制到新终点的橡皮筋线
        m_ptTo = point;                        //更新终点坐标
    }
}

void CDrawLinesView::OnLButtonUp(UINT nFlags, CPoint point)
{
    //当画橡皮筋线时若释放鼠标左键,则擦除最后的橡皮筋线而画一条最终的线段
    if (m_bTracking) {
        m_bTracking = FALSE;
        CClientDC dc (this);
        InvertLine (&dc, m_ptFrom, m_ptTo);    //擦除橡皮筋线
        dc.MoveTo (m_ptFrom);
        dc.LineTo (point);                     //绘制最终的线段
    }
    CDrawLinesDoc *pDoc=GetDocument();
    ASSERT_VALID(pDoc);                        //测试文档对象是否运行有效
    pDoc->AddLine(m_ptFrom,point);             //将线段添加到文档的线段数组中
}
```

(6) 为了在改变窗口大小或最小化后重新打开窗口,或在被覆盖后重新显示时保留原有的图形,必须在 OnDraw 函数中重新绘制文档中线段数组中的线段。

```cpp
void CDrawLinesView::OnDraw(CDC* pDC)
{
    CDrawLinesDoc* pDoc = GetDocument();
    ASSERT_VALID(pDoc);
    int nIndex=pDoc->GetLinesNum();            //获取线段数目
    while(nIndex--)
```

```
            pDoc->GetLine(nIndex)->DrawLine(pDC);          //画线
    }
```

(7) 在定义类 CLine 时实现了类的序列化，但只是一条线段的序列化，还必须保存文档类的数据。编写文档类 CDrawLinesDoc 的 Serialize 函数，完成对线段数组的序列化。

```
void CDrawLinesDoc::Serialize(CArchive& ar)
{
    if (ar.IsStoring())
    {
        m_LineArray.Serialize(ar);
    }
    else
    {
        m_LineArray.Serialize(ar);
    }
}
```

(8) 当执行"文件"→"新建"命令或"文件"→"打开"命令时，需要以某种方式清空文档对象，因此在文档类中重载 DeleteContents 函数。

```
void CDrawLinesDoc::DeleteContents()
{
    int nIndex=GetLinesNum();                    //获取数组中线段的数目
    while (nIndex--)
        delete m_LineArray.GetAt(nIndex);        //删除线段
    m_LineArray.RemoveAll();                     //释放指针数组
    CDocument::DeleteContents();
}
```

(9) 编译、链接和运行程序，用鼠标在视图窗口中画线并测试保存、新建、打开等命令。程序运行结果如图 12-6 所示。

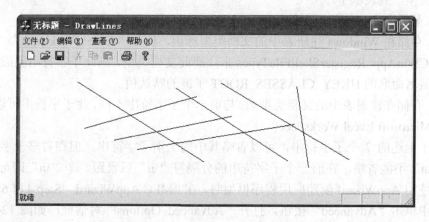

图 12-6 程序 DrawLines 的运行结果

12.4 文档模板资源

在 12.1.2 小节已经看到 SDI 应用程序初始化时首先创建了 CSingleDocTemplate 的文档模板对象，并建立了各个类之间的联系。CSingleDocTemplate 构造函数有 4 个参数，其中第一个参数是一个整型的资源 ID 值 IDR_MAINFRAME，用来标识应用程序中下列 4 种资源：应用程序的图标、应用程序的菜单、伴随菜单的加速键表以及文档字符串。如果 AppWizard 生成应用程序框架时指定包括工具栏(缺省生成工具栏)，则 IDR_MAINFRAME 还用来标识此工具栏。

在 SDI 文档/视图体系应用程序中，应用程序框架创建主框架窗口时是这样的：先用保存在文档模板中的运行时创建的类的信息来创建一个主框架窗口对象，然后调用该对象的 LoadFrame 函数。LoadFrame 接收的第一个参数是资源 ID，用来标识上面列出的 4 种资源。应用程序框架提供给 LoadFrame 的资源 ID 与文档模板提供的完全相同。LoadFrame 创建一个框架窗口并一次装载相关的菜单、加速键和图标，因此如果想让操作顺利进行，就必须给所有的资源分配相同的 ID。这就是在 AppWizard 为文档/视图体系应用程序生成的资源文件中对多种不同的资源使用相同的 ID 的原因。

文档字符串是一个字符串资源，它由 7 个用字符"\n"分隔的子字符串组成。每个子字符串描述一种框架窗口或文档类型的特性。在 SDI 应用程序中，按从左到右的顺序，各子字符串的含义如下：

- 出现在框架窗口标题栏中的标题。通常是应用程序的名称，例如"DrawLines"。
- 分配给新文档的缺省文档名，例如"Sheet"。如果这个字符串被省略，则默认值为"Untitled"(无标题)。
- 文档类型名。如果应用程序支持两种及两种以上的文档类型，则当用户执行"文件"→"新建"菜单命令时，它将与其它文档类型一起出现在对话框中。
- 文档类型描述和过滤器。包含文档类型的描述以及与该类型文档匹配的带通配符的过滤器，例如"Worksheets (*.xls)"。这个子字符串显示在"打开"和"另存为"对话框的"文件类型"列表框中。
- 某类型文档的默认文件扩展名，例如".doc"。
- 存储在 Windows 注册表中的文档类型标识，例如"Exdel.Worksheet"。如果应用程序调用 CWinApp::RegisterShellFileTypes 来注册此文档类型，则此子字符串就成了以文档的文件扩展名命名的 HKEY_CLASSES_ROOT 子键的默认值。
- 存储在注册表中的文档类型名。与前一个子字符串不同，此子字符串可以包含空格，例如"Microsoft Excel Worksheet"。

对于上述的 7 个子字符串，可以省略其中的个别子字符串。但在省略子字符串时，分隔符"\n"不能省略，在前一个子字符串的分隔符"\n"后紧跟一个"\n"即可。

在使用 AppWizard 创建应用程序框架时，在"MFC AppWizard – Step 4 of 6"对话框(见图 8-5)中单击"Advanced"按钮，打开"Advanced Options"对话框，如图 12-7 所示。在此对话框中可以指定文档模板字符串资源中的 6 个子字符串。

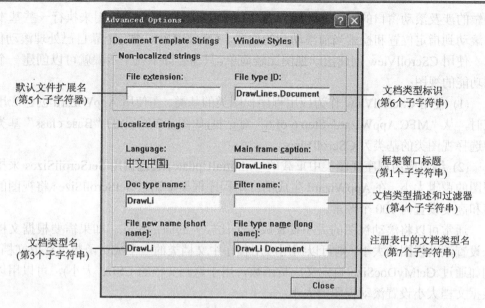

图 12-7 设置文档字符串的对话框

AppWizard 根据"Advanced Options"对话框中的设置在字符串表中生成了 ID 值为 IDR_MAINFRAME 的字符串资源。例如，在 DrawLines 应用程序中，文档字符串为：

DrawLines\n\nDrawLi\n\n\nDrawLines.Document\nDrawLi Document

当应用程序开始运行或新建一个空文档时，其框架窗口的标题就是"无标题-DrawLines"，由于没有指定文档类型描述和过滤器子字符串(第 4 个子字符串)，因此当执行"文件"→"打开"命令时，在"打开"对话框的"文件类型"列表框中显示"所有文件(*.*)"。

在应用程序中，如果需要使用文档字符串中的子字符串，可以使用 MFC 的 CDocTemplate::GetDocString 函数从文档字符串中检索各个子字符串。例如，语句：

CString strDefExt;

pDocTemplate->GetDocString(strDefExt,CDocTemplate::filterExt);

将文档的默认文件扩展名复制到名为 strDefExt 的 CString 变量中。

12.5 滚动视图

在前面的应用程序中，如果绘制的图形或输出的文本超出视图窗口的大小范围，则 Windows 会将超出视图窗口的那部分裁减掉，因而用户只能看见视图窗口内的部分。在 Windows 应用程序中，可以在视图窗口中添加滚动条，允许用户通过滚动视图窗口来浏览和编辑程序的所有输出。

MFC 类库中提供了 CScrollView 类来为视图窗口提供滚动的功能。

12.5.1 建立滚动视图

CScrollView 是从 CView 类派生出来的，它给 CView 类添加了基本的滚动功能。该类包含 WM_VSCROLL 和 WM_HSCROLL 消息的处理程序，使 MFC 完成响应滚动条消息所要做的涉及滚动窗口的大量工作。它还包含一些成员函数，可以用来执行一些基本任务，如滚动到指定位置和检索当前滚动到的位置。CScrollView 类完全靠自己处理滚动任务。

使用 CScrollView 创建滚动视图比较简单，只需要如下几个步骤就可以创建一个具有滚动功能的视图：

(1) 使用 CScrollView 作为应用程序视图类的基类。在使用 AppWizard 创建应用程序框架时，从"MFC AppWizard-Step 6 of 6"对话框(如图 8-7 所示)的"Base class"基类列表框中选择视图类的基类为 CScrollView。

(2) 编辑应用程序视图类中重载的 OnInitialUpdate，通过调用 SetScrollSizes 来指定滚动视图的逻辑大小。在 AppWizard 生成的应用程序框架中调用 SetScrollSizes 将视图的逻辑宽度和高度设置为 100 个像素。

通常可以将滚动视图的大小设置成一个比较大的固定尺寸。如果需要根据文档的大小来设置滚动视图的大小，则可以调用应用程序中文档类的一个成员函数来获取文档的大小，例如通过 GetMyDocSize(自定义成员函数，用于返回文档的 CSize 大小)，可以用以下方式根据文档大小设置滚动视图的大小：

  SetScrollSizes(nMapMode,GetDocument->GetMyDocSize());

函数 SetScrollSize 的原型为：

  void SetScrollSizes(int nMapMode, SIZE sizeTotal,
    const SIZE& sizePage = sizeDefault, const SIZE& sizeLine = sizeDefault);

其中，参数"nMapMode"用于指定视图的映射模式，它可以是除 MM_ISOTROPIC 和 MM_ANISOTROPIC 外的所有其它映射模式；参数"sizeTotal"用于指定滚动视图的逻辑尺寸；参数"sizePage"用于指定单击滚动条的空白区域时水平方向和垂直方向上滚动的量；参数"sizeLine"用于指定单击滚动条箭头时的滚动量。

SetScrollSizes 的第一个参数中指定的映射模式确定了后面三个参数的单位。当调用 OnDraw 时，映射模式已经设置成了在 SetScrollSizes 中指定的映射模式，因此在实现 OnDraw 时不必再调用 SetMapMode 了。

(3) 在视图类中实现 OnDraw。在 CScrollView 中实现 OnDraw 的方法与在 CView 派生类中完全相同。除非希望优化滚动操作，否则 OnDraw 基本不需要特殊的逻辑来支持滚动。

(4) 在程序输出中注意设备坐标与逻辑坐标的转换。如在鼠标消息处理函数中一般使用 CClientDC 获取设备环境，鼠标指针的坐标是设备坐标。而在 OnDraw 函数中使用的坐标是逻辑坐标，它对应于整个文档。因此在保存文档数据时，要进行相应的坐标转换。

用这种方法创建的滚动视图可以自动滚动来响应滚动条消息。它会自动在 OnDraw 的输出中考虑滚动到的位置。如果视口的尺寸超出窗口的逻辑大小，它会自动隐藏滚动条，并且在滚动条可见时会自动调整滚动条滑块的大小以反映视口与窗口的相对比例大小。

在使用 CScrollView 时应注意如下几点：

■ 如果在视图中的 OnDraw 函数之外绘制输出，就要调用 OnPrepareDC 让 MFC 在输出中考虑映射模式和滚动位置的影响。

■ 如果响应鼠标消息时执行如命中测试等操作，则应使用 DPtoLP 将鼠标坐标从设备坐标转换为逻辑坐标，从而在操作中考虑到映射模式和滚动位置的影响。

■ 调用 SetScrollSizes 的位置和次数。如果滚动视图具有固定大小，则只需要在

OnInitialUpdate 中调用一次。如果需要像 Microsoft Word 一样，随着文档中数据的变化来调整滚动视图的大小，则在每次文档数据发生变化时调用 SetScrollSizes 来改变滚动视图的尺寸是非常合理的。可以在每次调用 OnDraw 或 OnUpdate 函数时，重新计算滚动视图的大小，并根据计算结果对滚动视图大小进行重新设置。

【例 12.4】 编写一个 SDI 应用程序，在滚动视图中绘制一个椭圆，并可以通过鼠标单击改变其颜色。

程序创建和编程过程如下：

(1) 利用 AppWizard 创建应用程序框架，项目名设置为 ScrollSamp。在 AppWizard 的 "MFC AppWizard-Step 6 of 6" 对话框(见图 8-7)的 "Base class" 基类列表框中选择视图类的基类为 CScrollView。

(2) 在视图类 CScrollSampView 中增加两个数据成员，分别保存椭圆的外接矩形和颜色，同时在构造函数中进行初始化：

```
private:
    int m_nColor;
    CRect m_rectEllipse;
CScrollSampView::CScrollSampView():m_rectEllipse(0, 0, 4000, -4000)
{
    m_nColor = GRAY_BRUSH;
}
```

(3) 编辑视图类的 OnInitialUpdate 函数，设置滚动视图的大小和映射模式：

```
void CScrollSampView::OnInitialUpdate()
{
    CScrollView::OnInitialUpdate();
    CSize sizeTotal(20000, 30000); // 20*30 cm
    CSize sizePage(sizeTotal.cx / 2, sizeTotal.cy / 2);
    CSize sizeLine(sizeTotal.cx / 50, sizeTotal.cy / 50);
    SetScrollSizes(MM_HIMETRIC, sizeTotal, sizePage, sizeLine);
}
```

(4) 编辑视图类的 OnDraw 函数，绘制椭圆：

```
void CEx04cView::OnDraw(CDC* pDC)
{
    pDC->SelectStockObject(m_nColor);
    pDC->Ellipse(m_rectEllipse);
}
```

(5) 利用 ClassWizard 在视图类中添加 WM_LBUTTONDOWN 消息处理函数，当在椭圆内单击时，改变椭圆的颜色：

```
void CScrollSampView::OnLButtonDown(UINT nFlags, CPoint point)
{
    CClientDC dc(this);
```

```
OnPrepareDC(&dc);
CRect rectDevice = m_rectEllipse;
dc.LPtoDP(rectDevice);
if (rectDevice.PtInRect(point)) {
    if (m_nColor == GRAY_BRUSH) {
        m_nColor = WHITE_BRUSH;
    }
    else {
        m_nColor = GRAY_BRUSH;
    }
    InvalidateRect(rectDevice);
}
CScrollView::OnLButtonDown(nFlags, point);
```

在该函数中，先调用 OnPrepareDC 设置设备环境。但在视图类 CScrollSampView 中并没有重载 OnPrepareDC 函数，而是转而调用 CScrollView::OnPrepareDC。这个函数设置滚动视图的映射模式并根据滚动量设置视口原点。因此，在函数中需要使用坐标变换逻辑来调整原点偏移量。

在调用 OnDraw 之前，CView::OnPaint 会调用虚函数 OnPrepareDC(见 12.2.2 节 OnPaint 的定义)。在 CScrollView 中重载了 OnPrepareDC，在其中调用 CDC::SetMapMode，根据 SetScrollSizes 的第一个参数设置映射模式，调用 CDC::SetViewportOrg 将视口原点转换为等于水平和垂直滚动位置的量。因此，在 OnDraw 重绘视图时滚动位置就被自动考虑进去了。

如果在滚动视图的 OnDraw 之外执行绘制操作，则用户必须自己调用 OnPrepareDC 来准备设备环境，否则 SetViewportOrg 不会被调用，并且此后的绘制操作将相对于客户区的左上角而不是逻辑视图的左上角。如果使用两种不同的坐标系统绘制输出，那么文档的视图很快就混乱了。由于同样的原因，如果在滚动视图中已知一个点的设备坐标，想使用 CDC::DPtoLP 将设备坐标转换为逻辑坐标来得到该点在逻辑视图中的相对位置，就要首先调用 OnPrepareDC 设置映射模式并将滚动位置因素考虑进去。

(6) 编译、链接和运行程序。测试滚动功能，当滚动后测试鼠标单击是否有效。程序运行结果如图 12-8 所示。

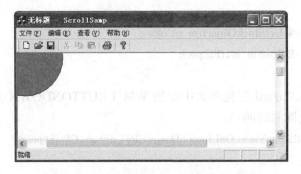

图 12-8　ScrollSamp 的运行结果

12.5.2 普通视图转换为滚动视图

为了创建滚动视图应用程序,在使用 AppWizard 创建应用程序时应该选择 CScrollView 作为视图基类。对于使用 AppWizard 创建的基于 CView 的应用程序,如果想增加滚动功能,可直接在原来程序的基础上做相应的修改。具体实现方法如下:

(1) 查找视图类的头文件和 CPP 文件,将所有出现的 CView 替换为 CScrollView,但在函数参数列表中出现的 CView*不用修改。

(2) 在视图类中重载虚函数 OnInitialUpdate,在其中插入对 SetScrollSizes 的调用。

(3) 在应用程序中进行必要的设备坐标与逻辑坐标的转换。如在鼠标消息处理函数中鼠标指针的坐标是设备坐标,而在 OnDraw 函数中使用的坐标是逻辑坐标,为了保证数据的一致性,在保存文档时,要进行相应的坐标转换。

【例 12.5】 为例 12.3 中的应用程序 DrawLines 增加滚动视图功能。

实现步骤如下:

(1) 打开应用程序项目 DrawLines 下的视图类的头文件 DrawLines.h,执行"Edit"→"Replace"菜单命令,将头文件中的所有 CView 替换成 CScrollView。同样,将视图类的实现文件 DrawLines.cpp 中的所有 CView 替换成 CScrollView。

(2) 利用 ClassWizard 在视图类 CDrawLinesView 中重载虚函数 OnInitialUpdate,编辑该函数,添加如下黑体代码:

```
void CDrawLinesView::OnInitialUpdate()
{
    CScrollView::OnInitialUpdate();
    // TODO: Add your specialized code here and/or call the base class
    CSize sizeTotal;
    sizeTotal.cx=1600;
    sizeTotal.cy=1200;
    SetScrollSizes(MM_TEXT,sizeTotal);      //设置滚动视图的映射模式和大小
}
```

(3) 修改鼠标消息处理函数,进行设备坐标与逻辑坐标之间的转换。在文档类中保存的线段坐标是逻辑坐标,当窗口改变大小或滚动后,调用 OnDraw 重绘的线段使用的是逻辑坐标。在例 12.3 中,鼠标消息处理函数中绘制线段使用的都是设备坐标,由于没有滚动功能,且设备环境的映射模式为 MM_TEXT,因此设备坐标与逻辑坐标的值相同。增加滚动功能后,当滚动视图后,客户区左上角已不再是原点,但在鼠标消息处理函数中参数的坐标仍以客户区左上角为原点,此时,逻辑坐标与设备坐标不一致。这样虽然当时不会对画线过程造成影响,但保存到文档中的数据不一致,当调用 OnDraw 函数重新绘制时,重绘的线段不再位于原来的位置。

```
void CDrawLinesView::OnLButtonDown(UINT nFlags, CPoint point)
{
    //记录画橡皮筋线的起始点和终点并设置跟踪标记
    CClientDC dc(this);
```

```
        OnPrepareDC(&dc); //设置设备环境
        dc.DPtoLP(&point); //将鼠标指针坐标转换为逻辑坐标
        m_ptFrom = point;
        m_ptTo = point;
        m_bTracking = TRUE;
}
void CDrawLinesView::OnMouseMove(UINT nFlags, CPoint point)
{
        //如果跟踪标记为 TRUE(即线条为橡皮筋线)，则当鼠标移动时
        //擦除原来的橡皮筋线条，重画新的
        if (m_bTracking) {
                CClientDC dc (this);
                OnPrepareDC(&dc);
                dc.DPtoLP(&point);
                InvertLine (&dc, m_ptFrom, m_ptTo);
                InvertLine (&dc, m_ptFrom, point);
                m_ptTo = point;
        }
}
void CDrawLinesView::OnLButtonUp(UINT nFlags, CPoint point)
{
        //若画橡皮筋线时释放鼠标左键，则擦除最后的橡皮筋线而画一条最终的线段
        if (m_bTracking) {
                m_bTracking = FALSE;
                CClientDC dc (this);
                OnPrepareDC(&dc);
                dc.DPtoLP(&point);
                InvertLine (&dc, m_ptFrom, m_ptTo);
                dc.MoveTo (m_ptFrom);
                dc.LineTo (point);
        }
        CDrawLinesDoc *pDoc=GetDocument();
        ASSERT_VALID(pDoc);                    //测试文档对象是否运行有效
        pDoc->AddLine(m_ptFrom,point);
}
```

(4) 经过以上修改后，程序 DrawLines 就实现了滚动视图的功能。运行应用程序测试滚动功能。

习 题

1. 在文档/视图体系的 SDI 应用程序中，各类之间的关系如何？
2. 在文档/视图体系结构中，文档与视图之间相互作用的函数有哪些？
3. 对文档类数据成员的初始化应在哪些函数中进行？它们各有什么特点？
4. 对视图类数据成员的初始化应在哪些函数中进行？它们各有什么特点？
5. 编写可序列化的类应按哪些步骤进行？
6. 编写一个可序列化的学生类 CStudent，用于记录一个学生的信息。编写一个 SDI 应用程序，通过序列化的方式将学生的信息保存到文件中，也可从文件中读入学生的信息并进行显示。
7. 编写一个具有滚动视图的 SDI 应用程序，在视图窗口中输出不同大小的文本，并能根据文档的大小改变和调整滚动视图的大小。

第 13 章 文件的读/写

在第 12 章已经介绍了文档的序列化，通过编写可序列化的类和重载文档类的 Serialize 函数可以实现应用程序数据的存储和加载。序列化对于某些应用程序是非常适合的，但并非适合所有的应用程序。在需要对一个特定格式的文件进行读/写操作时，例如需要读/写一个 RTF 文件、一个简单的文本文件、一些图像文件如 BMP 或 TIF 文件时，不宜采用序列化的方法。在 MFC 中，对文件的读/写可以利用 CFile 类以及其派生类来完成。

13.1 CFile 类

MFC 的 CFile 类封装了 Win32 API 中用来处理文件 I/O 的功能。通过其成员函数可以用来实现打开和关闭文件、读/写文件数据、删除和重命名文件以及检索文件信息等功能。

13.1.1 打开和关闭文件

1. 打开文件

在对文件操作前，必须首先打开文件，如果文件不存在，则应首先创建文件。

用 CFile 打开文件有两种方法。第一种方法是先利用 CFile 类的缺省构造函数创建一个没有初始化的对象，然后调用 CFile::Open 函数打开文件。Open 成员函数的原型为：

  virtual BOOL Open(LPCTSTR lpszFileName, UINT nOpenFlags,

        CFileException* pError = NULL);

其中，参数"lpszFileName"是文件名字符串指针，可以是以 NULL 结尾的字符串，也可以是 CString 对象。此参数可以包含文件路径，路径可以是相对路径、绝对路径或网络名(UNC)。参数"nOpenFlags"指定了对打开文件的共享和访问模式，其取值如表 13-1 所示。可以利用按位或(|)运算组合表中的选项。一般打开文件时需要指定一个访问权限和共享模式。表中的 modeCreate 和 modeNoInherit 模式是可选项。参数"pError"是指向一个已存在的文件异常对象，用于获取操作失败的状态。

默认情况下，打开文件时会获得该文件的独占访问权，也就是说，其他人不能再打开该文件。如果有必要，在打开文件时可以指定其它共享模式，明确地允许其他人访问该文件。

Open 函数返回一个 BOOL 值，表示是否成功打开文件。例如，下面代码段打开当前目录下的文件"testfile.txt"，打开后对此文件可以进行读/写，并允许其它进程对此文件进行读/写。代码段中，根据文件打开是否成功选择相应的操作。

```
CFile file;
if (file.Open("testfile.txt",CFile::modeReadWrite|CFile::shareDenyNone))
{
    //打开文件成功后的操作
}
else
{
    //打开文件失败后的操作
}
```

表 13-1 文件打开标志 nOpenFlags

标志 nOpenFlags	说 明
CFile::modeCreate	建立一个新文件,若文件已存在则被截取长度为 0
CFile::modeNoTruncate	该值与 CFile::modeCreate 组合,若文件已存在则长度保持不变
CFile::modeRead	以只读方式打开文件
CFile::modeReadWrite	以读/写方式打开文件
CFile::modeWrite	以只写方式打开文件
CFile::modeNoInherit	阻止文件被子进程继承
CFile::shareDenyNone	打开文件,不禁止其它进程对文件的读/写访问
CFile::shareDenyRead	打开文件并禁止其它进程对文件的读访问
CFile::shareDenyWrite	打开文件并禁止其它进程对文件的写访问
CFile::shareExclusive	以独占模式打开文件,拒绝其它进程对文件的读/写访问(默认值)
CFile::shareCompat	该标志在 32 位 MFC 中无效,在 Open 函数中被映射成 CFile::shareExclusive
CFile::typeText	以对回车/换行符进行特殊处理的方式设置文本模式(只用在派生类中)
CFile::typeBinary	设置二进制模式(只用在派生类中)

Open 函数返回非零值表示文件打开成功,返回零值表示文件打开失败。如果 Open 返回零,并且想知道打开失败的原因,则可以创建一个 CFileException 对象并将它的地址作为 Open 函数的第三个参数。例如:

```
CFile file;
CFileException e;
if (file.Open("testfile.txt",CFile::modeReadWrite|CFile::shareDenyNone,&e))
{
    //打开文件成功后的操作
}
else
{
    //打开文件失败后报告错误信息
    e.ReportError();
}
```

如果文件打开失败，则 Open 用描述失败原因的信息将 CFileException 对象初始化。ReportError 在该信息的基础上显示一条错误信息。通过检查 CFileException 的公用数据成员 m_cause，可以找到导致失败的原因。CFileException 类包含了完整的错误代码列表。

打开文件的第二种方法是利用 CFile 的构造函数创建一个 CFile 对象并同时打开文件。此构造函数原型为：

    CFile(LPCTSTR lpszFileName, UINT nOpenFlags);
    throw(CFileException);

构造函数中参数的含义与 Open 函数相同。如果文件打开失败，则 CFile 的构造函数会引发一个 CFileException 异常。因此，利用构造函数打开文件的代码通常使用 try/catch 模块来捕获错误。例如：

```
    try
    {
        CFile file("testfile.txt",CFile::modeReadWrite|CFile::shareDenyNone);
        //打开文件成功后的操作
    }
    catch(CFileException *e)
    {


        e->ReportError();           //打开文件失败后报告错误信息
        e->Delete();                //删除文件异常对象

    }
```

如果需要创建一个新文件，而不是打开一个已经存在的文件，则在 CFile 的构造函数中或在 Open 函数中的第二个参数中包含 CFile::modeCreate 标志，例如：

    CFile file("testfile.txt",CFile::modeReadWrite|CFile::modeCreate);

用这种方式打开文件基本上总是成功的，因为如果指定的文件不存在，它能自动生成。

2．关闭文件

像通常的 I/O 操作一样，当对文件的操作结束后，应该关闭它。关闭打开的文件有两种方式。一种方式是调用 CFile::Close 函数显式关闭文件，例如：

    file.Close();

第二种方式是利用 CFile 的析构函数关闭文件。如果 CFile 对象被定义成局部对象，则当其作用域结束后，系统会自动调用其析构函数，CFile 类的析构函数则调用 Close 关闭文件。例如下面的代码中，当程序执行到 try 块结束的花括号时，文件关闭：

```
    try
    {
        CFile file("testfile.txt",CFile::modeReadWrite|CFile::shareDenyNone);
        //打开文件成功后的操作
    }
```

当需要用同一个 CFile 对象打开不同的文件时，应显式调用 Close 函数关闭前一个打开的文件。

13.1.2 文件读/写

使用 CFile 类进行文件的读和写是比较方便的，可以调用 CFile 的成员函数 Read 和 Write 函数来实现。

如果以读方式打开一个文件后，可以利用 CFile::Read 读取文件数据。函数原型为：

  virtual UINT Read(void* lpBuf, UINT nCount);

  throw(CFileException);

其中，参数"lpBuf"是指向存放读入数据的缓冲区的指针，参数"nCount"为要读取的字节数。函数返回已经读取的字节数。以下是一段读取数据的示例代码：

```
try{
    BYTE buffer[0x1000];
    CFile file("testfile.txt",CFile::modeRead);
    DWORD dwBytesRemaining=file.GetLength();    //获取文件的长度字节数
    while (dwBytesRemaining)
    {
        UINT nBytesRead=file.Read(buffer,sizeof(buffer));
        dwBytesRemaining-=nBytesRead;
    }
}
catch(CFileException *e){
    e->ReportError();
    e->Delete();
}
```

如果需要一次读取大于(64K-1)字节的数据，则应使用 CFile::ReadHuge 成员函数。

如果以写方式打开一个文件后，可以利用 CFile::Write 向文件中写入数据。函数原型为：

  virtual void Write(const void* lpBuf, UINT nCount);

  throw(CFileException);

其中，参数"lpBuf"是指向存放写入数据的缓冲区的指针，参数"nCount"为要写入数据的字节数。例如，如下代码向文件中写入一个字符串(代码中省略了错误检查)：

```
CFile file("testfile.txt",CFile::modeWrite);
char szData[]="This is a test string";
file.SeekToEnd();             //将文件指针移到文件末尾
file.Write(szData,strlen(szData));
```

如果需要一次写入的数据大于(64K-1)字节，则应使用 CFile::WriteHuge 成员函数。

在进行文件读/写的过程中，经常需要移动文件指针。文件指针即文件中的偏移值，用于指示下一次文件中读/写的位置。CFile 类提供了相应的成员函数用于获取文件指针的位置和移动文件指针，即：

- GetPosition：获取文件指针的当前值，这个值可以用于随后调用的 Seek 函数中。
- Seek：用于定位当前文件指针。函数原型为：

```
virtual LONG Seek( LONG lOff, UINT nFrom );
    throw( CFileException );
```

其中，参数"lOff"指定文件指针移动的字节数；参数"nFrom"确定指针的移动模式，即确定 lOff 是相对于什么位置的偏移量，它可以取如表 13-2 所示的值。

表 13-2　Seek 函数的指针移动模式

移动模式 nFrom	说　　明
CFile::begin	将文件指针相对于文件头移动指定的字节
CFile::current	将文件指针相对于当前位置移动指定的字节
CFile::end	将文件指针相对于文件末尾移动指定的字节

- SeekToBegin：将文件指针定位于文件开始处，等价于 Seek(0L,CFile::begin)。
- SeekToEnd：将文件指针定位于文件逻辑末尾，等价于 Seek(0L,CFile::end)。

13.1.3　CFile 类的其它操作

CFile 类除了提供文件的打开和关闭、文件读/写和移动文件指针的功能外，还提供了其它成员函数，以方便用户对文件的操作。CFile 的其它一些成员函数列于表 13-3 中。

表 13-3　CFile 类的其它成员函数

成 员 函 数	说　　明
Flush	强制将文件缓冲区中的数据写入文件
GetLength	获取文件的长度
SetLength	改变文件的长度
GetStatus	返回当前打开文件的状态，如创建时间、属性等
SetStatus	设置指定文件的状态
GetFileName	获取指定文件的文件名(不包括路径)
GetFileTitle	获取指定文件的标题，即不包括文件扩展名的文件名
GetFilePath	获取指定文件的全路径
SetFilePath	设置指定文件的全路径
Rename	重命名指定的文件
Remove	删除指定的文件，不能用于删除目录

【例 13.1】　编写一个控制台应用程序，创建一个文件并向文件中写入一些字符串，然后读取其中的一个字符串输出。

```
#include<afx.h>              //包含定义 CFile 类的头文件
#include<string.h>
#include<iostream.h>
void main()
{
    const MAX_LEN=20;
    const MAX_ITEMS=4;
```

```
char my_string[MAX_ITEMS][MAX_LEN];
strcpy(my_string[0],"This");
strcpy(my_string[1],"is");
strcpy(my_string[2],"my");
strcpy(my_string[3],"test");

CFile my_file("c:\\mydata.dat",CFile::modeCreate|CFile::modeWrite);
for(int i=0;i<MAX_ITEMS;i++)
{
    my_file.Write(my_string[i],MAX_LEN);
}
my_file.Close();


char string[MAX_LEN];
CFile in_file("c:\\mydata.dat",CFile::modeRead);
in_file.Seek(MAX_LEN,CFile::begin);
in_file.Seek(MAX_LEN,CFile::current);
in_file.Read(string,MAX_LEN);
cout<<string<<endl;
in_file.Close();
}
```

CFile 类除了可以应用于 Windows 程序中外，还可以用于控制台应用程序中。当 CFile 类用于控制台应用程序时，源程序中应包含定义 CFile 类的头文件 afx.h。当控制台应用程序中使用了 MFC 类时，在链接程序前应对项目进行相应的设置。执行"Project"→"Settings"菜单命令，打开如图 13-1 所示的项目设置对话框，在"Microsoft Foundation Classes:"下拉列表框中选择 Use MFC in a Static Library 或 Use MFC in a Shared DLL。

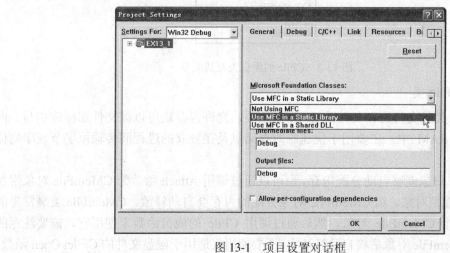

图 13-1　项目设置对话框

例 13.1 程序运行结果如图 13-2 所示。

图 13-2 例 13.1 运行结果

13.2 CFile 的派生类

CFile 类是整个 MFC 中文件服务的根类，其所有的派生类及其之间的关系如图 13-3 所示。

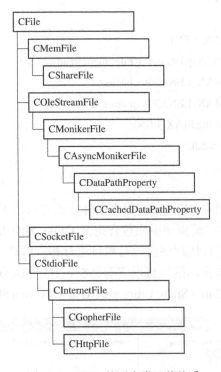

图 13-3 CFile 的派生类及其关系

1. CMemFile 类

CMemFile 类是支持内存文件的 CFile 派生类，允许内存块可以像文件那样读和写。内存文件存放在 RAM 中，主要用于快速临时存储以及在独立的进程间传输原字节或序列化对象。

CMemFile 对象能够自动分配内存，也可以通过调用 Attach 函数为 CMemFile 对象附加内存块。一旦撤销对象，给 CMemFile 对象分配的内存会自动释放。CMemFile 类最常见的用法是创建一个 CMemFile 对象，然后通过调用 CFile 的成员函数来使用它。需要注意的是，当创建 CMemFile 对象后将自动打开它，不要调用仅适用于磁盘文件的 CFile::Open 函数。

CMemFile 类不支持 CFile 类的 Duplacate、LockRange、UnlockRange 函数，它新提供了以下几个成员函数，用于操作内存文件：

• Attach：将一个内存块附加到 CMemFile 对象。

• Detach：将一个内存块从 CMemFile 对象中分离出来，并返回被分离的内存块的指针。这个函数还会关闭 CMemFile。

• Alloc：缺省实现调用 C 语言运行时库函数 malloc 为 CMemFile 对象分配内存。可以重载修改内存分配操作。如果重载了此函数，则相应地要重载 Free 和 Realloc 函数。

• Free：释放内存，可重载。

• Realloc：为 CMemFile 对象重新分配内存，可重载。

• Memcpy：内存拷贝，可重载。

2. CStdioFile 类

CStdioFile 将编程接口简化为文本文件。它在从 CFile 派生时只添加了两个成员函数：

• ReadString：读取一行文本。对 CStdioFile 对象来说，一行文本是由回车符(0x0D)和换行符(0x0A)定界的字符串。ReadString 读取当前文件指针到下一个回车符间的所有数据，在最后添加一个空字符("\0")。对于文本方式的读取，也可以使用 CFile::Read，但它不会在一个回车/换行符处停止。

• WriteString：向文件中写入一行字符串，字符串结束的空字符("\0")不被写入文件，而是以回车/换行符对写入文件。

【例 12.2】 编写一个 SDI 应用程序 ReadTxt，用于读取文本文件并在视图窗口中显示，根据文件的大小自动调整滚动条。

程序创建和编程过程如下：

(1) 利用 AppWizard 创建 SDI 应用程序框架，项目名设置为 ReadTxt。在 AppWizard 的第(6)步将 CReadTxtView 类的基类设置成 CScrollView。

(2) 打开菜单编辑器，在 IDR_MAINFRAME 菜单资源的"文件"菜单下添加一个"读文件"的菜单项，设置其 ID 为 ID_READ_FILE。

(3) 在文档类 CReadTxtDoc 中添加一个公有数据成员，用于保存从文件中读取的数据：

```
    public:
        CStringArray m_strFile;
```

CStringArray 类支持 CString 对象数组。其成员函数与 CObArray 类的成员函数基本相同。本例中，数组的每一个元素存放文本文件中的一行数据。

(4) 利用 ClassWizard 在文档类中添加菜单项"读文件"的命令消息处理函数。在该函数中首先打开一个"打开"对话框，让用户选择要读取的文件，然后将文件的数据读入 m_strFile 数组中，并同时更新视图。

```
void CReadTxtDoc::OnReadFile()
{
    m_strFile.RemoveAll();              //删除数组中的所有元素
    CFileDialog fileDlg(TRUE,NULL,NULL,0,"文本文件|*.txt||");  //定义"打开"对话框
    fileDlg.DoModal();                  //打开"打开"对话框
```

```cpp
        CString fileName=fileDlg.GetPathName();  //获取用户选择的文件名及路径
        if (fileName.IsEmpty())                  //如果用户没有选择文件，则直接返回
        {
            return;
        }
        CStdioFile file;
        try{
            file.Open(fileName,CFile::modeRead|CFile::typeText);
        }
        catch(CFileException *e)
        {
            e->ReportError();
            e->Delete();
        }
        CString LineStr;
        try{
            while(file.ReadString(LineStr))      //循环读取文件并添加到数组中
            {
                m_strFile.Add(LineStr);
            }
        }
        catch(CFileException * e)
        {
            e->ReportError();
        }
        file.Close();
        UpdateAllViews(NULL);                    //更新视图
    }
```

(5) 利用 ClassWizard 在文档类中重载 DeleteContents 函数，当用户执行"文件"→"新建"菜单命令时删除原有文档数据。

```cpp
    void CReadTxtDoc::DeleteContents()
    {
        m_strFile.RemoveAll();
        CDocument::DeleteContents();
    }
```

(6) 在视图类中添加成员函数 SetViewSize，该函数根据文档的大小设置滚动视图大小。添加数据成员 m_nHeightLine，用于记录视图中当前设备环境下每行文本的高度。

```cpp
    public:
        int m_nHeightLine;
```

```cpp
        void SetViewSize();
```
SetViewSize 函数如下：
```cpp
    void CReadTxtView::SetViewSize()
    {
        CReadTxtDoc *pDoc=GetDocument();
        int nLines=pDoc->m_strFile.GetSize();          //获取文档数据的行数
        int nHeight = nLines * m_nHeightLine + 20;     //计算显示文档的高度
        CSize sizeTotal = CSize(0, nHeight);
        CSize sizePage = CSize(0, nHeight / 5);
        CSize sizeLine = CSize(0, m_nHeightLine);
        SetScrollSizes(MM_TEXT, sizeTotal, sizePage, sizeLine);
    }
```
修改视图类的 OnInitialUpdate 函数，调用 SetViewSize 设置滚动视图大小：
```cpp
    void CReadTxtView::OnInitialUpdate()
    {
        CScrollView::OnInitialUpdate();
        SetViewSize();
    }
```
利用 ClassWizard 在视图类中添加 WM_CREATE 消息的处理函数。当创建视图时，计算当前设备环境下每行文本的高度：
```cpp
    int CReadTxtView::OnCreate(LPCREATESTRUCT lpCreateStruct)
    {
        if (CScrollView::OnCreate(lpCreateStruct) == -1)
            return -1;
        CClientDC dc(this);
        TEXTMETRIC tm;
        dc.GetTextMetrics(&tm);
        m_nHeightLine = tm.tmHeight + tm.tmExternalLeading;
        return 0;
    }
```
利用 ClassWizard 在视图类中重载 OnUpdate，当文档类调用 UpdateAllViews 时调用该函数更新视图：
```cpp
    void CReadTxtView::OnUpdate(CView* pSender, LPARAM lHint, CObject* pHint)
    {
        SetViewSize();
        Invalidate();
    }
```
编写 OnDraw 函数，在视图窗口中输出文件数据：
```cpp
    void CReadTxtView::OnDraw(CDC* pDC)
```

```
    {
        CReadTxtDoc* pDoc = GetDocument();
        ASSERT_VALID(pDoc);
        const int MARGIN_LEFT = 5;
        CString LineStr;
        int nLength = pDoc->m_strFile.GetSize();
        for(int nLines = 0; nLines < nLength; nLines++)
        {
            LineStr = pDoc->m_strFile[nLines];
            pDC->TextOut(MARGIN_LEFT, nLines * m_nHeightLine, LineStr);
        }
    }
```

(7) 编译、链接和测试应用程序。当打开不同大小的文本文件时，应用程序能自动调整滚动视图的大小。若视口中能显示文件的所有数据，则滚动条自动消失。程序运行结果如图 13-4 所示。

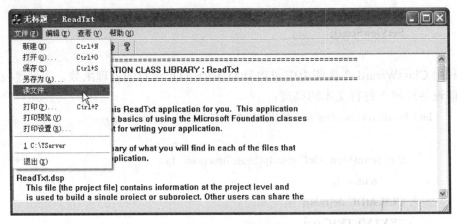

图 13-4 ReadTxt 运行结果

习　　题

1. 编写一个 SDI 应用程序实现一个简单通迅录的输入和查询、修改等。通过对话框输入或修改通迅录，通过对话框输入查询关键字，如姓名、电话等。在视图窗口显示通迅录。

2. 在例 13.2 中没有根据文档大小添加水平滚动条，请根据要显示的文件的大小给其添加水平滚动条。

附录 MFC类库6.0

CObject

Application Architecture
- CCmdTarget
  - CWinThread
    - CWinApp
      - COleControlModule
      - user application
  - CDocTemplate
    - CSingleDocTemplate
    - CMultiDocTemplate
  - CDocItem
    - COleClientItem
      - COleDocObjectItem
      - CRichEditCntrItem
      - user client items
    - COleServerItem
      - CDocObjectServerItem
      - user server items
  - CDocObjectServer
  - COleObjectFactory
  - COleTemplateServer
  - COleDataSource
  - COleDropSource
  - COleDropTarget
  - COleMessageFilter
  - CConnectionPoint

- CDocument
  - COleDocument
    - COleLinkingDoc
      - COleServerDoc
        - CRichEditDoc
  - user documents

user objects

Exceptions
- CException
  - CArchiveException
  - CDaoException
  - CDBException
  - CFileException
  - CInternetException
  - CMemoryException
  - CNotSupportedException
  - COleException
    - COleDispatchException
  - CResourceException
  - CUserException

File Services
- CFile
  - CMemFile
    - CShareFile
  - COleStreamFile
  - CMonikerFile
    - CAsyncMonikerFile
      - CDataPathProperty
        - CCachedDataPathProperty
  - CSocketFile
  - CStdioFile
    - CInternetFile
      - CGopherFile
      - CHttpFile
  - CRecentFileList

Window Support
- CWnd

Frame Windows
- CFrameWnd
  - CMDIChildWnd
    - user MDI windows
  - CMDIFrameWnd
    - user MDI wordspaces
  - CMiniFrameWnd
  - COleIPFrameWnd
  - user SDI windows
- CSplitterWnd

Control Bars
- CControlBar
  - CDialogBar
  - COleResizeBar
  - CReBar
  - CStatusBar
  - CToolBar

Property Sheets
- CPropertySheet
  - CPropertySheetEx

Dialog Boxes
- CDialog
  - CCommonDialog
    - CColorDialog
    - CFileDialog
    - CFindReplaceDialog
    - CFontDialog
    - COleDialog
      - COleBusyDialog
      - COleChangeIconDialog
      - COleChangeSourceDialog
      - COleConvertDialog
      - COleInsertDialog
      - COleLinksDialog
      - COlePasteSpecialDialog
      - COlePropertiesDialog
    - CPageSetupDialog
    - CPrintDialog
  - COlePropertyPage
    - CPropertyPage
      - CPropertyPageEx
  - user dialog boxes

Views
- CView
  - CCtrlView
    - CEditView
    - CListView
    - CRichEditView
    - CTreeView
  - CScrollView
    - user scroll views
    - CFormView
      - CDaoRecordView
      - CHtmlView
      - COleDBRecordView
      - CRecordView
    - user form views
    - user record views

Controls
- CAnimateCtrl
- CButton
  - CBitmapButton
- CComboBox
  - CComboBoxEx
- CDateTimeCtrl
- CEdit
- CHeaderCtrl
- CHotKeyCtrl
- CIPAddressCtrl
- CListBox
  - CCheckListBox
  - CDragListBox
- CListCtrl
- COleControl
- CMonthCalCtrl
- CProgressCtrl
- CReBarCtrl
- CRichEditCtrl
- CScrollBar
- CSliderCtrl
- CSpinButtonCtrl
- CStatic
- CStatusBarCtrl
- CTabCtrl
- CToolBarCtrl
- CToolTipCtrl
- CTreeCtrl

Graphical Drawing
- CDC
  - CClientDC
  - CMetaFileDC
  - CPaintDC
  - CWindowDC

Control Support
- CDockState
- CImageList

Graphical Drawing Objects
- CGdiObject
  - CBitmap
  - CBrush
  - CFont
  - CPalette
  - CPen
  - CRgn

Menus
- CMenu

Command Line
- CCommandLineInfo

ODBC Database Support
- CDatabase
- CRecordset
  - user recordsets

DAO Database Support
- CDaoDatabase
- CDaoQueryDef
- CDaoRecordset
- CDaoTableDef
- CDaoWorkspace

Synchronization
- CSyncObject
  - CCriticalSection
  - CEvent
  - CMutex
  - CSemaphore

Windows Sockets
- CAsyncSocket
  - CSocket

Classes Not Derived from CObject

Internet Server API
- CHtmlStream
- CHttpFilter
- CHttpFilterContext
- CHttpServer
- CHttpServerContext

Run-time Object Model Support
- CArchive
- CDumpContext
- CRuntimeClass

Simple Value Types
- CPoint
- CRect
- CSize
- CString
- CTime
- CTimeSpan

Structures
- CCreateContext
- CMemoryState
- COleSafeArray
- CPrintInfo

Arrays
- CArray(template)
- CByteArray
- CWordArray
- CObArray
- CPtrArray
- CStringArray
- CUIntArray
- CWordArray
- arrays of user types

Lists
- CList(template)
- CPtrList
- CObList
- CStringList
- lists of user types

Maps
- CMap(template)
- CMapWordToPtr
- CMapPtrToWord
- CMapPtrToPtr
- CMapWordToOb
- CMapStringToPtr
- CMapStringToOb
- CMapStringToString
- maps of user types

Internet Services
- CInternetSession
- CInternetConnection
  - CFtpConnection
  - CGopherConnection
  - CHttpConnection
- CFileFind
  - CFtpFileFind
  - CGopherFileFind
- CGopherLocator

Support Classes
- CCmdUI
- COleCmdUI
- CDaoFieldExchange
- CDataExchang
- CDBVariant
- CFieldExchange
- COleDataObject
- COleDispatchDriver
- CPropExchange
- CRectTracker
- CWaitCursor

Typed Template Collections
- CTypedPtrArray
- CTypedPtrList
- CTypedPtrMap

OLE Type Wrappers
- CFontHolder
- CPictureHolder

OLE Automation Types
- COleCurrency
- COleDataTime
- COleDataTimeSpan
- COleVariant

Synchronization
- CMultiLock
- CSingleLock

参 考 文 献

[1] 陈维兴,等. C++面向对象程序设计教程. 北京:清华大学出版社,2000
[2] 张国峰. C++语言及其程序设计教程. 北京:电子工业出版社,1997
[3] 吕凤翥. C++语言程序设计. 北京:电子工业出版社,2001
[4] 郑莉,等. C++语言程序设计. 北京:清华大学出版社,1999
[5] [美]Jeff Prosise. MFC Windows 程序设计. 2版. 北京博彦科技发展有限公司,译. 北京:清华大学出版社,2001
[6] 黄维通. Visual C++面向对象与可视化程序设计. 北京:清华大学出版社,2000
[7] 黄维通,等. Visual C++程序设计教程. 北京:机械工业出版社,2001
[8] [美]Kruglinski David J, Wingo Scot, Shepherd George. Visual C++6 技术内幕. 5版. 希望图书创作室,译. 北京:北京希望电子出版社,1999
[9] [美]Petzold Charles. Windows 95 程序设计. 郑全战,岚山,译. 北京:清华大学出版社,1997
[10] 王晖,等. 精通 Visual C++6. 北京:电子工业出版社,1999
[11] 王育坚. Visual C++面向对象编程教程. 北京:清华大学出版社,2003
[12] 于涛,等. Visual C++6.0 教程. 北京:科学出版社,2003
[13] [美]Leinecker Richard C, Archer Tom,等. Visual C++6 宝典. 张艳,王文学,张谦,等,译. 北京:电子工业出版社,2001
[14] 甘玲,等. 面向对象技术与 Visual C++. 北京:清华大学出版社,2004
[15] 刘振安. C++及 Windows 可视化程序设计. 北京:清华大学出版社,2003
[16] Microsoft 公司. Microsoft Visual C++ 6.0 类库参考手册. 希望图书创作室,译. 北京:北京希望电子出版社,1999
[17] Microsoft. MSDN. Micorsoft Corporation,2000
[18] Scott Meyers. Effective C++中文版. 2版. 侯捷,译. 武汉:华中科技大学出版社,2001
[19] [美]Brian Overland. C++语言命令详解. 2版. 董梁,李君成,李自更,译. 北京:电子工业出版社,2000